Rコマンダーで学ぶ統計学

長畑 秀和
中川 豊隆
國米 充之　著

共立出版

は し が き

　この本は，データ解析のための統計的手法の基礎に関して解説しています．そして，コンピュータを使ってフリーソフトである R（R コマンダー）を利用して実際に計算し，データの解析手法を会得するための実習書でもあります．著者の 1 人が著した『R で学ぶ統計学』は例題・演習を R のコマンドによる実行を基にして統計学を学ぶ内容でしたが，この本では主に，R コマンダーによって実行，理解するように記述しています．

　本書の構成を以下に簡単に述べておきます．第 0 章で R のインストールの仕方と基本的な操作について述べています．そして第 1 章で，まずデータが得られたときにするデータの要約の仕方について，数値的に求める方法とグラフとして表示する方法について書いています．次に，第 2 章では統計の基礎となる確率・確率分布について書いてあります．ここでの前半部分はやや数理的内容になり，R もコマンド入力による実行部分が多くなっています．第 3 章では統計手法における基本概念となる検定と推定について，述べています．さらに第 4 章では，相関・回帰分析の基本について扱っています．最後に第 5 章では，特性がその因子の影響を受けているかどうかを調べる分散分析を扱っています．このような内容について，R を使って逐次処理手順を図で示しながら実行する形で記述しています．

　以上では R コマンダーのメニューにある場合に，逐次選択して解析する手順を説明しています．対応したメニューがない場合（第 2 章の前半部分）はコマンドによる説明をしているところもあります．その場合は，コマンドを逐次入力して実行してみてください．本文で使用されているデータは，共立出版のホームページ (http://www.kyoritsu-pub.co.jp/) からダウンロードできるようにしています．

　なお，R のバージョンにより，日本語をフォルダ名に用いると不都合が生じたり，層別をするとうまく動かないこともありますので，注意してください．なお，本書での実行結果は R-2.12.0 を用いて実行した結果を載せています．

　本書の出版にあたって共立出版の清水隆氏には大変お世話になりました．共立出版の大越隆道氏には細部にわたって校正をしていただき，大変お世話になりました．心より感謝いたします．なお，表紙のデザインのアイデアおよびイラストは大森綾子さんによるものです．

2013 年 7 月

著者一同

謝辞

フリーソフトウェア R を開発された方，また，フリーの組版システム TeX の開発者とその環境を維持・管理・向上されている方々に敬意を表します．

免責

本書で記載されているソフトの実行手順，結果に関して万一障害などが発生しても，弊社および著書は一切の責任を負いません．

本書で使用しているフリーソフト R の日本語化版は，主に Rjp Wiki よりダウンロード可能な Windows 版の R-2.12.0 を用いての解説を行っております．その後の内容につきましては予告なく変更されている場合がありますのでご注意下さい．なお，2013 年 5 月には，R-3.0.1 版となっています．

MS-Windows, MS-Excel は，米国 Microsoft 社の登録商標です．

目　次

はしがき iii
記号など vii

第 0 章　R の導入と基本操作　　1

0.1　R（R コマンダー）とは 1
0.2　R のインストール 1
0.3　Rcmdr パッケージのインストール 4
0.4　R コマンダーの起動と終了 5
0.5　R Cmdr へのプラグイン 6
0.6　R の起動と終了 8
0.7　簡単なデータ入力とプログラムの実行例 9

第 1 章　データの要約　　12

1.1　母集団と情報 12
1.2　データの種類 12
1.3　データのまとめ方 13
　　　1.3.1　主要な統計量 13
　　　1.3.2　データのグラフ化 22

第 2 章　確率と確率分布　　46

2.1　確率と確率変数 46
　　　2.1.1　事象と確率 46
　　　2.1.2　確率変数，確率分布と期待値 50
2.2　母集団の分布 59
　　　2.2.1　計量値のデータと計数値のデータ 59
　　　2.2.2　計量型の代表的な分布 59
　　　2.2.3　計数型の代表的な分布 66
　　　2.2.4　統計量の分布 74

第 3 章　検定と推定　　89

3.1　検定・推定とは 89
　　　3.1.1　検定と推定 89
　　　3.1.2　検定における仮説と有意水準 89

3.2　正規分布に関するいくつかの検定と推定 90
  3.3　二項分布に関する検定と推定 116
  3.4　分割表での検定 138
    3.4.1　1元の分割表 (one-way contigency table) 139
    3.4.2　2元の分割表 (two-way contigency table) 145

第4章　相関・回帰分析　151

  4.1　相関分析 151
    4.1.1　相関分析とは 151
    4.1.2　相関係数に関する検定と推定 153
  4.2　回帰分析 159
    4.2.1　回帰分析とは 159
    4.2.2　単回帰分析 (繰返しがない場合) 160

第5章　分散分析　178

  5.1　分散分析とは 178
  5.2　1元配置法 180
    5.2.1　繰返し数が等しい場合 180
    5.2.2　繰返し数が異なる場合 198
  5.3　2元配置法 200
    5.3.1　繰返しありの場合 201
    5.3.2　繰返しなしの場合 224

参 考 文 献 233
演 習 解 答 235
索　　　引 273

記 号 な ど

以下に，本書で使用される文字，記号などについてまとめる．

① $\sum$（サメンション）記号は普通，添え字とともに用いて，その添え字のある番地のものについて，$\sum$記号の下で指定された番地から$\sum$記号の上で指定された番地まで足し合わせることを意味する．

[例] ・$\sum_{i=1}^{n} x_i = x_1 + x_2 + \cdots + x_n = x.$

② 順列と組合せ

異なるn個のものからr個をとって，1列に並べる並べ方は

$$n(n-1)(n-2)\cdots(n-r+2)(n-r+1)$$

通りあり，これを${}_nP_r$と表す．これは階乗を使って，${}_nP_r = \dfrac{n!}{(n-r)!}$とも表せる．なお，$n! = n(n-1)\cdots 2\cdot 1$であり，$0!=1$である (cf. Permutation)．異なるn個のものからr個とる組合せの数は（とったものの順番は区別しない），順列の数をとってきたr個の中での順列の数で割った

$$\frac{{}_nP_r}{r!} = \frac{n!}{(n-r)!r!}$$

通りである．これを，${}_nC_r$または$\begin{pmatrix} n \\ r \end{pmatrix}$と表す (cf. Combination)．

[例] ・${}_5P_3 = 5\times 4\times 3 = 60,$ ・${}_5C_3 = \dfrac{5\times 4\times 3}{3\times 2\times 1} = 10$

③ ギリシャ文字

表 ギリシャ文字の一覧表

大文字	小文字	読み	大文字	小文字	読み
A	α	アルファ	N	ν	ニュー
B	β	ベータ	Ξ	ξ	クサイ（グザイ）
Γ	γ	ガンマ	O	o	オミクロン
Δ	δ	デルタ	Π	π	パイ
E	ε	イプシロン	P	ρ	ロー
Z	ζ	ゼータ（ツェータ）	Σ	σ	シグマ
H	η	イータ	T	τ	タウ
Θ	θ	テータ（シータ）	Υ	υ	ユ（ウ）プシロン
I	ι	イオタ	Φ	ϕ	ファイ
K	κ	カッパ	X	χ	カイ
Λ	λ	ラムダ	Ψ	ψ	サイ（プサイ）
M	μ	ミュー	Ω	ω	オメガ

なお，通常μを平均，σ^2を分散を表すために用いることが多い．

・ ^（ハット）記号は$\hat{\mu}$のように用いて，μの推定量を表す．

専用のUSBディスクの作成について

　自分専用のUSBディスクには，図1のように data フォルダと R-3.0.1 フォルダを作られたらいいと思います．data フォルダには，この本で扱うデータファイルを共立出版のホームページからダウンロードして収めてください．また R-3.0.1 フォルダには，Rを実行するためのソフトを収録してください．インターネットにより，次のURL, http://cran.md.tsukuba.ac.jp/ から R-3.0.1-win.exe をダウンロードし，次の第0章で説明しているようにしてRをインストールしてできたフォルダのファイルを収めてください．いくつかの拡張パッケージもダウンロードして追加してみてください．R-3.0.1 フォルダを USB のルートディレクトリにコピーしておけば，USB から R を起動することができます．

図1　USBのフォルダとファイル　　　　図2　USBのdataフォルダとファイル

1. Rコマンダーの起動について

　以下のようにフォルダを逐次選択し，i386 フォルダにある Rgui ファイルをダブルクリックするとRコマンダーが起動します．

　　R-3.0.1 フォルダ ▶ bin フォルダ ▶ i386 フォルダ ▶ Rgui ファイル

　つまり，図1のRRguiをダブルクリックするとRコマンダーが起動します．Rコマンダーが自動的に起動するように，R-3.0.1 フォルダの etc フォルダの Rprofile.site ファイルに，次の1行を追加してください．

　　options(defaultPackages=c(getOption("defaultPackages"),"Rcmdr"))

　また，終了するには閉じるボタン ✕ を逐次クリックします．

2. データについて

　本書で扱われるデータは各章ごとに 0syo , 1syo , 2syo , 3syo , 4syo , 5syo のフォルダに収められています．例えば，図2のように第1章のデータは 1syo というフォルダに en1-1.csv〜uriagedat.csv という CSV 形式（コンマ区切り）のファイルで収められています．そ

して，ファイルを読み込むには，Rコマンダーの画面で【データ】▶【データのインポート】▶【テキストファイルまたはクリップボード，URLから...】▶【ファイル名】▶図3のダイアログボックスでカンマにチェックを入れて OK をクリックします．

そして，図4のように 1syo のフォルダからファイルを指定して，開く をクリックします．さらに，データセットを表示 をクリックすると，読み込まれたファイルの内容が図5のように表示されます．

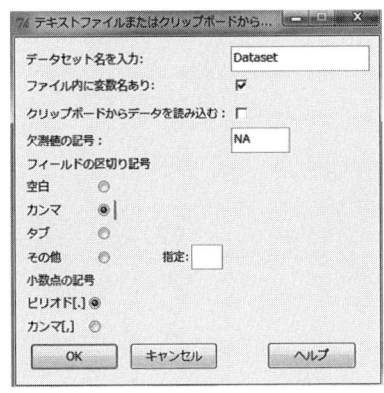

図3　ダイアログボックス

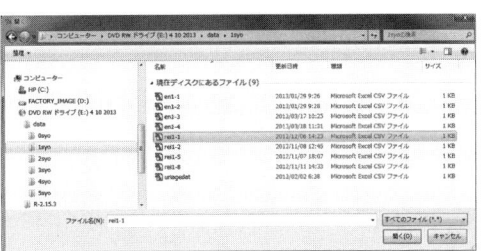

図4　開くファイルの指定

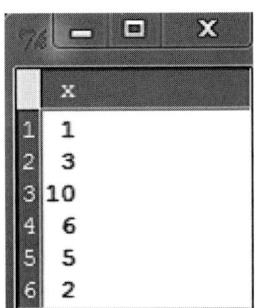

図5　ファイルの表示

3．使用について

このように，USBメモリに2つの data フォルダと R-3.0.1 フォルダを作成し，携帯して，必要なときにコンピューターに挿入して使用すれば便利だと思われます．なお，フォルダ名・ファイル名には半角英数字を用いています．日本語を用いると読み取りエラーが起きる可能性がありますので注意してください．Rコマンダーで実行中，層別変数 をクリックした後の操作がうまくゆかないことがあります．

第0章　Rの導入と基本操作

0.1　R（Rコマンダー）とは

　Rは，データ操作，計算およびグラフ表示のための統合されたソフトウェアであり，統計処理・基本的な科学計算・グラフ処理などで活用できるフリーのソフトである．John Chambersと同僚によってベル研究所（以前はAT&T（今のルーセント・テクノロジー））で開発されていたS言語に似ている．実際，Rは様々の統計（線形・非線形のモデル化，古典的統計的検定，時系列分析，分類，クラスタリング，...）・グラフに利用でき，高度に拡張可能なソフトである．ニュージーランドのオークランド大学のRobert Gentleman（現在ハーバード大学）とRoss Ihakaによって開発されたインタープリタ型の言語である．Rは，フリー・ソフトウェアで，誰もが無料で使用できる．またオープンソースなので，もとのプログラムをみることができ，個人で自分用に変えて使える．さらに，Rはパッケージをインストールすることによって容易に拡張することができる．パッケージのRcmdr（Rコマンダー）がJohn Foxによって作成され，メニュー方式での利用が可能となり，使いやすくなっている．またプラグインできるRコマンダーのパッケージも作成されている．

0.2　Rのインストール

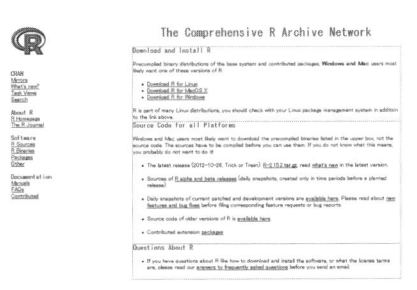
図 0.1　ダウンロードのサイト

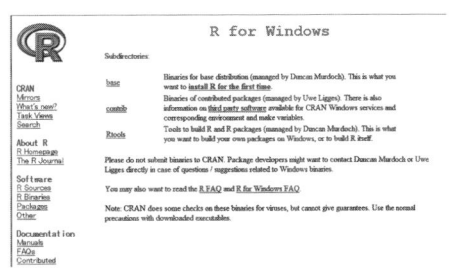
図 0.2　Windows版のダウンロード画面

　インターネットにより，下記のURLに行く．

　　　http://cran.md.tsukuba.ac.jp/　　または　　essr.hyogo-u.ac.jp/cran/
すると図0.1のような画面となる．Download R for Windowsをクリックすると図0.2の画面となり，図0.2でinstall R for the first timeをクリックすると図0.3が表示される．そこで，Download R 3.0.1 for Windows（52 megabytes, 32/64 bit：2013年7月12日現在）よ

り R-3.0.1 をダウンロードし，作成したフォルダ（例えば R-3.0.1（フォルダ名））に保存する（図 0.4）．そして <u>R-3.0.1-win</u> を以下の手順 1 のようにダブルクリックする．

図 0.3　ファイルのダウンロード

図 0.4　R-3.0.1 のフォルダ

手順 1　R-3.0.1-win をダブルクリックすると「R」のインストーラが起動する．すると図 0.5 のウィンドウが表れ，OK を左クリックする．

手順 2　図 0.6 のセットアップウィザード開始の画面で，次へ (N) > をクリックする．

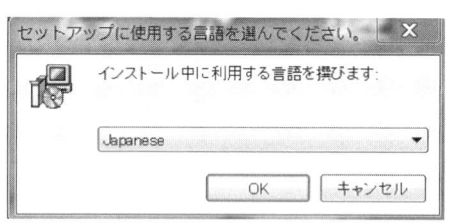

図 0.5　言語選択画面

図 0.6　セットアップ画面

手順 3　図 0.7 のライセンス条項を読み，次へ (N) > を左クリックする．

手順 4　図 0.8 の「R」をインストールするフォルダを指定し，そのまま 次へ (N) > を左クリックする．

図 0.7　ライセンス条項確認画面

図 0.8　インストールするフォルダ指定画面

手順 5　図 0.9 のチェック項目を確認後，次へ (N) > を左クリックする．

0.2 Rのインストール

手順6 図0.10の画面で，次へ(N)＞ を左クリックする．

図 0.9　インストールする項目チェック画面

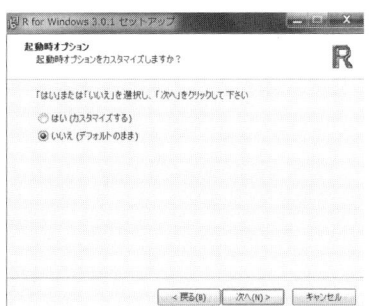

図 0.10　カスタマイズ選択画面

手順7 図0.11の画面で，次へ(N)＞ を左クリックする．

手順8 図0.12のチェック項目を確認後，次へ(N)＞ を左クリックする．

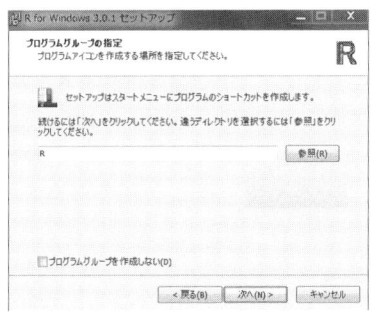

図 0.11　アイコン設定画面

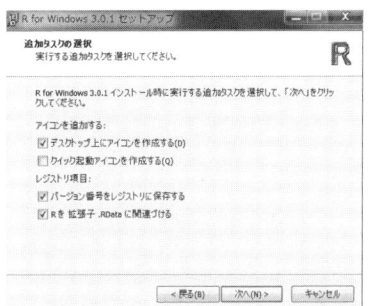

図 0.12　チェック項目画面

手順9 インストールが開始され，しばらくして終了すると図0.13の画面となる．完了(F) を左クリックし，終了する．するとRのアイコン（図0.14）がディスプレイ上に作成される．

図 0.13　インストール完了画面

図 0.14　Rのアイコン

0.3 Rcmdrパッケージのインストール

ここではパッケージのRcmdrをインストールしよう．

手順1　インターネットに接続した状態で図0.33 (p.8)のRの起動画面において，メニューバーの「パッケージ」から「パッケージのインストール...」を選択（図0.15）する．

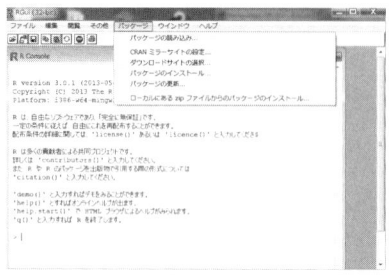

図 0.15　パッケージ選択インストール画面

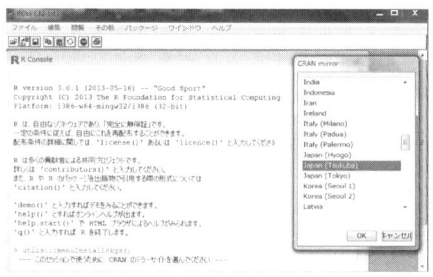

図 0.16　ダウンロードサイト選択画面

手順2　CRAN mirrorから例えばJapan(Tsukuba)を選択（図0.16）し，OKをクリックする．

手順3　さらにPackagesからRcmdrを選択（図0.17）し，OKをクリックすると図0.18のような画面となる．はい(Y)をクリックすると，図0.19の画面となり，はい(Y)をクリックすると，インストールが始まり，少しして完了する（図0.20）．

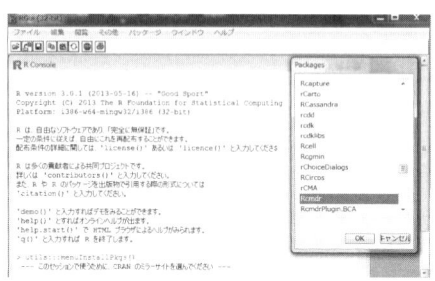

図 0.17　パッケージ選択画面

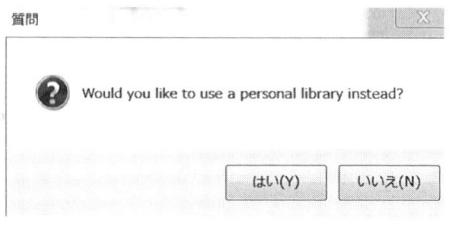

図 0.18　個人のライブラリインストール画面

図 0.19　個人のパッケージインストール画面

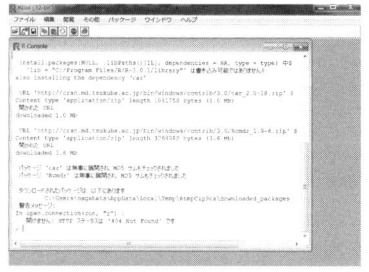

図 0.20　Rコマンダー完了画面

0.4 Rコマンダーの起動と終了

手順1 Rコマンダーの起動

以下の図0.21のようにlibrary(Rcmdr)と入力し ⏎ (ENTER) キーを押す．すると初めて立ち上げる場合は，図0.22のようにパッケージのインストールに対し，はい をクリックする．次の図0.23で，OK をクリックするとインストールが始まり，図0.24の完了画面となり，コマンダーの起動画面（図0.25）となる．次回からのRコマンダーは，途中のパッケージのインストールはなく起動画面となる．

```
┌─ R Console ─────────────────────────────
│ > library(Rcmdr)  #パッケージRcmdrの起動
└─────────────────────────────────────────
```

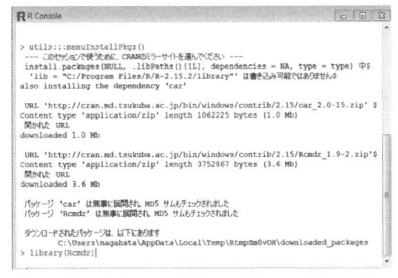

図0.21　Rコマンダー起動画面

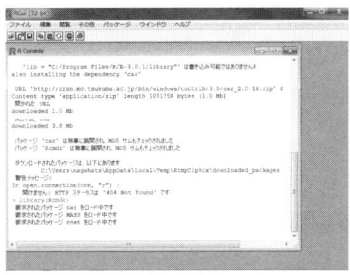

図0.22　Rコマンダーインストール選択画面

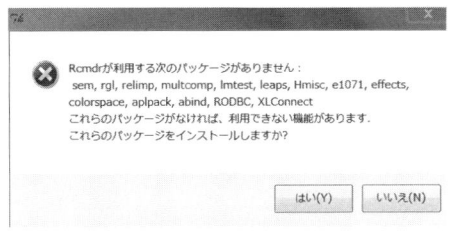

図0.23　パッケージインストール画面

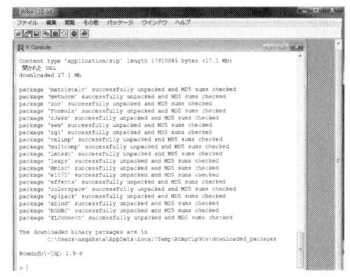

図0.24　Rコマンダー完了画面

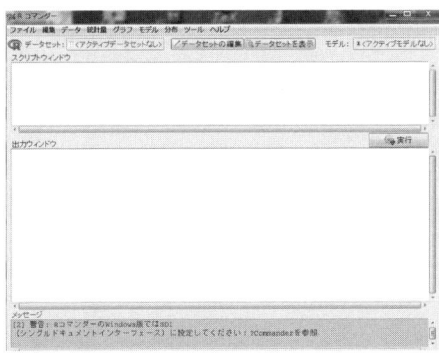

図0.25　Rコマンダー起動画面

手順2 Rコマンダーの終了

【ファイル】▶【終了】▶【コマンダーとRから】を選択しクリック後，OK を左クリックする．Rコマンダーのみ終了する場合【ファイル】▶【終了】▶【コマンダーから】を選択しクリック後，OK を左クリックする．

手順3 Rコマンダーの再起動

以下のように R Console で，Commander() をキー入力して，⏎（ENTER）キーを押す．

```
R Console
> Commander()
```

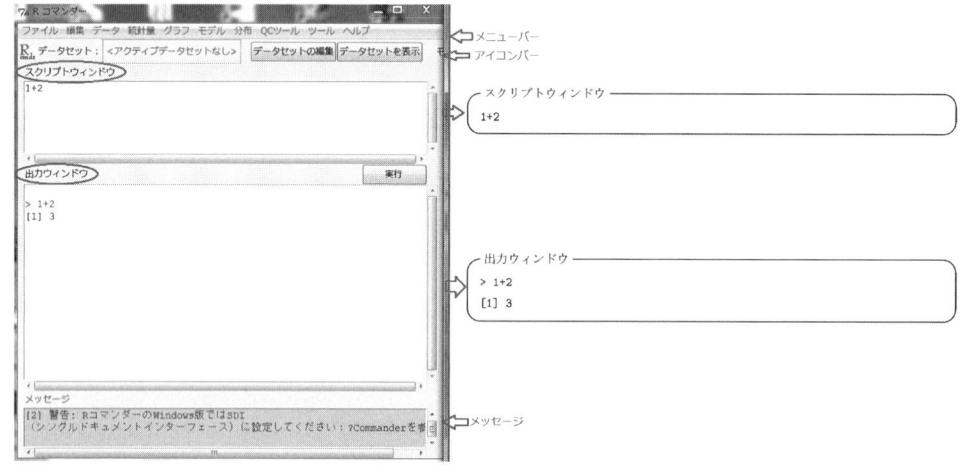

図 0.26　Rコマンダーの画面とウィンドウ表示の対応

Rコマンダーの中のウィンドウと文中での表示との対応を図 0.26 のようにする．実際に図 0.26 では，スクリプトウィンドウで 1+2 をキー入力し，その行をドラッグ（範囲指定）し，実行 をクリックすると，結果が下側の出力ウィンドウに表示される場合を示している．

0.5　R Cmdr へのプラグイン

代表的なプラグインとして，RcmdrPlugin.qcc（管理図関係のソフト）と RcmdrPlugin.epack（時系列解析のソフト）をインストールしてみよう．RcmdrPlugin.qcc をインストールしておく（図 0.27）．同様に，パッケージ RcmdrPlugin.epack をインストールする（図 0.28）．

Rコマンダーの画面で，【ツール】▶【Rcmdr プラグインのロード...】を選択する（図 0.29）．プラグインするソフトを選択する（図 0.30）．図 0.31 があらわれ，はい をクリックすると図 0.32 のようにプラグインが加わった起動画面となる．

（補 0-1）　なお，R にはインストールしたときに入っている基本パッケージと後からインストールできる拡張パッケージがあり，最新のものは逐次インターネットを通じてインストールできる．ここではパッケージの rpart をインストールする場合を例として行ってみよう．インターネットに接続した状態で図 0.33 の R の起動画面において，メニューバーの「パッケージ」から「パッケージのインスト－

0.5 R Cmdr へのプラグイン

図 0.27 RcmdrPlugin.qcc プラグインパッケージの選択画面

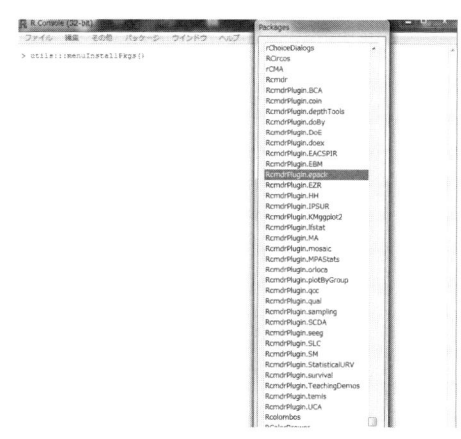

図 0.28 RcmdrPlugin.epack プラグインパッケージの選択画面

図 0.29 プラグインのロード

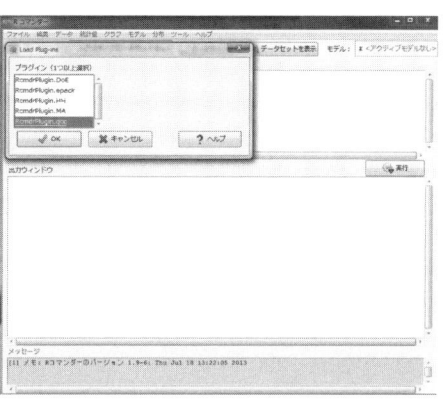

図 0.30 プラグインのソフト選択画面

図 0.31 R コマンダー設定のための再起動画面

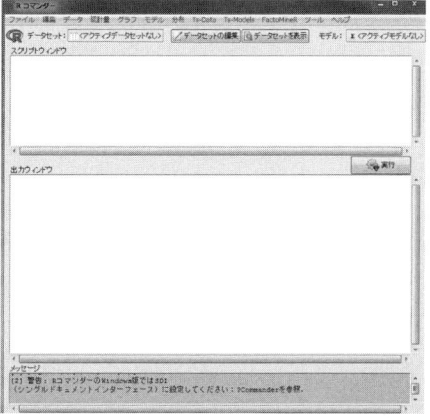

図 0.32 プラグイン設定後の R コマンダー起動画面

ル...」を選択後，CRAN mirror から例えば Japan(Tsukuba) を選択し OK をクリックする．さらに Packages から rpart を選択し，OK をクリックするとインストールが始まり，少しして完了する．その後，R コンソール画面で，library(rpart) と入力することで，ライブラリの「rpart」（決定木分析）が利用可能となる．詳しくは参考文献 [A3] を参照されたい．◁

0.6　R の起動と終了

Windows 版の「R」の場合，R を起動するには，以下の 2 通りがある．

① デスクトップ上に作成したショートカットのアイコンを左ダブルクリック（マウスの左側を続けて 2 回押す）．

② 画面左下の「スタート」を左クリック後，「すべてのプログラム (P)」→「R」→「R3.0.1」を選択し，左クリックする．

起動すると，図 0.33 のような Window 画面が開かれる．

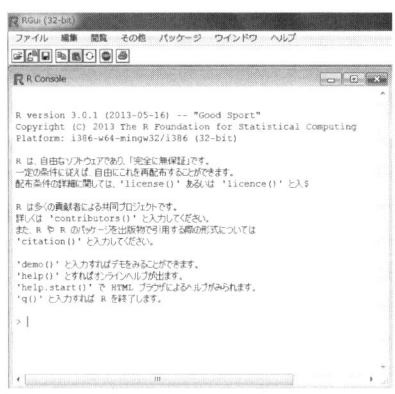

図 0.33　R の起動画面

簡単な実行例として，コンソール画面でコマンドとして > の次に 1+2 をキー入力し ↵ （ENTER）キーを押すと，計算結果の 3 が R による実行結果のように表示される．なお，#の後の行はコメント行となり，プログラムに影響を与えない．

```
─ 出力ウィンドウ ──────────────
> 1+2  #1+2 を計算し表示する
[1] 3
>
```

「R」を終了するには，

① R コンソール画面でコマンドとして > の次に q() (quit()) をキー入力し ↵ （ENTER）キーを押す．

② 閉じるボタン ✕ を左クリックする．

③ メニューバーの「ファイル」→「終了」を選択し，左クリックする．

すると画面に，作業中で作成したオブジェクト（データ，変数，関数など）を保存しますかと表示されるので，保存する場合は はい (Y) を，保存しない場合は いいえ (N) を左クリックする．

0.7　簡単なデータ入力とプログラムの実行例

データには実数 (numeric)，複素数 (complex)，文字 (character)，文字列，論理値 (logical) などの型があり，ベクトル，行列，配列，データフレーム，リストとして扱うことができる．変数はそれらのデータを入れる箱である．

ベクトルは，同じ型のデータを（縦または横の）1方向に一定の順にまとめたものである．**行列**は，同じ型のデータを縦と横方向の平面に並べて長方形にしたものである．**配列**は，ある次元のデータを各要素として配置したものである．**データフレーム**は，数値ベクトル，文字ベクトルなどの異なる型のデータをまとめて1つのデータとしたものである．**リスト**は，ベクトル，行列，配列などの異なる型を1つのオブジェクトとして扱うことが可能なデータの型である．

データ，プログラムなどを入力する方法としては，以下のような方法がある．

① R コンソール上での直接入力

1行入力する度に ← キーにより実行する．継続する場合には改行され，先頭に + が自動的に表示され，続けて入力を行う．この入力方法は途中でエラーなどにより中断した場合，それまで入力した部分は保存されないため，行数が多い入力には適さない．

② エディタ (editor) の利用

R エディタ（「R」専用のエディタ），メモ帳，エクセルなどを利用して，データ，プログラムなどを入力し保存する．そして，入力したプログラムなどを R のコンソール上に貼り付けるか，読み込んで利用する．プログラムが正常に動作しない場合は，エディタで修正し，それを貼り付けて実行する操作を繰り返す．

ここで，R エディタを具体的に利用してみよう．

手順 1　メニューバーの「ファイル」から「新しいスクリプト」を選択する（図 0.34）．

手順 2　R エディタを起動する（図 0.35）．このエディタに実行したい計算式などを入力する．

手順 3　計算したい式，ここでは $2+3, 2-3, 2*3, 2/3, 2\ \hat{}\ 3, 2\ \hat{}\ (1/2)$ などを入力する（図 0.36）．

手順 4　計算する式の範囲をドラッグして範囲指定し，右クリックにより選択画面を表示する（図 0.37）．

手順 5　「カーソル行または選択中の R コードを実行 Ctrl+R」を選択し，左クリックする

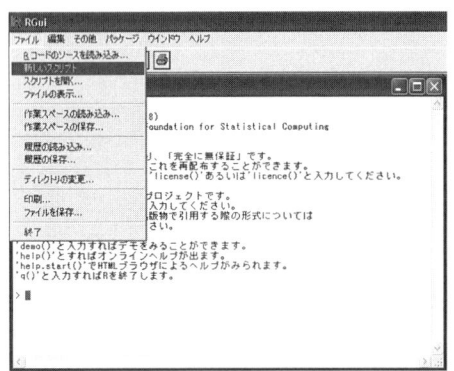

図 0.34　新しいスクリプトの選択画面

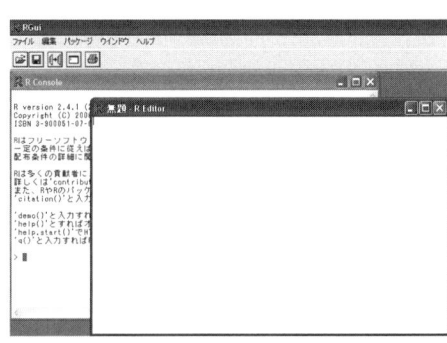

図 0.35　R エディタの起動画面

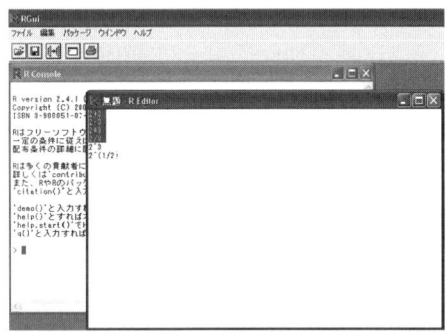

図 0.36　計算式の入力と範囲指定画面

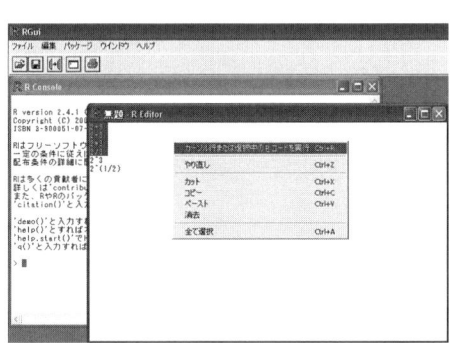

図 0.37　実行選択画面

と計算結果が表示される（図 0.38）．

手順 6　メニューバーの「編集」からも，例えば「全て実行」を選択し左クリックすると全ての計算がされる（図 0.39）．

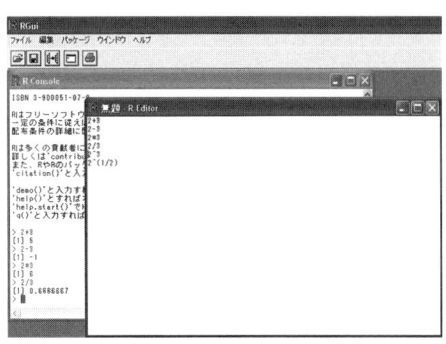

図 0.38　計算実行結果画面

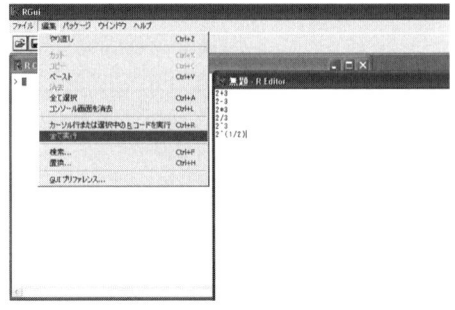

図 0.39　編集から実行を選択する画面

手順 7　実行結果の画面が表示される（図 0.40）．

手順 8　プログラムの保存をするため，メニューバーの「ファイル」から「保存」を選択し，左クリックする（図 0.41）．

手順 9　保存するフォルダを指定する画面が表示される（図 0.42）．また保存するファイル

0.7 簡単なデータ入力とプログラムの実行例

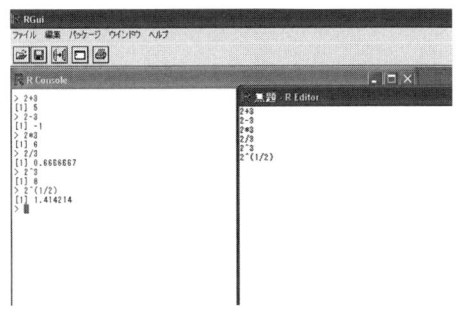

図 0.40　計算実行結果画面

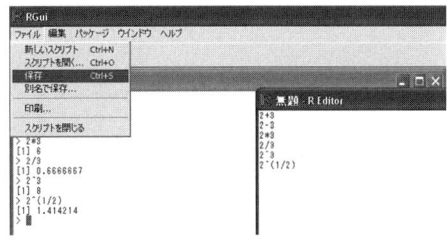

図 0.41　プログラム保存画面

名（ここでは rei.txt とする）も入力し，保存 (S) を左クリックする．

手順 10　保存したプログラムを呼び出すには，メニューバーの「ファイル」から「スクリプトを開く...」を選択し，左クリックする（図 0.43）．

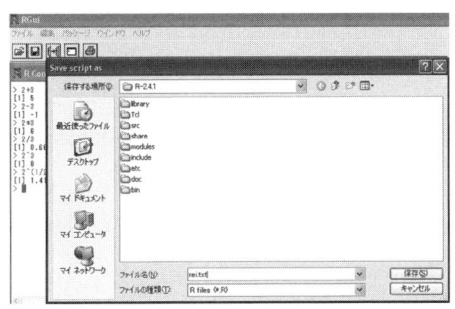

図 0.42　プログラムの保存画面

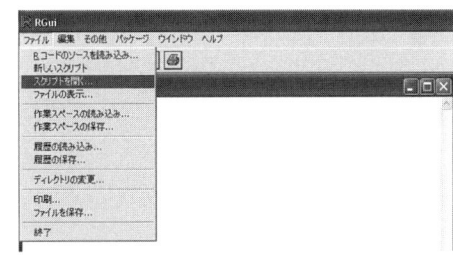

図 0.43　プログラムを呼び出す画面

手順 11　呼び出すファイルのあるフォルダを選択し，ファイルを指定し，開く (O) を左クリックする（図 0.44）．

図 0.44　呼び出すファイルの指定画面

なお，グラフや図の出力結果は R Graphics ウィンドウに出力される．

第1章 データの要約

1.1 母集団と情報

我々が解析したい対象とするものの集まりを**母集団**という．製品の生産ラインから作られる製品の集まり，アンケート調査を実施する国民全体などである．母集団に関する**情報**を得るため，**サンプリング**し，**サンプル**を得て，そのサンプルを**観測・測定**し，**データ**を得る．そして，データを解析することにより情報を得る（図1.1参照）．

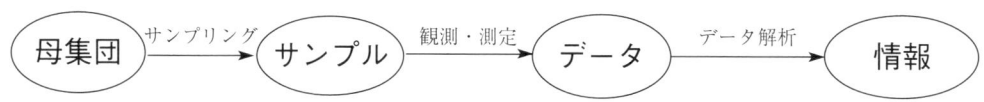

図 1.1　母集団から情報を得る

1.2 データの種類

データにはその性質を表すような**質的データ**とその量・数などを表す**量的データ**がある．さらに質的データは，単に男性と女性というように区別される**名義尺度**と50メートル走で3番であったような順位を表す**順位尺度**がある．

また量的なデータは温度などのようにその間隔が意味を持ち，原点が意味を持たない**間隔尺度**と身長，体重などのように四則演算ができ，原点が意味を持つ**比例尺度**に分けられる．そこで以下の図1.2のようにデータの種類が分類される．

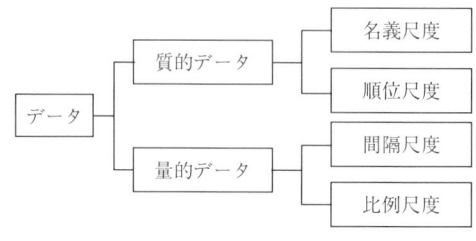

図 1.2　データの種類

1.3 データのまとめ方

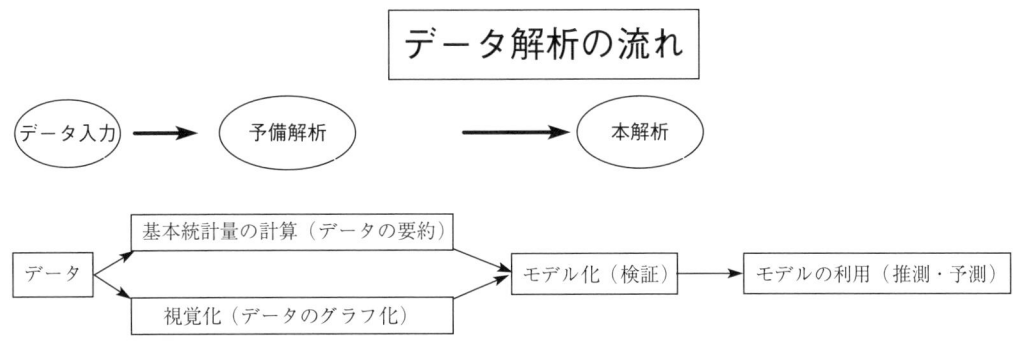

図 1.3 データ解析の流れ

データを解析する流れは図 1.3 のようであり，データについて前もって解析する予備解析として，主に数値としてまとめる場合と視覚化することでまとめる場合があり，以下のような量，グラフがある．

(1) 数量的なまとめ方

平均，分散，最小値，最大値，中央値，歪度，尖度などの基本的な統計量としてまとめる．

(2) 視覚的なまとめ方

棒グラフ，折れ線グラフ，円グラフ，レーダーチャート，特性要因図，ヒストグラム，パレート図，箱ひげ図，管理図，散布図などのグラフにしてまとめる．

1.3.1 主要な統計量

データ $x_1, \ldots, x_n$ が得られたとき，次のような数値として要約する基本的統計量が考えられている．

(1) 分布の（中心）位置を表す尺度としての統計量

① 平均（sample mean：算術平均），$\bar{x}$

$\bar{x}$（エックスバー）で表す．データ $x_1, \ldots, x_n$ に対し，データの和を $T = x_1 + \cdots + x_n$ で表すと，それらの平均 $\bar{x}$ は

$$(1.1) \qquad \bar{x} = \frac{x_1 + \cdots + x_n}{n} = \frac{T}{n} = \frac{\text{データの和}}{\text{データ数}}$$

で定義される．

② メディアン（median：中央値，中位数），$\tilde{x}$

$\tilde{x}$（エックス・テュルダまたはエックスウェーブと読む），Me, x_{med} で表す．データを大小の順に並べたときの真ん中の値である．そこでデータ数が奇数個のときは $(n+1)/2$ 番目の値で，偶数個のときは $n/2$ 番目と $n/2+1$ 番目を足して 2 で割ったものである．つまり，デー

タ $x_1,\ldots,x_n$ に対し，それらを昇順に並べたものを $x_{(1)} \leqq x_{(2)} \leqq \cdots \leqq x_{(n)}$ としたとき，

$$\tilde{x} = \begin{cases} x_{\left(\frac{n+1}{2}\right)} & (n \text{ が奇数}) \\ \dfrac{x_{\left(\frac{n}{2}\right)} + x_{\left(\frac{n}{2}+1\right)}}{2} & (n \text{ が偶数}) \end{cases} \tag{1.2}$$

である．なお，$x_{(i)}(i=1,\ldots,n)$ を**順序統計量**という．そして，その定義から異常値の影響を受けにくい性質がある．

③ モード（**mode**：最頻値），x_{mod}, Mo

x_{mod} または Mo で表す．データ $x_1,\ldots,x_n$ に対し，出現頻度が最も多い値をいう．度数分布表における最も度数の多い階級値である．

④ 最小値 (<u>mini</u>mum), $x_{\min}$

$x_{\min}$ で表す．データ $x_1,\ldots,x_n$ に対し，それらを昇順に並べたものを $x_{(1)} \leqq x_{(2)} \leqq \cdots \leqq x_{(n)}$ としたとき，最小の値をとる $x_{(1)}$ である．

⑤ 最大値 (<u>max</u>imum), $x_{\max}$

$x_{\max}$ で表す．データ $x_1,\ldots,x_n$ に対し，それらを昇順に並べたものを $x_{(1)} \leqq x_{(2)} \leqq \cdots \leqq x_{(n)}$ としたとき，最大の値をとる $x_{(n)}$ である．

⑥ パーセント点 (percentile), q_α

全データのうち，その値以下であるデータ数の割合が全体の α ％となる値を 100α ％または α 分位点といい，q_α で表す．分布関数を $F(x)$ とすると，次式を満足する．

$$F(q_\alpha) = \alpha \tag{1.3}$$

$r = [(n-1)\alpha + 1]$：[ ] はガウス記号で，[ ] 内の数を超えない最大の整数を表す．$s = (n-1)\alpha + 1 - r$（小数部分）とおいて，小数部分を比例配分することで，$q_\alpha = x_{(r)} + s(x_{(r+1)} - x_{(r)})$ と定義される．

⑦ <ruby>四分位点<rt>シブンイテン</rt></ruby>(<u>qua</u>ntile), $q_{0.25}, q_{0.50}, q_{0.75}$

25 ％点（1/4 分位点：$Q_1 = q_{0.25}$），50 ％点（2/4 分位点：$Q_2 = q_{0.50}$），75 ％点（3/4 分位点：$Q_3 = q_{0.75}$）をまとめて，**四分位点**といい，それぞれ第 1 四分位点，第 2 四分位点，第 3 四分位点ともいう．

⑧ 幾何平均 (geometric <u>m</u>ean), GM

正のデータ $x_1,\ldots,x_n$ に対し，次の式のように定義される．

$$GM = \sqrt[n]{x_1 \times \cdots \times x_n} \tag{1.4}$$

何年間かの平均経済成長率を求める際に適用される．毎年の成長率が r のとき，n 年での成長は初年度を 1 とすれば，平均成長率は

$$\sqrt[n]{(1+r) \times \cdots \times (1+r)} - 1 = \sqrt[n]{(1+r)^n} - 1 = 1+r-1 = r$$

である．

⑨ **調和平均** (harmonic mean), HM

正のデータ $x_1, \ldots, x_n$ に対し，次の式のように定義される．

$$(1.5) \qquad HM = \frac{n}{\dfrac{1}{x_1} + \cdots + \dfrac{1}{x_n}}$$

平均換算率，往復での平均時速などを求める際に使われる．例えば，各回の換算率が $1+r$ のとき，n 回では

$$\frac{n}{\dfrac{1}{1+r} + \cdots + \dfrac{1}{1+r}} = \frac{n}{\dfrac{n}{1+r}} = 1+r$$

である．

(2) データ（分布）の広がり具合（ばらつき，散布度）をみる量を表す尺度としての統計量

① （偏差）**平方和** (sum of squares), S

S または S_{xx} で表す．データ $x_1, \ldots, x_n$ に対し，それらの（偏差）平方和 S は

$$(1.6) \qquad \begin{aligned} S &= \sum_{i=1}^{n}(x_i - \overline{x})^2 = \sum \left(x_i^2 - 2x_i \overline{x} + \overline{x}^2 \right) = \sum x_i^2 - 2\overline{x} \sum x_i + n\overline{x}^2 \\ &= \sum x_i^2 - n\overline{x}^2 \quad (\because \sum x_i = n\overline{x}) = \sum x_i^2 - \frac{(\sum x_i)^2}{n} = \sum x_i^2 - \frac{T^2}{n} \\ &= \text{データの 2 乗和} - \frac{\text{データの和の 2 乗}}{\text{データ数}} \end{aligned}$$

で定義される．

また $\dfrac{(\sum x_i)^2}{n}$ を**修正項** (correction term) といい，CT で表す．このとき，式 (1.7) が成立する．

$$(1.7) \qquad S = \sum x_i^2 - CT$$

② （不偏）**分散** (unbiased variance) または **平均平方** (Mean Square), V

V で表す．データ $x_1, \ldots, x_n$ に対し，平方和 S を データ数 -1 ($=n-1=\phi$) で割ったものが（不偏）分散（平均平方）V である．

$$(1.8) \qquad V = \frac{S}{n-1} = \frac{S}{\phi}$$

なお，S を データ数 ($=n$) で割った場合を標本分散と区別して，V' で表すことにする．

（注 **1-1**）ここで $n-1$ は**自由度** (df : degree of freedom) と呼ばれ，ϕ（ファイ）で表す．S は $x_1 - \overline{x}, \ldots, x_n - \overline{x}$ の n 個のそれぞれの 2 乗和であるが，それらの和について，$x_1 - \overline{x} + \cdots + x_n - \overline{x} = 0$

が成立し，制約が 1 つある．つまり，自由度が 1 つ減り $n-1$ が自由度になると考えればよい．データが同じ分散 σ^2 の分布から独立にとられるとき，V の期待値について，$E(V) = \sigma^2$ が成立し，V は σ^2 の不偏 (unbiased) な推定量になっている．なお，n で S を割ったものを（標本）分散としている本も多い．◁

③ **標準偏差** (<u>s</u>tandard deviation), s

s で表す．データ $x_1, \ldots, x_n$ に対し，分散 V の平方根を標準偏差 s という．つまり

$$s = \sqrt{V} \tag{1.9}$$

で定義される．

標本分散 V' の平方根を s' で表すことにする．つまり，

$$s' = \sqrt{V'} \tag{1.10}$$

で定義される．

④ **範囲** (<u>r</u>ange), R

データ $x_1, \ldots, x_n$ に対し，最大値 ($= x_{\max}$) から最小値 ($= x_{\min}$) を引いたものを範囲といい，R で表す．つまり

$$R = x_{\max} - x_{\min} = x_{(n)} - x_{(1)} \tag{1.11}$$

で，普通データ数が 10 以下のような少ないときに利用する．

⑤ **四分位範囲** (<u>i</u>nter <u>q</u>uantile <u>r</u>ange), IQR

データ $x_1, \ldots, x_n$ に対し，3/4 分位点 ($= q_{0.75}$) から 1/4 分位点 ($= q_{0.25}$) を引いたものを四分位範囲といい，IQR で表す．つまり

$$IQR = q_{0.75} - q_{0.25} = Q_3 - Q_1 \tag{1.12}$$

である．

⑥ **四分位偏差** (<u>q</u>uantile <u>d</u>evience), QD

データ $x_1, \ldots, x_n$ に対し，四分位範囲の半分を四分位偏差といい，QD で表す．つまり

$$QD = IQR/2 \tag{1.13}$$

である．

⑦ **平均（絶対）偏差** (<u>m</u>ean absolute <u>d</u>evience), MD

データ $x_1, \ldots, x_n$ に対し，平均との絶対値の差の平均を平均（絶対）偏差といい，MD で表す．つまり

$$MD = \frac{1}{n} \sum_{i=1}^{n} |x_i - \overline{x}| \tag{1.14}$$

⑧ 中央値（絶対）偏差 (median absolute deviation)，MAD

データ $x_1,\ldots,x_n$ に対し，メディアンとの絶対値の差のメディアンを中央値（絶対）偏差といい，MAD で表す．つまり

$$\text{(1.15)} \qquad MAD = \underset{1 \leqq i \leqq n}{\text{median}} |x_i - \tilde{x}|$$

である．

(3) データ（分布）のその他（対称性，尖りなど）をみる量を表す尺度としての統計量

① 歪度(ワイド)(skewness)，s_k

データ $x_1,\ldots,x_n$ に対し，3次のモーメントを用いて計算したもので，s_k で表す．対称な分布の場合ほぼ 0 である．つまり

$$\text{(1.16)} \qquad s_k = \frac{\frac{1}{n}\sum(x_i - \overline{x})^3}{s'^3}$$

なお，$s' = \sqrt{\frac{1}{n}\sum(x_i - \overline{x})^2}$ である．

② 尖度(センド)(kurtosis)，κ

データ $x_1,\ldots,x_n$ に対し，4次のモーメントを用いて計算したもので，正規分布の場合大体 3 である．κ（カッパ）で表す．つまり

$$\text{(1.17)} \qquad \kappa = \frac{\frac{1}{n}\sum(x_i - \overline{x})^4}{s'^4}$$

である．

③ 変動係数 (coefficent of variation)，CV

データ $x_1,\ldots,x_n$ に対し，単位の異なるデータの組についてばらつきを比較したい場合，平均で割ることで単位に無関係な量にしたものである．つまり

$$\text{(1.18)} \qquad CV = \frac{s}{\overline{x}}$$

を変動係数という．

R にはさまざまな関数が用意されている．表 1.1 に代表的な関数を載せておこう．利用の仕方は R Console 画面（または，スクリプトウィンドウ）で，> に続いて，関数名（引数）を入力し，それを 実行 すればよい．

表 1.1 R でのいろいろな関数

関　数	表　記	意　味
総和	sum(x)	ベクトル x の成分の合計
累積和	cumsum(x)	ベクトル x の各成分までの累積和
行・列別への適用	apply(x,n,sum)	行列 x の行 ($n=1$) または列 ($n=2$) 和
積	prod(x)	ベクトル x の成分の積
累積の積	cumprod(x)	ベクトル x の各成分までの積
度数	table(x)	ベクトル x の成分の値ごとの度数
差分	diff(x)	ベクトル x の各成分の前と後ろの差
順位	rank(x)	ベクトル x の各成分の全成分中での順位
位置	order(x)	ベクトル x の各成分の元の位置
並替え	sort(x)	昇順に整列する
逆順	rev(x)	データ x を逆の順に並べたもの
長さ	length(x)	ベクトル x の要素の個数
5 数要約	fivnum(x)	最小値，下側ヒンジ，中央値，上側ヒンジ，最大値
四分位範囲	IQR(x)	75％点から 25％点を引いた値
最大値	max(x)	データ x で最も大きい値
累積最大値	cummax(x)	ベクトル x の各成分までの最大値
最小値	min(x)	データ x で最も小さい値
累積最小値	cummin(x)	ベクトル x の各成分までの最小値
平均	mean(x)	データの算術平均
中央値	median(x)	データ x を昇順に並べたときの真ん中の値
分位点	quantile(x)	データ x を昇順に並べたときの分位点
範囲	range(x)	最大値から最小値を引いたもの
標準偏差	sd(x)	不偏分散の正の平方根
不偏分散	var(x)	偏差平方和をデータ数 -1 で割ったもの

例題 1-1（基本統計量）

データ 1, 3, 10, 6, 5, 2 についていくつかの基本統計量を計算せよ．

R（コマンダー）による解析

手順 1　データの準備

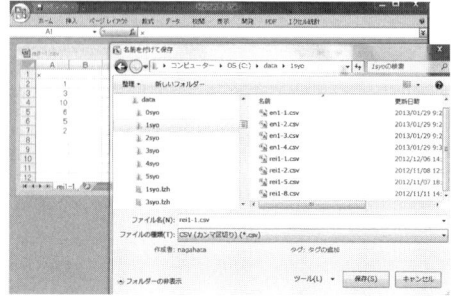

図 1.4　データの作成　　　　　図 1.5　データの保存

表計算ソフトを利用して csv（カンマ区切りのデータ）ファイルを作成しよう．図 1.4 のようにエクセルのシートにデータを入力する．そして，図 1.5 のように保存先フォルダとし

て C:/data/1syo を作成して指定後，ファイルの種類 (T) でプルダウンから csv ファイルを指定し，csv ファイルとして 保存 をクリックする．途中いくつか表示されるが，逐次 OK をクリックして保存する．

（補 1-1）　図 1.6 のように，スクリプトウィンドウから直接入力し，data.frame に変換することでもデータを扱えるようにできる．そして，図 1.7 のように アクティブデータなし をクリックし，アクティブデータを図 1.7 のように選択する．

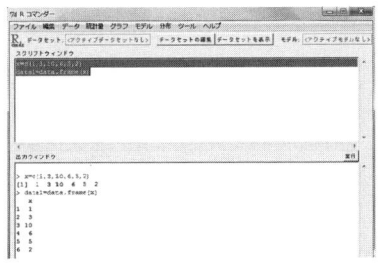

図 1.6　データの作成

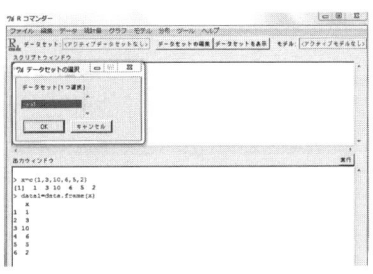

図 1.7　アクティブデータの選択

手順 2　データの読み込み

図 1.8 のように【ファイル】▶【作業ディレクトリの変更】を選択すると，図 1.9 が表示される．そして，データ (rei1-1.csv) を保存しているフォルダを選択する．さらに，図 1.10 のように【データ】▶【データのインポート】▶【テキストファイルまたはクリップボード，URL から…】を選択すると，図 1.11 が表示される．

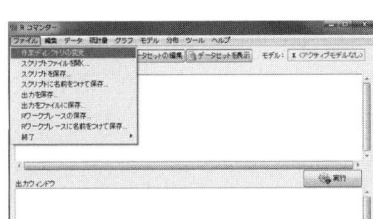

図 1.8　作業ディレクトリの変更

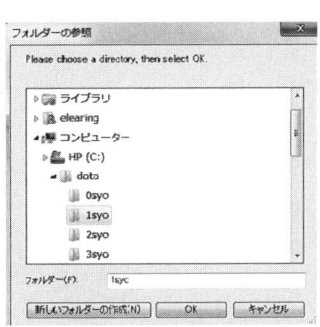

図 1.9　フォルダの選択

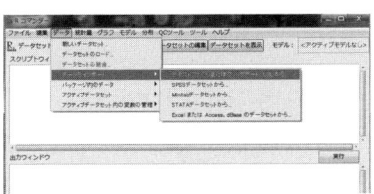

図 1.10　ファイルの読み込み

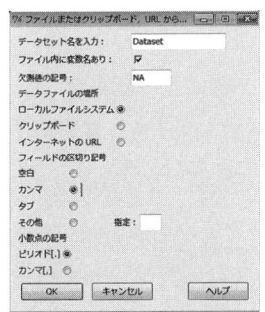

図 1.11　ダイアログボックス

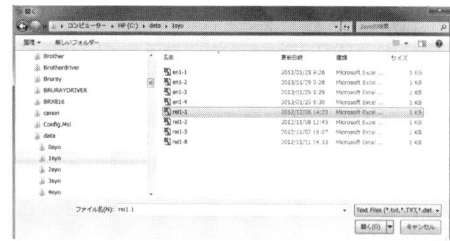
図 1.12 ファイルの選択

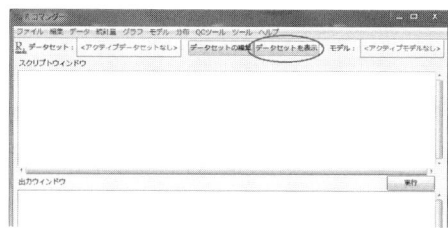
図 1.13 データの表示指定

図 1.11 のダイアログボックスで，データセット名を入力：を Dataset とし，フィールドの区切り記号で，カンマにチェックを入れ，OK を左クリック後，図 1.12 のようにファイルを指定し，開く(O) をクリックする．さらに図 1.13 で データセットを表示 をクリックすると，図 1.14 のようにデータが表示される

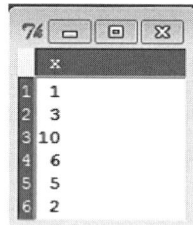
図 1.14 データの表示

上記の流れがコマンドとして以下の出力ウィンドウのように出力される．

```
出力ウィンドウ
> setwd("C:/data/1syo")   #作業ディレクトリの変更
> Dataset <- read.table("C:/data/1syo/rei1-1.csv", header=TRUE,
 sep=",", na.strings="NA",dec=".", strip.white=TRUE)
> library(relimp, pos=4)
> showData(Dataset, placement='-20+200', font=getRcmdr('logFont'),
 maxwidth=80,maxheight=30)   #データの表示
```

手順 3　データの基本統計量の計算

図 1.15 のように【統計量】▶【要約】▶【数値による要約...】を選択クリックすると，図 1.16 が表示される．図 1.16 のダイアログボックスで，変動係数，歪度，尖度にチェックを入れ，OK をクリックすると，次の出力ウィンドウのような出力結果が得られる．なお，【統計量】▶【要約】▶【アクティブデータセット】を選択クリックすると，数値の場合と違ったデータの要約が出力される．

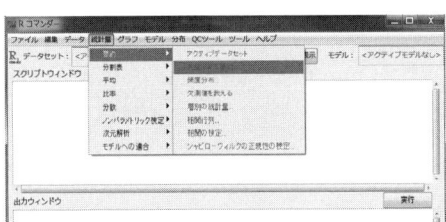

図 1.15　数値による要約

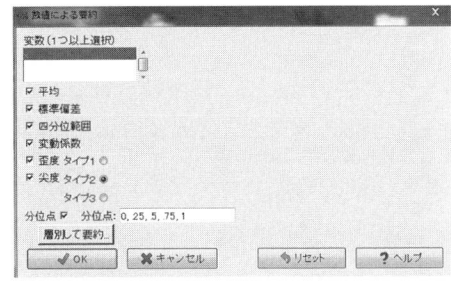

図 1.16　ダイアログボックス

```
出力ウィンドウ
> numSummary(Dataset[,"x"], statistics=c("mean", "sd", "IQR","quantiles"
,"cv", "skewness", "kurtosis"), quantiles=c(0,.25,.5,.75,1), type="2")
mean       sd IQR         cv skewness kurtosis 0%  25% 50%  75% 100% n
 4.5 3.271085 3.5 0.7269079 0.925698 0.563368  1 2.25   4 5.75   10 6
```

なお，数値データの要約として，平均，標準偏差，四分位範囲，変動係数，歪度，尖度，分位点（0%点（=最小値），25%点，50%点（=中央値），75%点，100%点（=最大値）），データ数が表示されている．

演習 1-1　以下の 2 社の売上高のデータの CSV ファイルを表計算ソフトを用いて作成して保存後，読み込んで，基本統計量を求めよ．

表 1.2　売上高（単位：百万円）

年　度	A 社の売上高	B 社の売上高
2005	65	101
2006	72	66
2007	77	75
2008	79	98
2009	81	53
2010	82	35
2011	80	78

演習 1-2　以下のデータは小売企業の売上高のデータである．これを R Console（またはスクリプトウィンドウ）から入力し，データファイルとして読み込み，基本統計量を求めよ．

表 1.3　売上高（単位：百万円）

年　度	ファーストリテイリング	良品計画	しまむら
2005	448,819	140,185	361,989
2006	525,203	156,204	391,221
2007	586,451	162,060	410,970
2008	685,043	162,814	410,822
2009	814,811	163,733	429,651
2010	820,349	169,137	440,100
2011	928,669	177,532	466,405

（出所：各社有価証券報告書）

1.3.2 データのグラフ化

データの要約として，基本統計量などを計算することに合わせて重要なことに，データが得られたとき，以下のような代表的なグラフを作成することにより要約し，情報を読み取る．(1) 棒グラフ，(2) 折れ線グラフ，(3) 円グラフ，(4) 箱ひげ図，(5) 幹葉図，(6) ヒストグラム，(7) 散布図（行列）について具体的に作成しながらその概要を見よう．さらに次のグラフ (8) インデックスプロット，(9) 特性要因図，(10) パレート図，(11) レーダーチャート，(12) 管理図について，以下にその概略を見よう．

(1) 棒グラフ

最も基本となるグラフは柱を描く棒グラフである（図 1.17）．項目ごとの値を柱の高さで表し，比較などに用いられる．

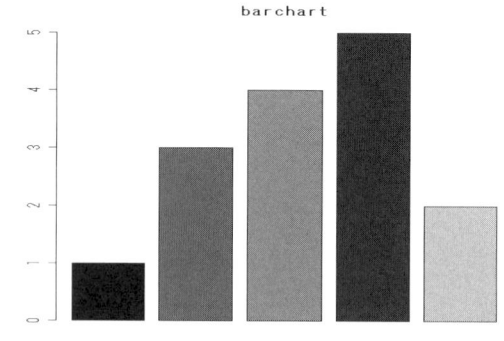

図 1.17 棒グラフ

また，その変形として次の積み上げ棒グラフ，多数の棒グラフなどがある．

・積上げ棒グラフ（図 1.18）

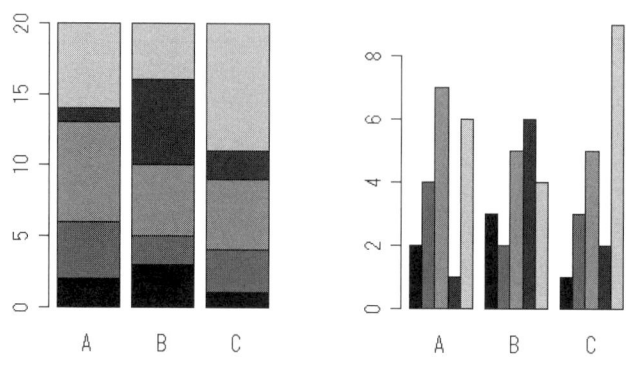

図 1.18 積上げ棒グラフと多数の棒グラフ

また，積み上げ棒グラフが横棒として帯グラフもある．

1.3 データのまとめ方

- 帯グラフ（図 1.19）

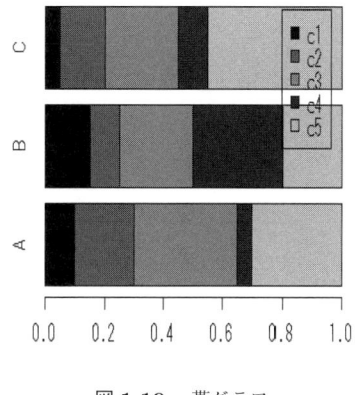

図 **1.19** 帯グラフ

例題 1-2（棒グラフ）

表 1.4 はこの 1 週間の店舗 A,B,C の弁当，パン，おにぎりの売上高のデータである．店舗に関して，棒グラフを作成せよ．

表 **1.4** 売上高（単位：万円）

日	店舗	弁当	パン	おにぎり
1	A	25	35	68
2	B	15	19	41
3	A	11	22	28
4	A	21	25	35
5	B	13	26	43
6	C	16	18	40
7	A	23	28	55

R（コマンダー）による解析

手順 1 データの準備

図 **1.20** データの作成

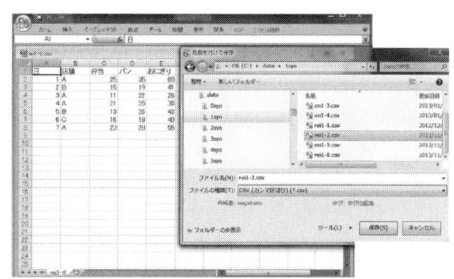

図 **1.21** データの保存

表計算ソフトを利用して csv（カンマ区切りのデータ）ファイルを作成したり，R コマン

ダーのツールバーの【データ】から新規に作成することが多い．ここではエクセルを用いてデータファイルを作成してみよう．

図 1.20 のようにエクセルのシートにデータを入力し，図 1.21 のように csv を拡張子としたファイル名で 保存 をクリックする．途中いくつか表示されるが，逐次 OK をクリックして保存する．

手順 2 データの読み込み

図 1.22 のように【データ】▶【データのインポート】▶【テキストファイルまたはクリップボード，URL から...】を選択すると，図 1.23 が表示される．

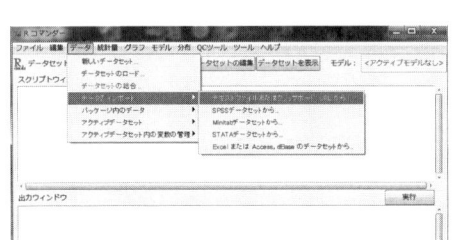

図 1.22　ファイルの読み込み

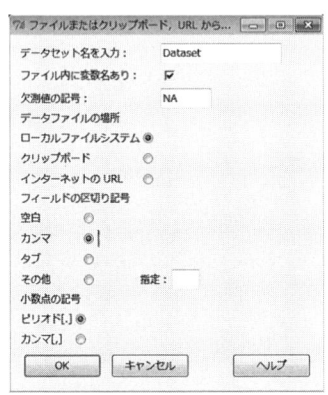

図 1.23　ダイアログボックス

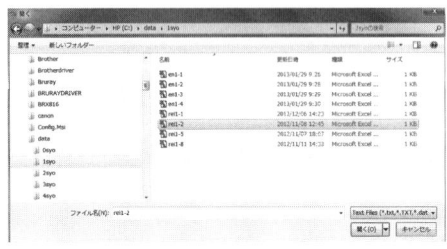

図 1.24　フォルダのファイル

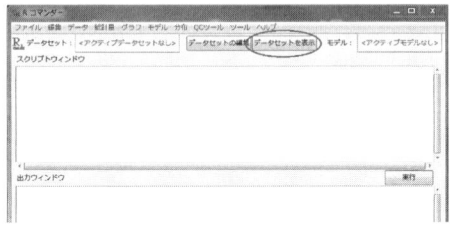

図 1.25　データの表示指定

```
出力ウィンドウ
> Dataset <- read.table("C:/data/1syo/rei1-2.csv",
header=TRUE, sep=",",na.strings="NA", dec=".", strip.white=TRUE)
> showData(Dataset, placement='-20+200', font=getRcmdr('logFont'),
+ maxwidth=80, maxheight=30)
```

図 1.23 のダイアログボックスで，データセット名を入力：を Dataset とし，フィールドの区切り記号で，カンマにチェックを入れ，OK を左クリック後，図 1.24 のようにファイルを指定し，開く(O) をクリックし，さらに図 1.25 で データセットを表示 をクリックす

ると，図 1.26 のようにデータが表示される．

図 1.26 データの表示

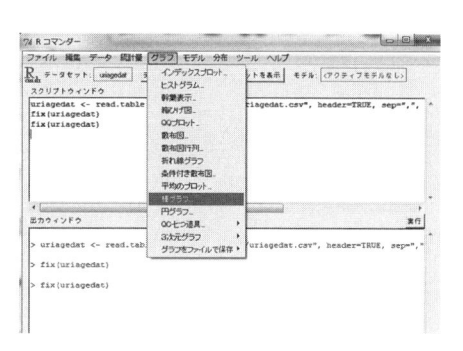

図 1.27 グラフの指定

図 1.28 変数の選択

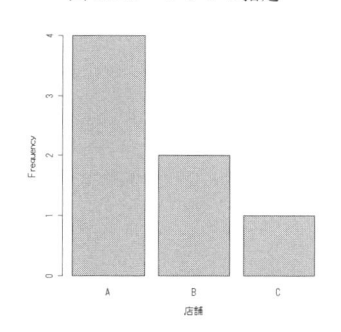

図 1.29 グラフの表示

次に，データを棒グラフにするため，図 1.27 のように，【グラフ】▶【棒グラフ】を選択し，図 1.28 で変数として店舗を指定して，OK をクリックする．すると図 1.29 の棒グラフが表示される．

```
― 出力ウィンドウ ―
> barplot(table(Dataset$店舗), xlab="店舗", ylab="Frequency")
```

演習 1-3 以下の 8 つの店舗の売上高，広告宣伝費，ネット販売の有無のデータを作成し，基本統計量および棒グラフを作成せよ．

表 1.5 売上高，広告宣伝費，ネット販売の有無

店舗	売上高（単位：万円）	広告宣伝費（単位：万円）	ネット販売の有無（Y:有，N:無）
A 店	355	72	Y
B 店	258	50	Y
C 店	398	88	Y
D 店	173	15	N
E 店	205	21	N
F 店	300	68	Y
G 店	135	16	Y
H 店	167	18	N

演習 1-4 以下のデータは 2011 年度におけるいくつかの医薬品企業・自動車企業の売上高・研究開発費・設備投資額のデータである．これらのデータについて，売上高，研究開発費，設備投資額と業種の

データを作成し，基本統計量および棒グラフを作成せよ．

表 1.6　医薬品企業・自動車企業の売上高・研究開発費・設備投資額

企業名	売上高（単位：億円）	研究開発費（単位：億円）	設備投資額	業種
武田薬品工業	15,089	2,819	658	医薬品
第一三共	9,387	1,851	629	医薬品
アステラス製薬	9,694	1,898	450	医薬品
スズキ	25,122	1,098	1267	自動車
いすず	14,001	588	333	自動車
ダイハツ	16,313	328	693	自動車

（出所：各社 2011 年度有価証券報告書）

(2) 折れ線グラフ

時とともに変化するデータをみるときなどそれをみるグラフとして役立つ図 1.30 のような折れ線のグラフがある．

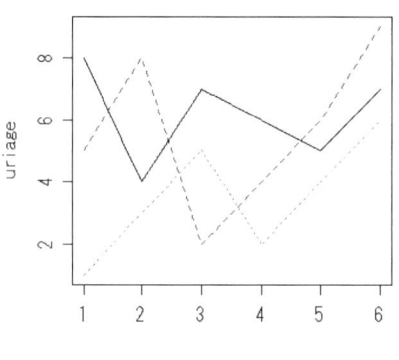

図 1.30　複数の折れ線

例題 1-3（折れ線グラフ）

例題 1-2 の表 1.4 の売上高データについて，各項目ごとの売上高に関して，横軸を日として，折れ線グラフを作成せよ．

R（コマンダー）による解析

手順 1　データの用意

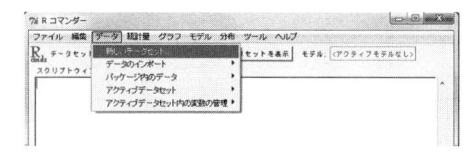

図 1.31　データの作成　　　　図 1.32　保存

1.3 データのまとめ方

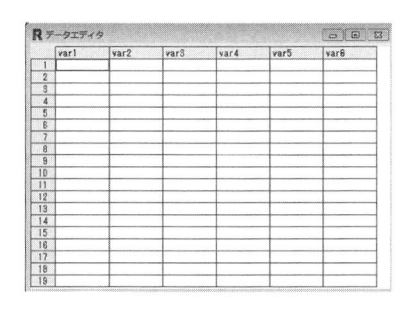

図 1.33 スプレッドシート

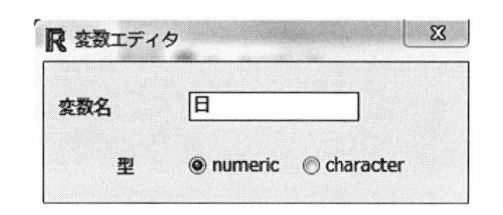

図 1.34 変数名と型の指定

表計算ソフトを利用してcsv（カンマ区切りのデータ）ファイルを作成するか，Rコマンダーのツールバーの【データ】から新規に作成する．

ここではまず，Rコマンダー内のエディターを使ってデータを作成してみよう．図1.31のように【データ】▶【新しいデータセット】を選択すると，図1.32が表示される．そこで，データセット名 uriagedat を入力して，OKを左クリックする．すると，スプレッドシートが図1.33のように表示される．図1.34で変数名をクリックして，変数名に日を入力し，型についてnumericにチェックを入れて，OKを左クリックする．そして逐次図1.35のようにデータを入力する．なお，店舗のみ変数の型としてcharacterにチェックを入れる．また，RのVERSIONにより文字化けが起こる場合がある．

図 1.35 データの保存

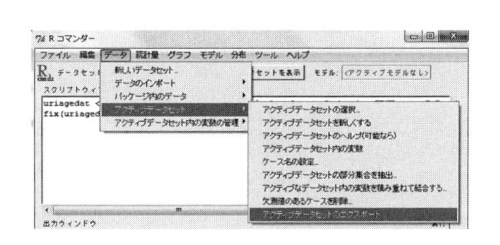

図 1.36 ファイル名を入力して保存

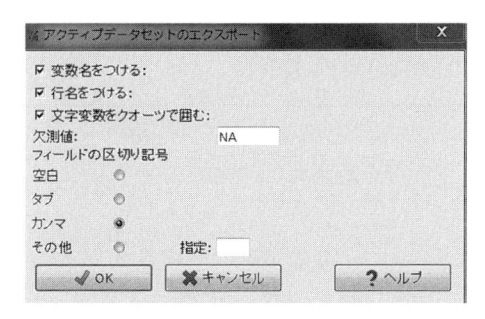

図 1.37 データの保存

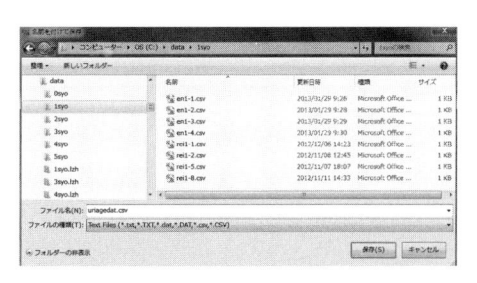

図 1.38 ファイル名を入力して保存

保存する場合は，一度 R データエディタを閉じるボタン ⊠ をクリックして閉じた後，図1.36 のように【データ】▶【アクティブデータセット】▶【アクティブデータセットのエクスポート】を選択して，図 1.37 のようにカンマにチェックを入れて，OK を左クリックする．図 1.38 のようにファイル名 uriagedat.csv を入力して，保存 を左クリックする．

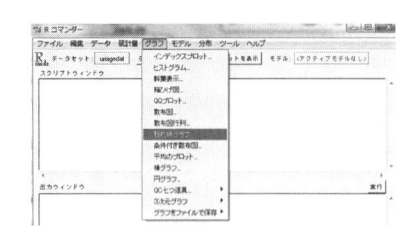

図 1.39　グラフの指定

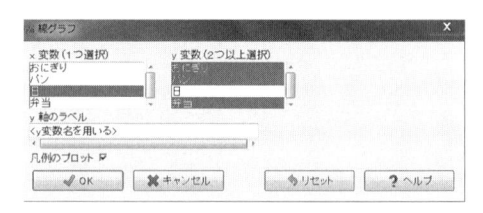

図 1.40　変数の選択

次に，データを折れ線グラフで表示するため，図 1.39 のように【グラフ】▶【折れ線グラフ】を選択し，図 1.40 で x 変数として日を指定して，y 変数としておにぎり，パン，弁当を選択して，凡例のプロットにチェックを入れて，OK をクリックすると，図 1.41 の折れ線グラフが表示される．

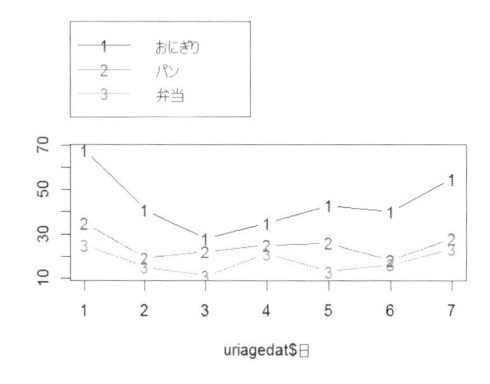

図 1.41　折れ線グラフの表示

```
出力ウィンドウ
> matplot(uriagedat$日, uriagedat[, c("おにぎり","パン","弁当")],
type="b", lty=1, ylab="(1) おにぎり, (2) パン, (3) 弁当")
```

演習 1-5　演習 1-1 のデータについて，年度を横軸にとって折れ線グラフを作成せよ．
演習 1-6　演習 1-2 のデータについて，年度を横軸にとって折れ線グラフを作成せよ．

1.3 データのまとめ方

(3) パイ図（円グラフ）

全体に対する項目の割合，比較を行うために用いられる（図1.42）．データとして uriage-dat(csv) に関して，円グラフを作成してみよう．

例題 1-4（円グラフ）

例題 1-2 の表 1.4 の売上高データについて，店舗に関して，円グラフを作成せよ．

R（コマンダー）による解析

データを円グラフにするため，図1.43のように【グラフ】▶【円グラフ】を選択し，図1.44で変数として店舗を指定して，OK をクリックすると，図1.45の円グラフが表示される．

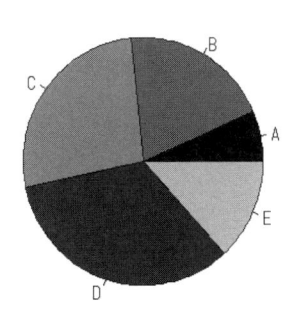

図 1.42　パイ図

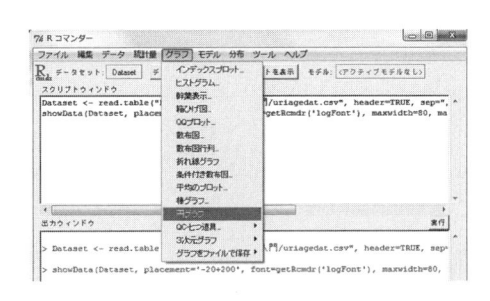

図 1.43　グラフの指定

図 1.44　変数の選択

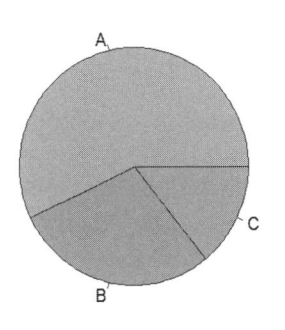

図 1.45　円グラフの表示

演習 1-7　演習 1-3 のデータについて，ネット販売の有無に関して円グラフを作成せよ．
演習 1-8　演習 1-4 のデータについて，業種に関して円グラフを作成せよ．

(4) 箱ひげ図

簡便なデータの分布を見るときに用いられる．また，複数個により，複数の分布を比較する場合に用いられる（図 1.46，図 1.47）．

上限極値 ＝ 上側 25 % 点 ＋1.5×（上側 25 % 点 － 下側 25 % 点）の範囲で一番大きい値
下限極値 ＝ 下側 25 % 点 －1.5×（上側 25 % 点 － 下側 25 % 点）の範囲で一番小さい値

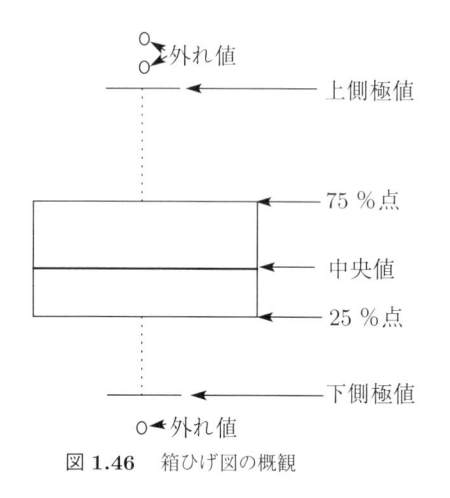

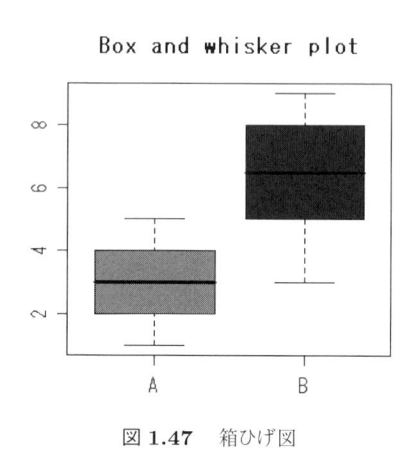

図 1.46　箱ひげ図の概観

図 1.47　箱ひげ図

例題 1-5（箱ひげ図）

次の 2 クラスの成績データについて，クラスごとの箱ひげ図を作成せよ．

A 組　　62　　58　　64　　78　　70
B 組　　69　　86　　56　　63　　75　　81

R（コマンダー）による解析

手順 1　データの読み込み

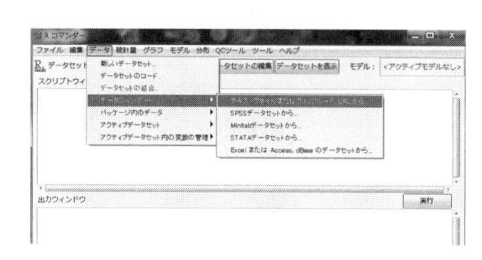

図 1.48　ファイルの読み込み

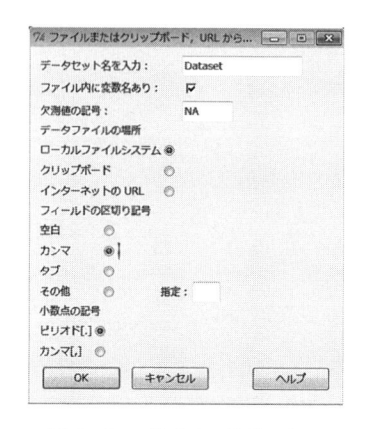

図 1.49　ダイアログボックス

図 1.48 のように【データ】▶【データのインポート】▶【テキストファイルまたはクリップボード，URL から...】を選択すると，図 1.49 が表示される．

```
出力ウィンドウ
> Dataset <- read.table("C:/data/1syo/rei1-5.csv", header=TRUE,
 sep=",", na.strings="NA", dec=".", strip.white=TRUE)
> showData(Dataset, placement='-20+200', font=getRcmdr('logFont'),
 maxwidth=80,maxheight=30)
```

図 1.49 のダイアログボックスで，データセット名を入力：を Dataset とし，フイールドの区切り記号で，カンマにチェックを入れ，OK を左クリック後，図 1.50 のようにファイルを指定し，開く(O) をクリックする．さらに図 1.51 で データセットを表示 をクリックすると，図 1.52 のようにデータが表示される．

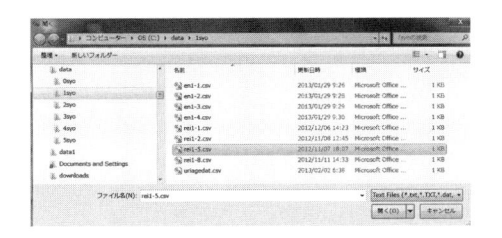

図 1.50　フォルダのファイル

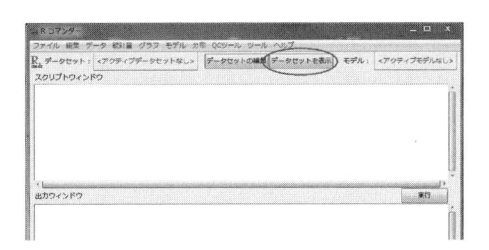

図 1.51　データの表示指定

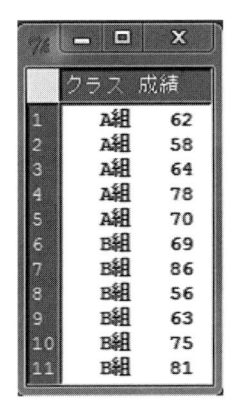

図 1.52　データの表示

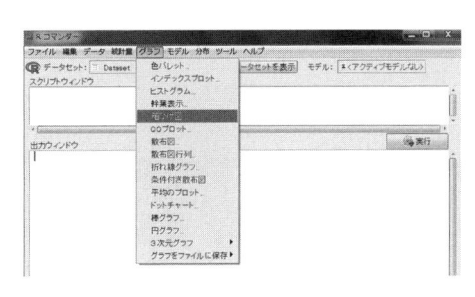

図 1.53　グラフの指定

なお，データの基本統計量については，【統計量】▶【要約】▶【数値による要約】と選択し，変数として成績を選択し，層別して要約で層別変数にクラスを選び OK をクリックすると，以下の出力が得られる．

```
― 出力ウィンドウ ―
> numSummary(Dataset[,"成績"], groups=Dataset$クラス,statistics=
c("mean","sd", "IQR", "quantiles", "cv", "skewness", "kurtosis"),
+   quantiles=c(0,.25,.5,.75,1), type="2")
       mean       sd   IQR      cv   skewness    kurtosis 0%   25%
A組 66.40000  7.797435   8 0.1174313  0.8049205  0.000865651 58 62.0
B組 71.66667 11.236844  15 0.1567932 -0.1523311 -1.163332995 56 64.5
    50%  75% 100% data:n
A組  64 70.0   78      5
B組  72 79.5   86      6
```

次に，データの箱ひげ図を作成するため，図1.53のように【グラフ】▶【箱ひげ図】を選択し，図1.54で変数として成績を指定し，層別のプロット... をクリック後，図1.55で層別変数としてクラスを指定して，OK をクリックする．図1.56のダイアログボックスで OK をクリックすると，図1.57の箱ひげ図が表示される．

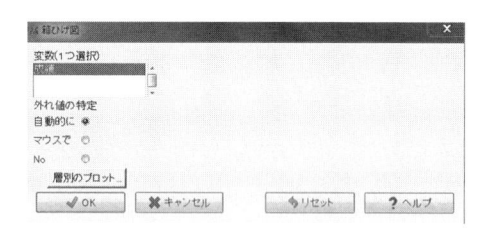

図 1.54　変数の指定

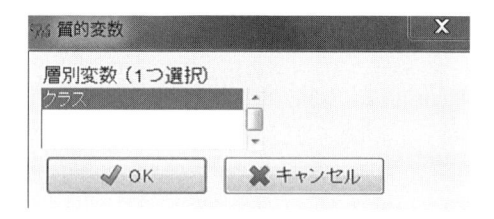

図 1.55　箱ひげ図の表示

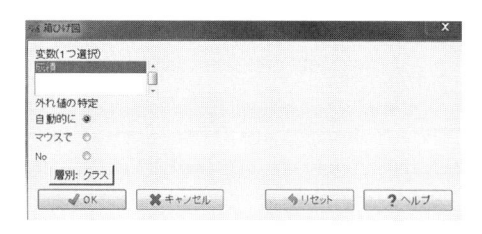

図 1.56　変数の指定

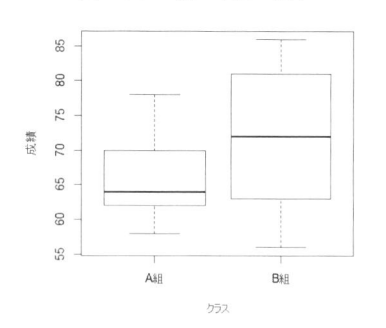

図 1.57　箱ひげ図の表示

演習 1-9　例題1-2の表1.4の売上高データについて，パンの売上高に関して，店舗ごとに（層別要因として），箱ひげ図を作成せよ．

演習 1-10　演習1-3のデータについて広告宣伝費に関して，ネット販売の有無ごとに，箱ひげ図を作成せよ．

演習 1-11　演習1-4のデータについて研究開発費に関して，業種ごとに箱ひげ図を作成せよ．

(5) 幹葉グラフ

ヒストグラムと同様，全体のデータの分布状況をみるにあたって以下の幹葉表示をする．グラフの | を境として左側が整数値，右側が小数第 1 位を表す．

```
― 出力ウィンドウ ―
> y<-rnorm(100)  # 100 個の標準正規乱数を生成し，y に代入する．
> stem(y,scale=2)  # y についてプロットの長さ 2 で幹葉表示する．
 The decimal point is at the |

  -2 | 8
  -2 | 11
  -1 | 876
  -1 | 4432221100
  -0 | 99888777766555
  -0 | 4443333222211111000
   0 | 00112223333344444
   0 | 555555556667777788
   1 | 0111244444
   1 | 668899
   2 | 4
   2 | 5
```

― 例題 1-6（幹葉グラフ (stem and leaf)）―

例題 1-2 の表 1.4 の売上高データについて，おにぎりの売上高に関して，幹葉グラフを作成せよ．

R（コマンダー）による解析

uriagedat データの幹葉グラフを描こう．図 1.58 のように，【グラフ】▶【幹葉表示】を選択し，図 1.59 で変数としておにぎりを指定して，OK をクリックする．

次の出力ウィンドウのような幹葉グラフの出力結果が得られる．

```
― 出力ウィンドウ ―
> stem.leaf(uriagedat$おにぎり, na.rm=TRUE)
1 | 2: represents 12
 leaf unit: 1
           n: 7
    1    2. | 8   # 下位からの累積個数が 1 で 28 が 1 個
         3* |
```

```
     2    3. | 5     # 下位からの累積度数が 2 で，35 が 1 個
    (3)   4* | 013   # このクラスの度数が 3 で 40,41,43 の 3 個
          4. |
          5* |
     2    5. | 5     #上位からの累積度数が 2 で 55
HI: 68   #最大値が 68
```

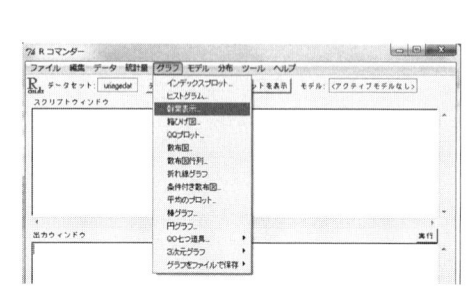

図 1.58　グラフの指定

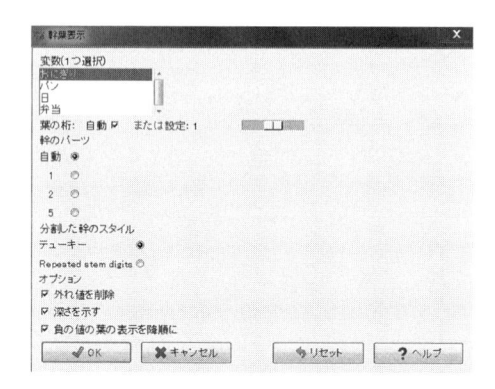

図 1.59　変数の選択

演習 1-12　例題 1-5 のデータについて幹葉グラフを作成せよ．
演習 1-13　演習 1-3 のデータについて幹葉グラフを作成せよ．
演習 1-14　演習 1-4 のデータについて幹葉グラフを作成せよ．

(6) ヒストグラム

まず，データの全体的な分布状況を調べるときに描くのがヒストグラムである．図 1.60 参照．

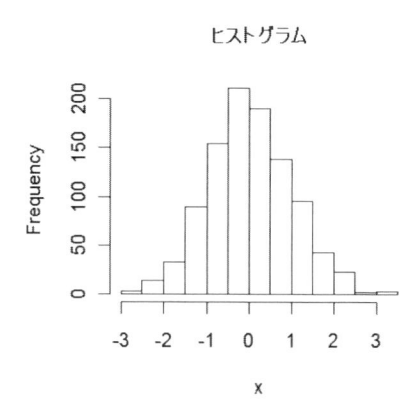

図 1.60　ヒストグラムの表示

例題 1-7（ヒストグラム 1）

例題 1-2 の表 1.4 の売上高データについて，おにぎりの売上高に関して，ヒストグラムを作成せよ．

R（コマンダー）による解析

データのヒストグラムを描こう．図 1.59 のように，【グラフ】▶【ヒストグラム】を選択し，図 1.62 で変数としておにぎりを指定して，OK をクリックすると図 1.63 のヒストグラムが表示される．

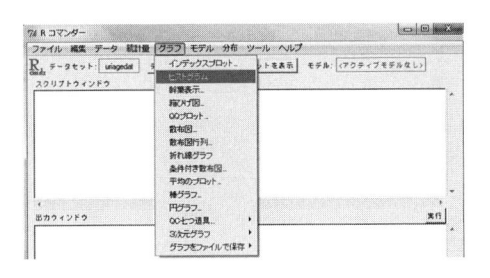

図 1.61　グラフの指定

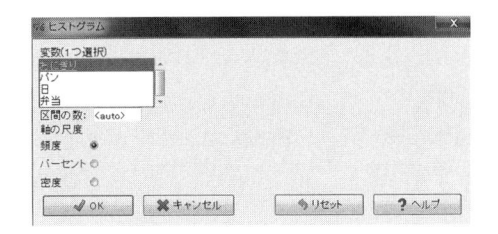

図 1.62　変数の選択

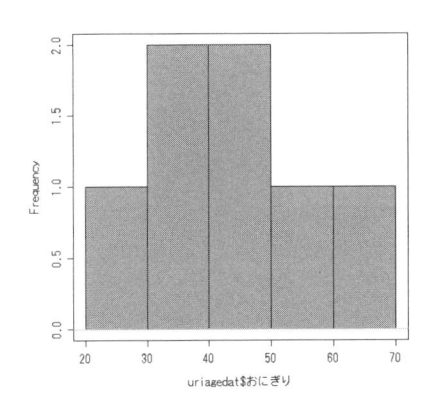

図 1.63　ヒストグラムの表示

演習 1-15　例題 1-5 のデータについて，成績に関してヒストグラムを作成せよ．
演習 1-16　演習 1-3 のデータについて，広告宣伝費に関してヒストグラムを作成せよ．
演習 1-17　演習 1-4 のデータについて，研究開発費に関してヒストグラムを作成せよ．

例題 1-8（ヒストグラム 2）

以下の表 1.7 の学生の身長に関するデータについて，度数分布表およびヒストグラムを作成し，分布について考察せよ．

表 1.7　身長のデータ（単位：cm）

147	149	150	152	156	154	153	155	154	152	153	153
155	153	157	159	160	158	157	160	158	157	158	153
159	160	159	158	157	163	165	162	165	165	165	164
164	165	166	167	168	169	170	168	171	173	172	174
178	180										

[解]　**手順 1**　データはすでにとられていて，データ数は $n=50$ である（普通 $n \geqq 50$ ぐらいデータをとる）．また，測定単位（測定の最小のキザミ）は 1 cm である．

手順 2　データの最大値 $x_{\max}=180$ であり，最小値 $x_{\min}=147$ である．

手順 3　級の幅 (h) を決める．
仮の級の数 k を $\sqrt{n}=\sqrt{50}=7.07$ に近い整数である 7 として，級の幅を

$$h = \frac{x_{\max}-x_{\min}}{k} = \frac{180-147}{7} = 4.71\cdots$$

から，データの測定単位 1 の整数倍で近い値の 5 とする．

手順 4　級の境界値を決める．
まず一番下側の境界値をデータの最小値 $(x_{\min}=147)$ から

$$\frac{測定単位}{2} = \frac{1}{2} = 0.5$$

を引いたものとする．つまり一番下側の境界値 $=147-0.5=146.5$ である．そして逐次幅 $h=5$ (cm) を足していき，データの最大値 $(x_{\max}=180)$ を含むまで級の境界値を決めていく．これにより境界上にデータがあることはなく，どのクラスに入るか迷うことがない．

手順 5　度数表の用紙を用意し，各級に含まれるデータ数を正，\ などによるカウント記号でチェックする．

手順 6　度数分布表の完成．階級値（級の中央値）など，必要事項も記入し，表 1.8 のような度数分布表を作成する．

表 1.8　度数分布表

No.	級の境界値	階級値 (x_i)	チェック	度数 (n_i)
1	$146.5 \sim 151.5$	149	///	3
2	$151.5 \sim 156.5$	154	正, 正, //	12
3	$156.5 \sim 161.5$	159	正, 正, ////	14
4	$161.5 \sim 166.5$	164	正, 正	10
5	$166.5 \sim 171.5$	169	正, /	6
6	$171.5 \sim 176.5$	174	///	3
7	$176.5 \sim 181.5$	179	//	2
計				50

手順 7　度数表からヒストグラムを描き（図 1.64），必要事項も記入する．必要事項としては，何のデータであるか，データ数 n，平均 $\bar{x}$，標準偏差 $s=\sqrt{V}$，期間，作成者などである．

手順 8　考察．図 1.64 のヒストグラムから右に裾をひいたタイプの分布であることがわかる．モード

が 159 cm であることがわかるが，数人，背が高い人が混じっている．おそらく，女性の中に数人，男性が混じっている集まりであると思われる．□

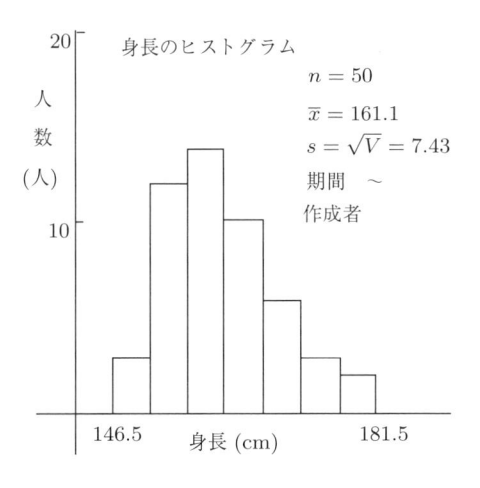

身長のヒストグラム
$n = 50$
$\bar{x} = 161.1$
$s = \sqrt{V} = 7.43$
期間　～
作成者

図 1.64　例題 1-8 のヒストグラム

R（コマンダー）による解析

手順 1　データの用意

表計算ソフトを利用して csv（カンマ区切りのデータ）ファイルを作成するか，R コマンダーのツールバーの【データ】から新規に作成する．図 1.65 のように作成し，図 1.66 のように保存する．図 1.67 のように【データ】▶【データのインポート】▶【テキストファイルまたはクリップボード，URL から...】を選択すると，図 1.68 が表示される．

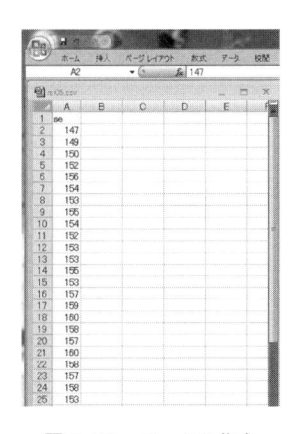

図 1.65　データの作成

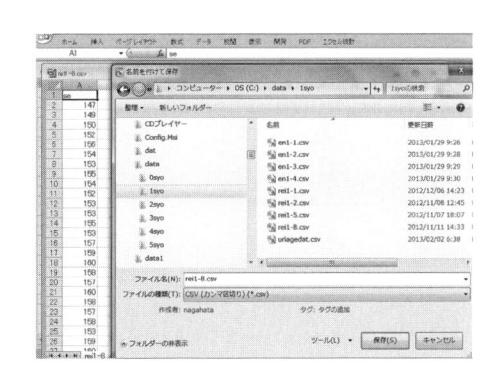

図 1.66　保存

手順 2　データの読み込み

図 1.67 のように【データ】▶【データのインポート】▶【テキストファイルまたはクリップボード，URL から...】を選択すると，図 1.68 が表示される．

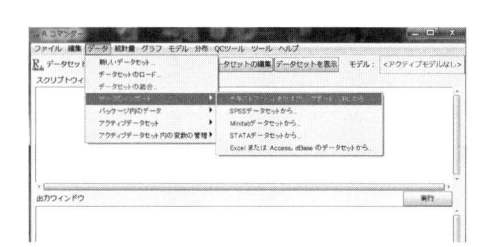

図 1.67　ファイルの読み込み

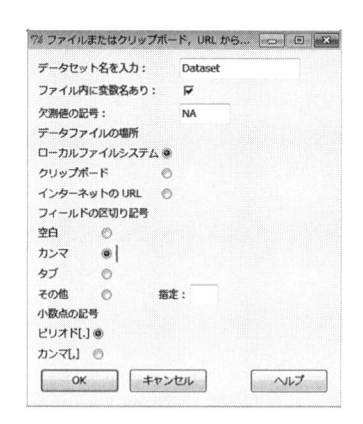

図 1.68　ダイアログボックス

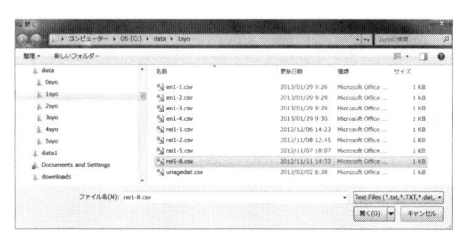

図 1.69　フォルダのファイル

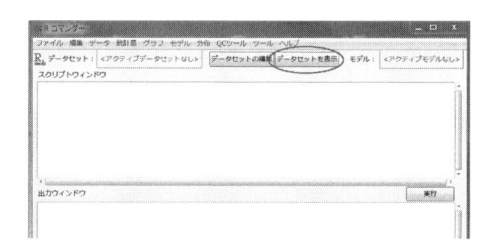

図 1.70　データの表示指定

```
─ 出力ウィンドウ ─────────────────────────
> Dataset <- read.table("C:/data/1syo/rei1-8.csv", header=TRUE,
 sep=",",na.strings="NA", dec=".", strip.white=TRUE)
> showData(Dataset, placement='-20+200', font=getRcmdr('logFont'),
+ maxwidth=80, maxheight=30)
```

図 1.68 のダイアログボックスで，データセット名を入力：を Dataset とし，フイールドの区切り記号で，カンマにチェックを入れ，OK を左クリック後，図 1.69 のようにファイルを指定し，開く (O) をクリックし，さらに図 1.70 で データセットを表示 をクリックすると，図 1.71 のようにデータが表示される．

データのヒストグラムを描こう．図 1.72 のように【グラフ】▶【ヒストグラム】を選択し，図 1.73 で変数として se を指定して，OK をクリックする．

すると図 1.74 のヒストグラムが表示される．

```
─ 出力ウィンドウ ─────────────────────────
> Hist(Dataset$se, scale="frequency", breaks="Sturges", col="darkgray")
```

なお上の，出力ウィンドウに対応したスクリプトウィンドウで，breaks=seq(146.5,181.5,5) と修正したコマンドラインをドラッグして実行すると，例題の手順に対応した出力結果であ

1.3 データのまとめ方

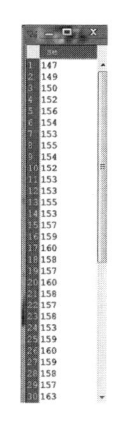

図 1.71 データの表示

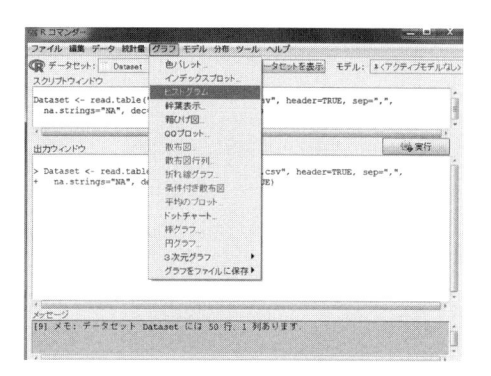

図 1.72 グラフの指定

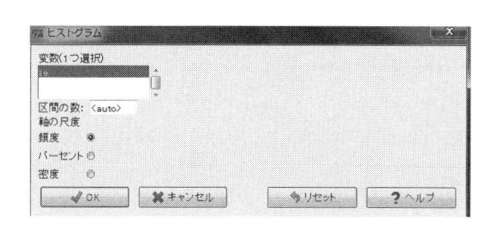

図 1.73 変数の指定

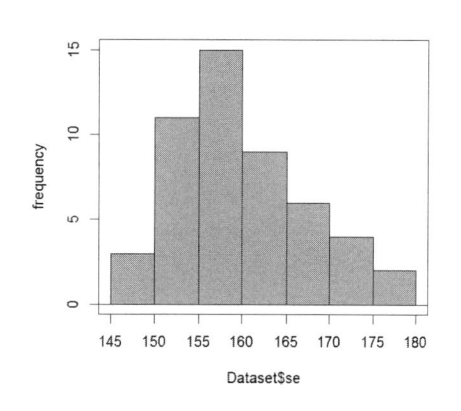

図 1.74 ヒストグラムの表示

るヒストグラムが得られる．seq(146.5,181.5,5) は，初期値が 146.5 で終値が 181.5 まで増分 5 の数値を逐次表し，breaks に指定することでそれらを境界値（分割点）としている．

演習 1-18 各自以下のデータを収集してヒストグラムを作成し，考察せよ．
① 一人当たり名目 GDP．
② 大学生 30 名以上の携帯電話の電話帳登録件数．

(7) 散布図（行列）（多変量連関図）

2 つの変量間の関係をみるとき，得られた 2 変量の組のデータ (x, y) について，各変数を x 軸と y 軸を対応させてまず図 1.75 のような散布図を描く．これによって 2 変数間に関係があるかどうかを見る（第 4 章を参照されたい）．

また多変量のデータにおける 2 変量間の関係を同時にみるとき，各 2 変数の組ごとに散布図を描き，それらをまとめた図 1.76 のような散布図行列（多変量連関図）を描く．これによって同時に多くの 2 変数間の関係をみることができる．

散布図

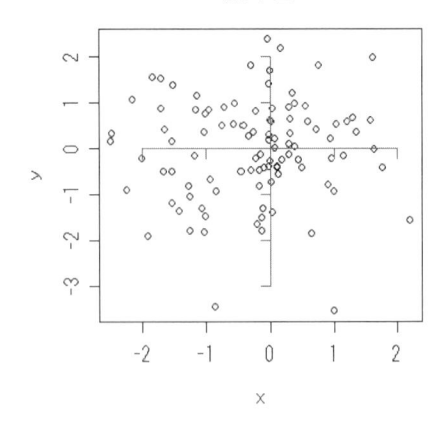

図 1.75　散布図

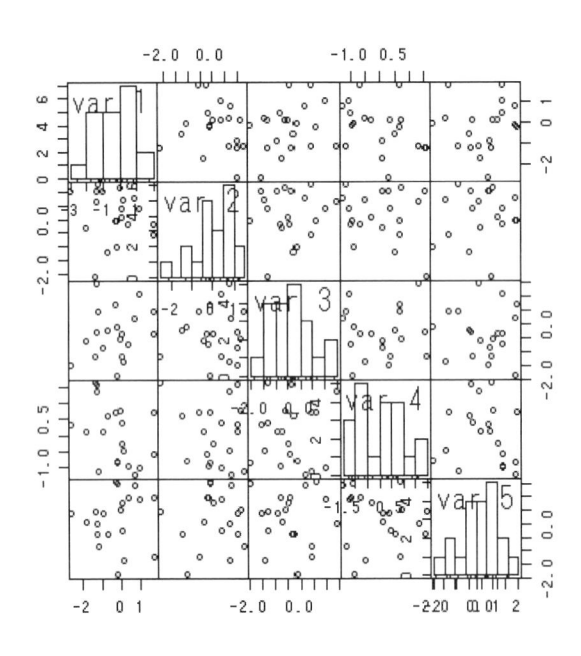

図 1.76　多変量連関図（ヒストグラムを含む）

―― 例題 1-9（散布図）――――――――――――――――――――――――

例題 1-2 の表 1.4 の売上高データについて，縦軸をパンの売上高，横軸をおにぎりの売上高とした散布図を作成せよ．さらに，3 変数に関して散布図行列を作成せよ．

R（コマンダー）による解析

データのヒストグラムを描こう．図 1.77 のように【グラフ】▶【散布図】を選択し，図 1.78 で x 変数としておにぎり，y 変数としてパンを指定して，OK をクリックする．すると，図 1.79 の散布図が表示される．

1.3 データのまとめ方

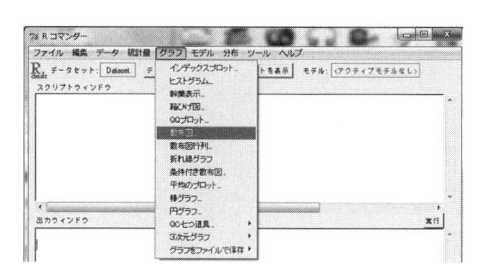

図 1.77 グラフの指定

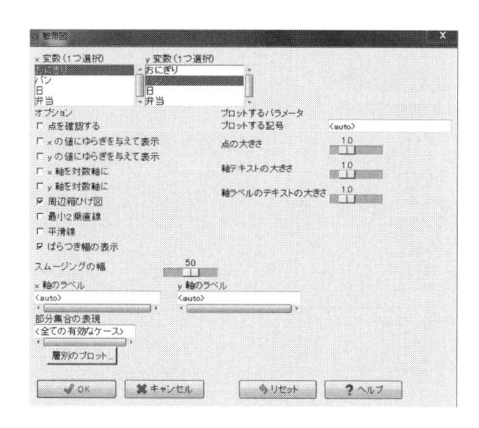

図 1.78 変数の選択

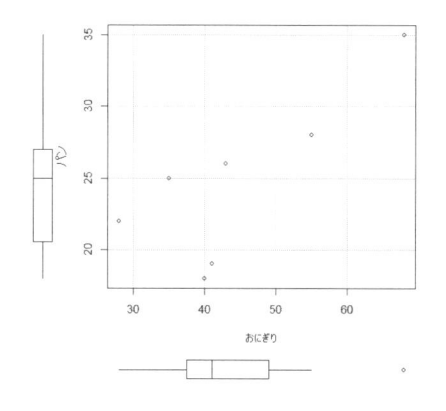

図 1.79 散布図の表示

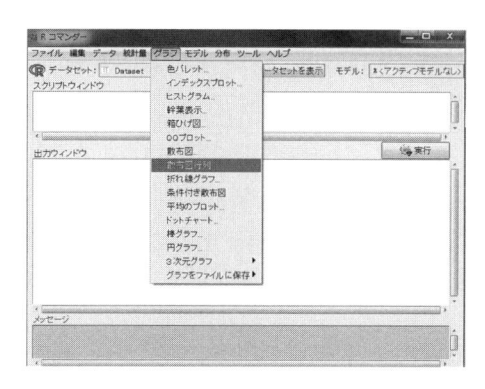

図 1.80 グラフの指定

出力ウィンドウ

> scatterplot(パン~おにぎり, reg.line=FALSE, smooth=FALSE, labels=FALSE,
boxplots='xy', span =0.5, data=Dataset)

多変数の場合，図 1.80 のように【グラフ】▶【散布図行列】を選択し，図 1.81 で変数としておにぎり，パン，弁当を指定して，OK をクリックする．すると，図 1.82 の散布図行列が表示される．

出力ウィンドウ

> scatterplot.matrix(~おにぎり+パン+弁当, reg.line=FALSE, smooth=FALSE,
span=0.5, diagonal = 'density', data=Dataset)

また基本統計量である相関行列は【統計量】▶【要約】▶【相関行列...】を選択することから，以下のように求まる．また，偏相関行列は対応したところにチェックを入れて，OK をクリックすると，以下のように求まる．

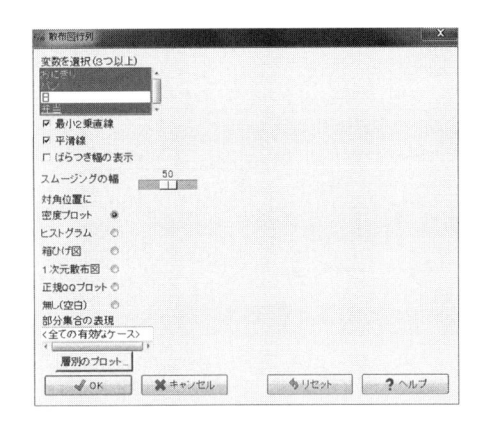

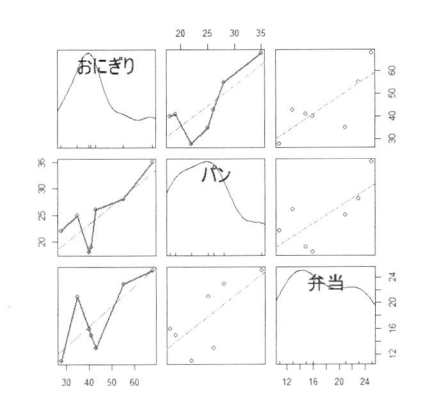

図 1.81　変数の選択　　　　　図 1.82　散布図行列の表示

```
─ 出力ウィンドウ ─
> cor(Dataset[,c("おにぎり","パン","弁当")], use="complete.obs")
         おにぎり      パン       弁当
おにぎり  1.0000000 0.7896176 0.7802543
パン      0.7896176 1.0000000 0.7133167
弁当      0.7802543 0.7133167 1.0000000
> partial.cor(Dataset[,c("おにぎり","パン","弁当")], use="complete.obs")
         おにぎり      パン       弁当
おにぎり  0.0000000 0.5316506 0.5046248
パン      0.5316506 0.0000000 0.2533050
弁当      0.5046248 0.2533050 0.0000000
```

演習 1-19　演習 1-2 のデータについて散布図行列を作成せよ．
演習 1-20　演習 1-4 のデータについて散布図行列を作成せよ．

(8) インデックスプロット

各インデックス（項目）ごとの量・個数などを線の長さなどに表し，比較検討する際に用いられるグラフで図 1.83 のような図をいう．

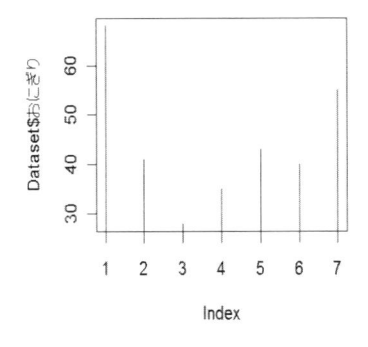

図 1.83　インデックスプロット

(9) 特性要因図

例えばカレーのおいしさ，テレビの画質，パンの売上高，タレントの人気度などの特性を取り上げ，その特性に影響を与えていると思われる要因をすべて洗い出し，整理するために用いる図を**特性要因図** (cause and effect diagram) という．その形から**魚の骨グラフ**ともいわれる．石川 馨(カオル)氏が考えた手法である．図 1.84 のような図である．

特性と要因の関係のみならず，結果と原因，目的と手段などの関係の把握と整理にも幅広く利用される手法である．

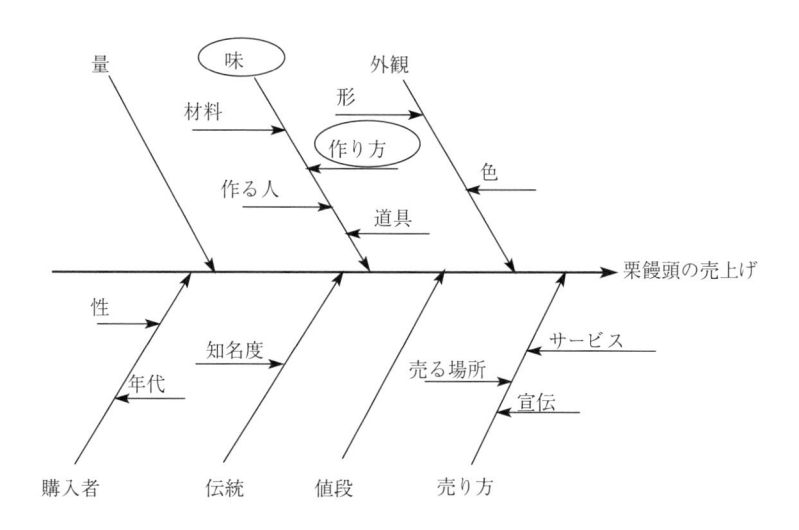

図 **1.84** 特性要因図

(10) パレート図

学校への遅刻件数の要因を件数で調べると，朝寝坊で遅れるのがほとんどで，他に交通機関の遅れが少しある程度と，実際は 2～3 個の原因で説明される．このように事象がいくつかの項目で構成されているとき，事象全体に占める割合を考えると，2, 3 の項目で占められることが多い．この状況を「Vital is few.」といい，重点項目は少数であることで**パレートの原則** (Pareto) という．コンビニエンスストアでお弁当が売れ残るときには，その種類別に売れ残り個数と 1 個の値段をかけたコスト（費用）の多い順に並べて調べたほうがよい．このように不良率，不良件数，コストなどを要因（原因）別に多い順に並び換えて，件数を高さとする柱にあらわした図（ヒストグラム）をパレート図という（図 1.85 参照）．

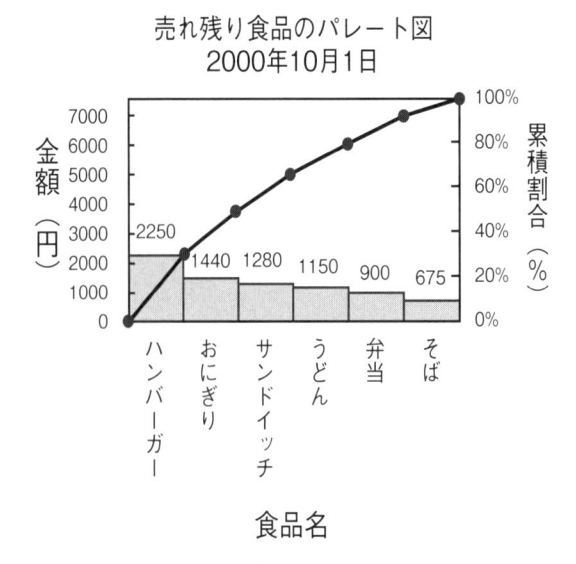

図 1.85　売れ残りに関するパレート図

(11) レーダーチャート（くもの巣グラフ）と星図

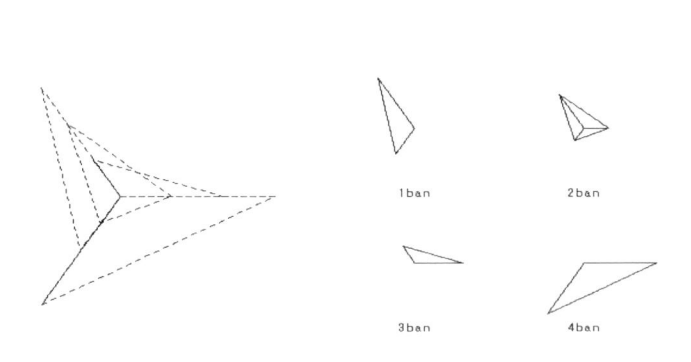

図 1.86　レーダーチャートと星図

多変量の特性を持つ個々のデータについて，同時に比較するときなどにレーダーチャートと同様に図 1.86 のような星形図を描く．

(12) 管理図

工程を管理していくためには偶然原因によるばらつきと異常原因によるばらつきを区別し，異常の原因を取り除き同じ原因によるばらつきが発生しないよう処置することが大切である．管理図は，工程における異常を検出するため，シュハート (W. A. Shewhart) により 1926 年に提案された手法である．図 1.87 のように，1 本の中心線とその上下に合理的に決められた管理限界線からなり，データを群ごとに打点（プロット）したものである．中心線 (CL: Center Line) は実線で記入し，上部管理限界線 (UCL: Upper Control Limit) と下部管理限

界線 (LCL: Lower Control Limit) は点線で記入する．通常，管理限界は

$$平均値 \pm 3 \times (標準偏差)$$

で計算される．そこで **3 σ（シグマ）– 管理図**ともいわれる．

中心線や管理限界線の決め方は，**管理用管理図**ではあらかじめ定められた標準値に基づいて計算するが，**解析用管理図**では得られたデータを用いて計算する．例として図 1.88 に体重に関する管理図を載せている．

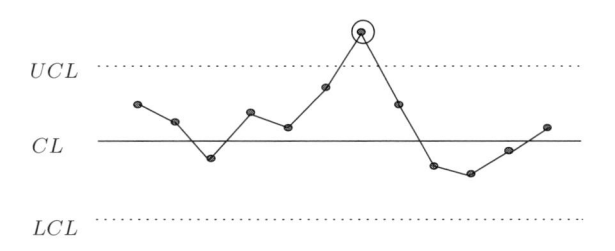

図 **1.87** 管理図の例

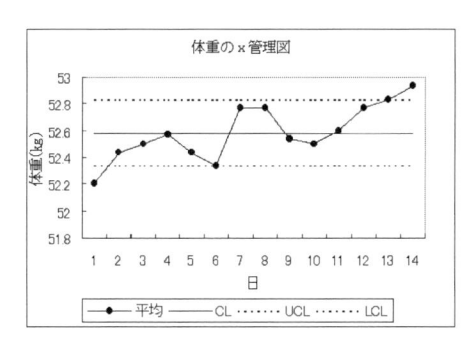

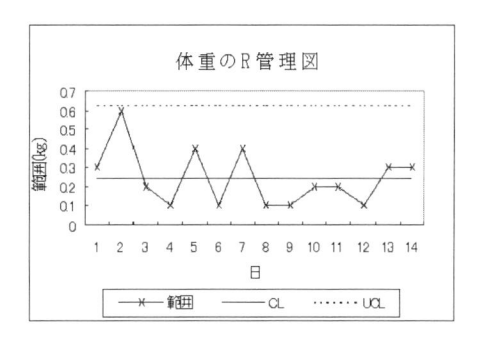

$\bar{x}$ 管理図 R 管理図

データ：A 君の体重データ，サンプリング期間：2000 年 10 月 1 日～10 月 14 日，

作成者：A 君，作成日：2000 年 10 月 15 日

図 **1.88** $\bar{x} - R$ 管理図の例

第 2 章 確率と確率分布

2.1 確率と確率変数

2.1.1 事象と確率

サイコロを 1 回振ったときの出る目を考えると，サイコロを振るという行為を**試行**とか**実験**といい，出る目のような起こる事柄（結果）を**事象** (event) という．そして，事象を特別な場合を除いて，アルファベット大文字で表すことにする．なお，ω が A に属すことを $\omega \in A$，属さないことを $\omega \notin A$ で表す．このとき，以下のようにいろいろな事象が定義される．

全事象：起こりうる全体の事象をいい，ギリシャ文字 Ω （小文字は ω）で表す．標本空間ともいう．

空事象：起こりえない事象をいい，ギリシャ文字 ϕ で表す．

和事象：事象 A または事象 B のいずれかが起こるとき，それを事象 A と B の和事象といい，$A \cup B$ で表す．要素の関係では，$\omega \in A \cup B \iff \omega \in A$ または $\omega \in B$ である．

根元事象：ただ 1 つの結果からなる事象を**根元事象**という．

積事象：事象 A と事象 B のどちらも起こる事象をいい，$A \cap B$ で表す．要素の関係では，$\omega \in A \cap B \iff \omega \in A$ かつ $\omega \in B$ である．

余事象：事象 A が起こらないという事象のことを A の余事象といい，A^c または $\overline{A}$ で表す．要素の関係では，$\omega \in A^c \iff \omega \notin A$ である．

差事象：事象 A が起き，事象 B が起きない事象のことを A と B の差事象といい，$A - B$ または $A \cap B^c$ で表す．要素の関係では，$\omega \in A - B \iff \omega \in A$ かつ $\omega \notin B$ である．

なお，互いに同時に起こることのない事象を互いに**排反**であるという．つまり，事象 A, B について $A \cap B = \phi$ が成立するとき，事象 A, B は互いに排反であるという．

例（2 枚のコインの表と裏）

2 枚の区別がつかないコインを投げる場合を考える．このとき，

全事象 $\Omega = \{\{2 \text{枚とも表}\}, \{1 \text{枚が表で，もう} 1 \text{枚が裏}\}, \{2 \text{枚とも裏}\}\}$

である．

$A = \{1 \text{枚が表で，もう} 1 \text{枚が裏}\}$，$B = \{2 \text{枚とも裏}\}$ のとき，

$A \cup B = \{\text{少なくとも} 1 \text{枚が裏}\}$，$A \cap B = \phi$,

$A^c = \{2 \text{枚とも表か裏}\}$，$A - B = \{1 \text{枚が表で，もう} 1 \text{枚が裏}\}$

である.

例(2種類のコインの表と裏)

2種類 A, B のコインを投げたとき,表が出ることを1,裏が出ることを0で表すとする.1回目と2回目を組として,$(A, B) = (0,0), (1,0), (0,1), (1,1)$ が考えられる.

このとき,全事象 $\Omega = \{\{(0,0)\}, \{(0,1)\}, \{(1,0)\}, \{(1,1)\}\}$ である.

$A = \{(1,0)\}, B = \{(1,1)\}$ のとき

$A \cup B = \{(1,0),(1,1)\}, A \cap B = \phi$,

$A^c = \{\{(0,0)\},\{(0,1)\},\{(1,1)\}\}, A - B = \{(1,0)\}$

である.

例(サイコロの出る目)

サイコロを1回投げたときの出る目を考える.それぞれの出る目の事象を $\{1\},\{2\},\{3\},\{4\},\{5\},\{6\}$ で表す.

このとき,全事象 $\Omega = \{\{1\},\{2\},\{3\},\{4\},\{5\},\{6\}\}$ である.

$A = \{$偶数の目が出る$\} = \{\{2\},\{4\},\{6\}\}, B = \{2$の目が出る$\} = \{\{2\}\}$ のとき

$A \cup B = \{\{2\},\{4\},\{6\}\}, A \cap B = \{\{2\}\}$,

$A^c = \{\{1\},\{3\},\{5\}\}, A - B = \{\{4\},\{6\}\}$

である.

そしてその事象の起こる確からしさの程度を,0から1の間の数値で表したものを**確率**(probability)といい,次の性質をみたす関数 P としている.

① 任意の事象 A について, $\quad 0 \leqq P(A) \leqq 1$

② 全事象 Ω について, $\quad P(\Omega) = 1$

③ 事象 A, B が排反であるならば,$P(A \cup B) = P(A) + P(B)$

これらの性質を**確率の公理**という.これらから以下の性質が導かれる.

性質

(2.1) $\quad P(A \cup B) = P(A) + P(B) - P(A \cap B)$

$\qquad P(A^c) = 1 - P(A)$

(∵) 式(2.1)の第1式について 事象 $A \cap B^c, A \cap B, A^c \cap B$ は排反で,$A \cup B = A \cap B^c + A \cap B + A^c \cap B$ だから公理の③から $P(A \cup B) = P(A \cap B^c) + P(A^c \cap B) + P(A \cap B)$ が成立する.同様に $P(A) = P(A \cap B^c) + P(A \cap B), P(B) = P(A^c \cap B) + P(A \cap B)$ だから,$P(A \cap B^c) = P(A) - P(A \cap B)$, $P(A^c \cap B) = P(B) - P(A \cap B)$ を上の式に代入して,求める右辺が導かれる.
式(2.1)の第2式について 事象 A と A^c は排反で,$U = A + A^c$ だから公理の②,③から $1 = P(U) = P(A) + P(A^c)$ が成立する.そこで $P(A^c)$ を移項して,求める関係式が導かれる. □

事象 A の確率が 0 でないとき ($P(A) \neq 0$), 事象 A が起こるもとで事象 B が起こる確率を, A のもとでの B の **条件付確率** (conditional probability) といい, $P(B|A)$ で表す. このとき, A と B が同時に起こる積事象 $A \cap B$ の確率は $P(A \cap B) = P(A)P(B|A) = P(B)P(A|B)$ である. この関係式を **乗法定理** ということがある. また事象 A が起きても起きなくても事象 B の起こる確率に変わりがないとき, 事象 A と B は **独立** であるという. このとき, $P(B|A) = P(B|A^c) = P(B)$ が成立する. また積事象について $P(A \cap B) = P(A)P(B)$ が成立することと同値である. そこで事象 A と B が独立であることを $P(A \cap B) = P(A)P(B)$ が成立することで定義しても同じである.

例題 2-1

100 円玉を独立に 2 回投げたとき, 2 回目が表という条件のもとで 1 回目が裏である確率を求めよ.

[解] 1 回目に表が出る事象を A, 2 回目に表が出る事象を B で表すとする. このとき起こりうる事象は, 表 2.1 のように 4 通りである.

表 2.1

1 回目	2 回目
表	表
表	裏
裏	表
裏	裏

そこで求める事象は, B の条件のもとでの A^c であり, 求める確率は

$$P(A^c|B) = \frac{P(A^c \cap B)}{P(B)} = \frac{1/4}{1/2} = \frac{1}{2} \quad \square$$

出力ウィンドウ

```
> PB=1/2 # 事象Bの起こる確率をPBに代入する
> PA_candB=1/4 # 事象Aの余事象と事象Bが同時に起こる確率を代入する
> PA_ccondB=PA_candB/PB # Bが起きた下でのAの余事象が起こる条件付確率の計算
> PA_ccondB # 上の結果の表示
[1] 0.5
```

演習 2-1 サイコロを 2 回投げたときの 1 回目, 2 回目の出る目の数をそれぞれ x_1, x_2 と表すとき, $x_1 + x_2 = 6$ の条件のもとで, $x_1 = x_2$ である確率を求めよ.

演習 2-2 6 本の棒があり, 2 本に印がついている. ランダムに 1 本を引き, それを戻さず続けて 2 本目の棒をランダムに選んだとき, 1 回目に印がなくて 2 回目に印のある棒を引く確率を求めよ.

事象 $E_1, E_2, \ldots, E_k$ が互いに排反, すなわちすべての i, j ($i \neq j$) について $E_i \cap E_j = \phi$ であり, $E_1 \cup E_2 \cup \cdots \cup E_k = \Omega$ のとき, 任意の事象 A に対して,

$$P(A) = P(E_1)P(A|E_1) + P(E_2)P(A|E_2) + \cdots + P(E_k)P(A|E_k)$$

が成立する．これを**全確率の定理**という．

任意の事象 A と標本空間 Ω の分割 $E_1,\ldots,E_k$ について，

$$
(2.2) \quad P(E_1|A) = \frac{P(E_1 \cap A)}{P(A)} = \frac{P(A|E_1)P(E_1)}{P(A)}
$$
$$
= \frac{P(A|E_1)P(E_1)}{P(A|E_1)P(E_1) + \cdots + P(A|E_k)P(E_k)}
$$

が成立する．これを**ベイズ (Bayes) の定理**といい，条件付確率 $P(E|A)$ を計算するために，すでに既知である確率 $P(A|E), P(E)$ を利用することができることを示している．事象 A が起こったとすると，確率 $P(E_1),\ldots,P(E_k)$ は事象 A が観測される前（事前）に与えられているので，**事前確率** (prior probability) という．また，事象 A が起こった後（事後）での条件付確率である $P(E_1|A),\ldots,P(E_k|A)$ を**事後確率** (posterior probability) という．

例題 2-2

ある病気であるかどうかの検査で陽性反応が出る事象を A とし，実際にある病気を発病する事象を E とする．そして，次のように各確率が与えられとする．

$P(A|E) = 0.56, P(A^c|E) = 0.44, P(A|E^c) = 0.04, P(A^c|E^c) = 0.96, P(E) = 0.035, P(E^c) = 0.965$

このとき，検査で陽性反応である確率，陽性反応で実際に病気を発病する確率を求めよ．

[解] $P(A)$ が検査で陽性反応である確率であり，$P(E|A)$ が陽性反応が出て，実際に病気を発病する確率である．そこでベイズの定理から求める．

$P(A) = P(A|E)P(E) + P(A|E^c)P(E^c) = 0.56 \times 0.035 + 0.04 \times 0.965 = 0.0582$

と検査で陽性反応である確率が求まる．また，陽性反応が出ていて，病気を発病する事後確率は

$$
P(E|A) = \frac{P(E \cap A)}{P(A)} = \frac{P(A|E)P(E)}{P(A)}
$$
$$
= \frac{P(A|E)P(E)}{P(A|E)P(E) + P(A|E^c)P(E^c)}
$$
$$
= \frac{0.035 \times 0.56}{0.56 \times 0.035 + 0.04 \times 0.965} = 0.0196/0.0582 = 0.337
$$

と計算される．□

演習 2-3 ある適正検査で適正と判定される事象を T とし，実際に適正があるという事象を E とする．$P(E) = 0.6, P(E^c) = 0.4, P(T|E) = 0.8, P(T|E^c) = 0.04$ のとき，適正検査で適正と判定されるもとで適正である事象の確率を求めよ．

演習 2-4 ある製品をライン A, B, C で 20 %, 50 %, 30 % の割合で製造している．それぞれのラインの不良品が，4 %, 2 %, 3 % である．1 つ製品を取り検査すると不良品であった．これがライン B で製造された確率を求めよ．

2.1.2 確率変数，確率分布と期待値

(1) 1次元の場合

実数の値をとる変数 X の値のとり方が確率に基づいているとき，変数 X を **確率変数** (random variable : r.v.) といい，普通，アルファベット大文字で表す．そして，実際のとる値を **実現値** (realized value) といい，普通，アルファベット小文字で表す．表も裏も 1/2 の確率で出るコイン投げをして，表が出るとき 1 をとり，裏が出ると 0 をとる変数は確率変数で値 1, 0 のとり方はいずれも確率 1/2 である．またサイコロを振ったときに出る目の数のように，とびとびの値をとる確率変数を **離散（計数）型確率変数** (discrete random variable) という．実際のとる値を $x_1, \ldots, x_n$ とし，それぞれのとる確率を $p_{x_1}, \ldots, p_{x_n}(p_{x_i} \geqq 0, \sum_{i=1}^{n} p_{x_i} = 1)$ とするとき，$\{p_{x_i}(i=1,\ldots,n)\}$ を **確率分布** (probability distribution) という．また，塩分の濃度，あるクラスの生徒のそれぞれの身長，体重のように連続な値をとる確率変数を **連続（計量）型確率変数** (continuous random variable) という．そして，x 以下である確率が

$$(2.3) \quad P(X \leqq x) = F(x) = \begin{cases} \displaystyle\sum_{x_i \leqq x} P(X = x_i) = \sum_{x_i \leqq x} p_{x_i} & (X \text{ が離散型のとき}) \\ \displaystyle\int_{-\infty}^{x} f(x)dx & (X \text{ が連続型のとき}) \end{cases}$$

と書かれるとき，$F(x)$ を **分布関数** (distribution function: d.f.) という．離散型の場合 $P(X = x_i) = p_{x_i}$ を **確率関数** (probability function: p.f.) といい，連続型の場合 $f(x)$ を **（確率）密度関数** (probability density function: p.d.f.) という．分布関数と確率関数（密度関数）をグラフに描くと，図 2.1 のようになる．

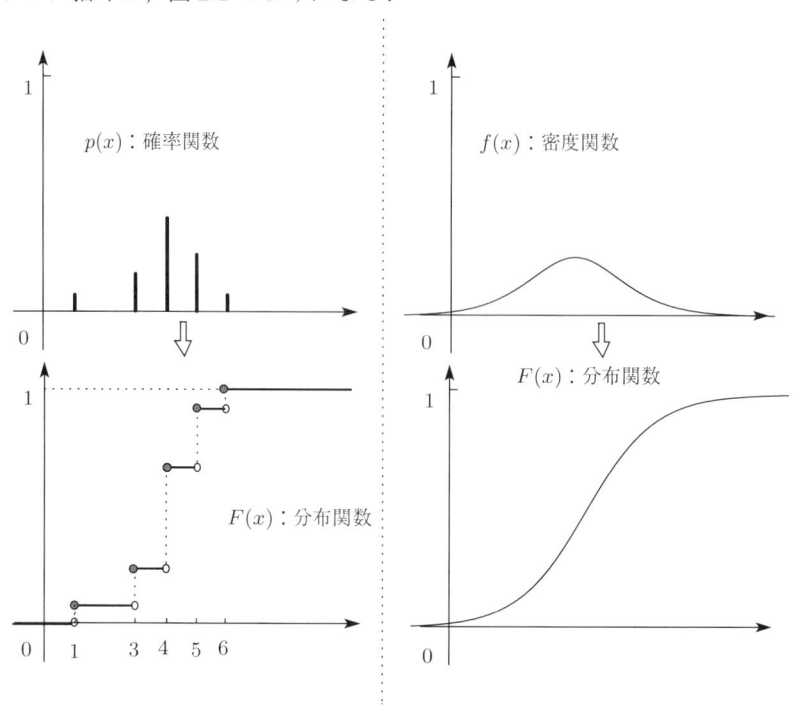

図 2.1 分布関数と確率関数（確率密度関数）

このとき分布関数について

① $F(x)$ は単調非減少な関数

② $\lim_{x \to -\infty} F(x) = 0$, $\lim_{x \to \infty} F(x) = 1$

③ $F(x)$ は右連続な関数 $\left(\lim_{x \to a+0} F(x) = F(a) \right)$

($\lim_{x \to a+0}$：は x が a より大きな値をとりながら a に近づくことを意味する．)

また，確率関数（密度関数）について

① $p_{x_i} \geqq 0$ $(f(x) \geqq 0)$

② $\sum p_{x_i} = 1$ $\left(\int_{-\infty}^{\infty} f(x) dx = 1 \right)$

が成立している．

なお，X がある分布 $F(x)$ に従う確率変数であることを $X \sim F(x)$ のように表す．

演習 2-5 ①100 円玉 2 枚を投げたときに表の出る枚数の確率関数と分布関数を求めよ．
②サイコロを独立に 2 回振ったときに出る目の数の和の確率関数と分布関数を求めよ．

（補 2-1） ヒストグラムで n 個のサンプルのうち区間幅 h の区間 $\left(x - \dfrac{h}{2}, x + \dfrac{h}{2} \right]$ に入る確率変数の個数を n_i とする．$F_n(x)$ が x 以下のサンプルの個数を n で割った x 以下の割合を表す関数とすると $F_n(x + h/2) - F_n(x - h/2) = \dfrac{n_i}{n}$ である．そこで，$f_n(x) = \dfrac{F_n(x + h/2) - F_n(x - h/2)}{h} = \dfrac{n_i}{nh}$ とおけば，$n \to \infty$ ($h \to 0$) のとき $f_n(x) \to f(x)$ である．◁

次に，確率変数のとる値とその確率の積の総和を**期待値** (expectation) といい，以下のように定義される．

$$(2.4) \quad E(X) = \begin{cases} \displaystyle\sum_{i=1}^{n} x_i P(X = x_i) = \sum_{i=1}^{n} x_i p_{x_i} & \text{（離散型）} \\ \displaystyle\int_{-\infty}^{\infty} x f(x) dx & \text{（連続型）} \end{cases}$$

x の関数を $h(x)$ とするとき，$h(X)$ の期待値は以下で定義される．

$$(2.5) \quad E(h(X)) = \begin{cases} \displaystyle\sum_{i=1}^{n} h(x_i) P(X = x_i) = \sum_{i=1}^{n} h(x_i) p_{x_i} & \text{（離散型）} \\ \displaystyle\int_{-\infty}^{\infty} h(x) f(x) dx & \text{（連続型）} \end{cases}$$

例題 2-3

サイコロを 1 回振ったときに出る目の数を X とするとき，X の確率関数と分布関数を求め，グラフに表せ．さらに X および X^2 の期待値を求めよ．

[解] 手順1 出る目の数とそれぞれの目の出る確率を求めると，以下のようになる（確率関数）．

出る目の数 x	1	2	3	4	5	6
確率 $P(X = x)$	$\dfrac{1}{6}$	$\dfrac{1}{6}$	$\dfrac{1}{6}$	$\dfrac{1}{6}$	$\dfrac{1}{6}$	$\dfrac{1}{6}$

そこで分布関数は以下のような階段関数となる．

出る目の数 x	1	2	3	4	5	6
確率 $P(X \leqq x)$	$\dfrac{1}{6}$	$\dfrac{2}{6}$	$\dfrac{3}{6}$	$\dfrac{4}{6}$	$\dfrac{5}{6}$	1

さらにグラフに表すと，図 2.2 のようになる．

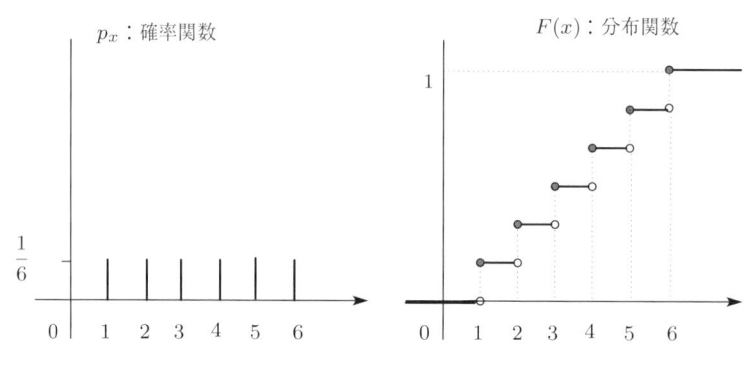

図 2.2 確率関数と分布関数

手順 2 X および X^2 の期待値をそれぞれ定義に沿って計算すると

$$E(X) = \sum_{i=1}^{6} iP(X=i) = (1+2+3+4+5+6)/6 = 3.5$$

$$E(X^2) = \sum_{i=1}^{6} i^2 P(X=i) = \sum i^2/6 = 91/6 = 15\frac{1}{6}$$

となる．表 2.2 のようにして表計算ソフトを用いて計算してもよい．

表 2.2 計算補助表

x	p_x	xp_x	$x^2 p_x$
1	1/6	1/6	1/6
2	1/6	2/6	4/6
3	1/6	3/6	9/6
4	1/6	4/6	16/6
5	1/6	5/6	25/6
6	1/6	6/6	36/6
計	1	21/6	91/6
	$= \sum p_x$	$= E(X)$	$= E(X^2)$

```
出力ウィンドウ
> x<-seq(1,6,1)  # x に 1 から 6 まで 1 刻みの値を代入する．
> table(x)   # x をデータのとる値で度数分布を作成する．
x
1 2 3 4 5 6
1 1 1 1 1 1
> y<-table(x)/6 # y に確率の値を代入する．
# 画面を 1 行 2 列に分割するには par(mfrow=c(1,2)) を入力する．
```

```
> plot(x,y,"h",lwd=3,main="確率関数") # 確率関数を描く．
> z<-cumsum(y) # z に累積確率の値を代入する．
> plot(x,z,"s",lwd=3,col=2,main="累積分布関数")
# または以下の 1 行を入力する．
> plot(ecdf(x)) # 経験分布関数を描く．
> (ex<-sum(x*y))
# とる値と確率の積の和で x の期待値を計算し，表示する．
# ex<-t(x) %*% y  x の転置と y との行列での積を計算し，ex に代入
> (ex2<-sum(x^2*y)) # x の 2 乗の期待値を計算し，表示する．
# x2<-x*x;ex2<-t(x2)%*%y # x の各成分の 2 乗を計算し，
# x2 の転置と y との行列での積で x の 2 乗の期待値を計算してもよい．
```

演習 2-6 サイコロを 1 回振って出た目の数に関して，偶数の目のときは 100 円もらい，奇数のときは 50 円あげるとする．このときのもらえる金額の期待値を求めよ．

演習 2-7 コインを投げて表のとき 0, 裏のとき 1 をとる変数 X の期待値を求めよ．

─── 性質 ───

$$(2.6) \quad E(aX+b) = aE(X) + b$$

(∵) 離散型の場合

$$左辺 = E(aX+b) = \sum(ax_i+b)P(X=x_i) = a\underbrace{\sum x_i P(X=x_i)}_{=E(X)} + b\underbrace{\sum P(X=x_i)}_{=1}$$

$$= aE(X) + b = 右辺$$

連続型の場合

$$左辺 = E(aX+b) = \int(ax+b)f(x)dx = a\underbrace{\int xf(x)dx}_{=E(X)} + b\underbrace{\int f(x)dx}_{=1}$$

$$= aE(X) + b = 右辺 \quad \square$$

また，特に $h(x) = (x-\mu)^2 (\mu = E(X))$ のときである $(X-E(X))^2$ の期待値を X の**分散** (variance) といい，$V(X)$ または $Var(X)$ で表す．つまり

$$(2.7) \quad V(X) = E\Big((X-E(X))^2\Big) = \begin{cases} \displaystyle\sum_{i=1}^n (x_i - E(X))^2 P(X=x_i) & (離散型) \\ \displaystyle\int_{-\infty}^{\infty} (x - E(X))^2 f(x)dx & (連続型) \end{cases}$$

と定義される．

─── 性質 ───

$$(2.8) \quad V(X) = E(X^2) - \{E(X)\}^2$$

$$(2.9) \quad V(aX+b) = a^2 V(X)$$

(∵) 左辺 $= V(X) = E(X - E(X))^2 = E(X^2) - 2E(XE(X)) + \{E(X)\}^2 =$ 右辺 □

演習 2-8 例題 2-3 でのサイコロの出る目の数 X の分散を求めよ．

演習 2-9 上の性質の第 2 式を示せ．

演習 2-10 密度関数 $f(x)$ が以下で与えられる確率変数 X について，以下の設問に答えよ．

$$f(x) = \begin{cases} 1 - |x| & |x| \leqq 1 \\ 0 & |x| > 1 \end{cases}$$

① X の分布関数を求めよ．
② X の期待値 $E(X)$ と分散 $V(X)$ を求めよ．

（補 **2-2**） X の原点のまわりの k 次のモーメント (moment) は

$$\alpha_k = E(X^k) = \int x^k f(x) dx \left(= \sum_i x_i^k p(x_i) \right)$$

である．X の平均 μ のまわりの k 次のモーメントは

$$\mu_k = E(X - \mu)^k = \int (x - \mu)^k f(x) dx \left(= \sum_i (x_i - \mu)^k p(x_i) \right)$$

である．$\phi(\theta) = E[e^{\theta X}]$ を X の **積率母関数** (moment generating function) といい，分布と 1 対 1 に対応している．つまり積率母関数が決まれば分布が決まり，その逆も言える．◁

(2) 2 次元もしくはそれ以上（多次元）の場合

まず 2 次元の場合を考えてみよう．

- <u>離散型の場合</u> 2 変数の組 (X, Y) について **同時確率関数** が $P(X = x_i, Y = y_j) = p(x_i, y_j)$ で与えられるとき，分布関数 $F(x, y)$ は

(2.10) $$F(x, y) = P(X \leqq x, Y \leqq y) = \sum_{u \leqq x, v \leqq y} p(u, v)$$

となる．Y の値は何でもよく，X の値が x である確率である $p_{x\cdot} = P(X = x)$ を X の **周辺分布** という．同様に，$p_{\cdot y} = P(Y = y)$ を Y の **周辺分布** という（図 2.3）．

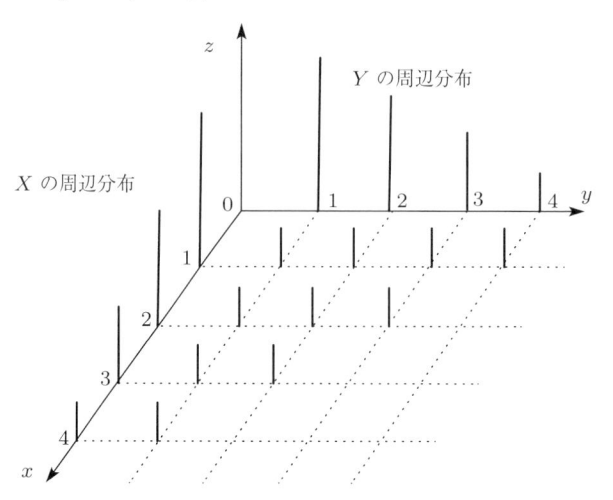

図 **2.3** X と Y の周辺分布

$$p_{x\cdot} = P(X=x) = \sum_{y=-\infty}^{+\infty} p_{xy} \tag{2.11}$$

$$p_{\cdot y} = P(Y=y) = \sum_{x=-\infty}^{+\infty} p_{xy} \tag{2.12}$$

さらに，X と Y が**独立**とは，すべての (x,y) の組について

$$p_{xy} = p_{x\cdot} \times p_{\cdot y} \tag{2.13}$$

が成立する場合をいう．つまり，同時分布が周辺分布の積で表される場合で，X の値の出方が Y の値の影響を受けない場合である．また，Y の値の出方が X の値の影響を受けない場合である．

例題 2-4

$1 \leqq X \leqq 4, 1 \leqq Y \leqq 4$ である確率変数 X,Y の同時確率分布 p_{xy} が表 2.3 のように与えられる場合，空欄を埋めよ．

表 2.3 X と Y の同時分布

X \ Y	1	2	3	4	$p_{x\cdot}$
1	0.1	0.1		0.1	0.4
2	0.1	0.1	0.1	0	0.3
3	0.1	0.1	0	0	
4	0.1	0	0	0	0.1
$p_{\cdot y}$	0.4		0.2	0.1	

[解] 1行の空欄は行和が 0.4 より，0.1 である．3行の空欄は行和である 0.2 である．最下行の 3 列目の空欄は列和である 0.3 である．最下行の右端列の空欄は，確率の総和である 1 である．□

● <u>X と Y がともに連続的な確率変数の場合</u>　X と Y の同時分布の密度関数を $f(x,y)$ とすると，X が $a < X \leqq b$ かつ Y が $c < Y \leqq d$ となる確率は

$$P(a < X \leqq b, c < Y \leqq d) = \int_c^d \left\{ \int_a^b f(x,y) dx \right\} dy \tag{2.14}$$

となる．また X,Y のとりうる値全域で確率が 1 となるから

$$\int_{-\infty}^{+\infty} \left\{ \int_{-\infty}^{+\infty} f(x,y) dx \right\} dy = 1 \tag{2.15}$$

特に 2 次元正規分布 $N(\mu_x, \mu_y, \sigma_x^2, \sigma_y^2, \rho)$ の同時確率密度関数は，以下の式 (2.16) で与えら

れる．

$$
(2.16) \quad f(x,y) = \frac{1}{\sqrt{(2\pi)^2 \sigma_x^2 \sigma_y^2 (1-\rho^2)}} \exp\left[-\frac{1}{2(1-\rho^2)}\left\{\left(\frac{x-\mu_x}{\sigma_x}\right)^2 - 2\rho\left(\frac{x-\mu_x}{\sigma_x}\right)\left(\frac{y-\mu_y}{\sigma_y}\right) + \left(\frac{y-\mu_y}{\sigma_y}\right)^2\right\}\right]
$$

また，同時確率密度関数 $f(x,y)$ を Y の全域で積分すると，X だけの確率密度関数 $f_X(x)$ が得られる．これを X の**周辺密度関数** (marginal density function) という．同様に Y の周辺密度関数 $f_Y(y)$ も定義される．

$$
(2.17) \quad f_X(x) = \int_{-\infty}^{+\infty} f(x,y) dy
$$

$$
(2.18) \quad f_Y(y) = \int_{-\infty}^{+\infty} f(x,y) dx
$$

さらに X と Y が**独立**とは任意の (x,y) に対し，

$$
(2.19) \quad f(x,y) = f_X(x) \times f_Y(y)
$$

が成立する場合をいう．

分布関数 $F(x,y)$ は

$$
(2.20) \quad F(x,y) = P(X \leqq x, Y \leqq y) = \int_{-\infty}^{x}\int_{-\infty}^{y} f(u,v) du dv
$$

となる．

そして，2つの確率変数 X, Y の分散に関して以下が成立する．

性質

$$(2.21) \quad V(X+Y) = V(X) + V(Y) + 2C(X,Y)$$

(∵) 左辺 $= V(X+Y) = E(X+Y-E(X+Y))^2$
$= E(X-E(X))^2 + 2E(X-E(X))(Y-E(Y)) + E(Y-E(Y))^2$
$= V(X) + 2C(X,Y) + V(Y) = $ 右辺 となり，示される．□

なお

$$
(2.22) \quad C(X,Y) = Cov(X,Y) = E(X-E(X))(Y-E(Y))
$$
$$
= E(XY) - E(X)E(Y)
$$

で，これは X と Y の**共分散** (covariance) といわれ，<u>X と Y が独立なときには 0</u> である．

$$(\because) \quad E(XY) = \int\int xy f(x,y)dxdy = \int xf_X(x)dx \times \int yf_Y(y)dy = E(X) \times E(Y) \text{ から}$$
$C(X,Y) = 0$ がいえる． □

演習 2-11 2 つの確率変数 X と Y の同時分布が以下（表 2.4）のように与えられている．

表 2.4 X と Y の同時分布

X \ Y	1	2	$p_{x\cdot}$
0	0.3		0.4
1	0.1	0.5	
$p_{\cdot y}$		0.6	1

① 表の空欄を埋めよ．
② X と Y の周辺分布を求めよ．また，X と Y は独立か．
③ X の周辺分布の平均と分散を求めよ．
④ X と Y の共分散，相関係数を求めよ．
⑤ $Y = 1$ が与えられたもとでの，X の条件付分布および平均，分散を求めよ．
⑥ $Z = X + Y$ とするとき，Z の確率分布およびその平均と分散を求めよ．

また n 個の確率変数 $X_1, \ldots, X_n$ についても，次のように平均と分散についての関係が成立する．

性質

(2.23) $\quad E(a_1 X_1 + \cdots + a_n X_n) = a_1 E(X_1) + \cdots + a_n E(X_n)$

(2.24) $\quad V(a_1 X_1 + \cdots + a_n X_n)$
$\quad = a_1^2 V(X_1) + \cdots + a_n^2 V(X_n) + 2a_1 a_2 C(X_1, X_2) + \cdots + 2a_{n-1} a_n C(X_{n-1}, X_n)$

演習 2-12 式 (2.23), (2.24) が成立することを示せ．

(3) 条件付分布

X と Y の同時分布を考え，$Y = y$ が与えられたときの X の分布を**条件付分布**といい，その確率関数（密度関数）を

(2.25) $\qquad\qquad p(x|y) = P(X = x | Y = y)(f(x|y))$

で表す．2 つの確率変数 X, Y に関して，図 2.4 のように同時密度関数を条件 $Y = y$ のうえで確率分布を考えることになる．

実際，離散型の確率変数の場合 $Y = y$ が与えられたもとでの X の条件付確率は，$P(Y = y) > 0$ のとき，

(2.26) $$p(x|y) = P(X=x|Y=y) = \frac{P(X=x, Y=y)}{P(Y=y)} = \frac{p(x,y)}{\sum_x p(x,y)} = \frac{p(x,y)}{p_{\cdot y}}$$

である．さらに，$Y = y$ が与えられたもとでの X の条件付期待値は

(2.27) $$E(X|Y=y) = \sum_{x \in \Omega_y} xp(x|y) = \mu_{x|y} = \sum_{x \in \Omega_y} \frac{xP(X=x,Y=y)}{P(Y=y)} = \sum_{x \in \Omega_y} \frac{xp(x,y)}{p_{\cdot y}}$$

である．なお，$\Omega_y = \{x | (x, y) \in \Omega\}$ である．また，条件付分散は

(2.28) $$V(X|Y=y) = E(X - E(X|Y=y))^2 | Y=y) = \sum_{x \in \Omega_y} (x - \mu_{x|y})^2 p(x|y)$$

連続型の確率変数の場合 $Y = y$ が与えられたもとでの X の条件付確率は，$f_Y(y) > 0$ のとき，

(2.29) $$f(x|y) = \frac{f(x,y)}{f_Y(y)} = \frac{f(x,y)}{\int_{-\infty}^{\infty} f(x,y) dx}$$

である．さらに，$Y = y$ が与えられたもとでの X の条件付期待値は

(2.30) $$E(X|Y=y) = \int_{-\infty}^{\infty} xf(x|y)dx = \mu_{x|y} = \int_{-\infty}^{\infty} x \frac{f(x,y)}{\int_{-\infty}^{\infty} f(x,y)dx} dx$$

である．また，条件付分散は以下で与えられる．

(2.31) $$V(X|Y=y) = E(X - E(X|Y=y))^2 | Y=y) = \int_{-\infty}^{\infty} (x - \mu_{x|y})^2 f(x|y) dx$$

演習 2-13 サイコロを2回独立に振ったときの1回目，2回目の出る目の数を X, Y とするとき，以下の設問に答えよ．
① Y が偶数という条件のもとで X の確率分布を求めよ．
② Y が偶数という条件のもとで X が奇数である確率を求めよ．
③ 目の和 $(X+Y)$ が8であるという条件のもとで X, Y とも偶数である確率を求めよ．

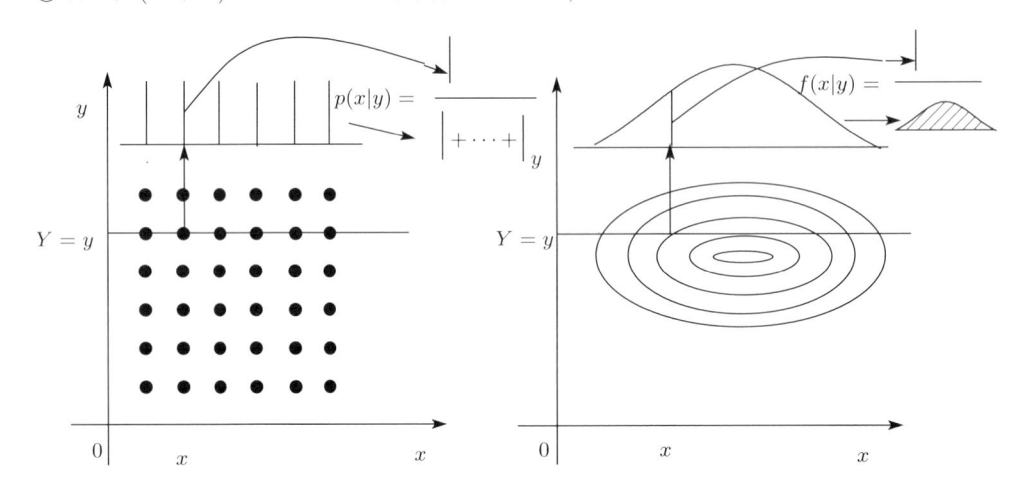

図 **2.4** 条件付の確率分布

2.2 母集団の分布
2.2.1 計量値のデータと計数値のデータ

実験によって得られるデータ x は何らかの確率変数 X の実現値であると考えられる．長さ，身長，体重，強度，濃度などのように連続である特性を測って得られるデータを**計量値のデータ**といい，不良品の個数，欠席数などのようにとびとびの値をとるデータを**計数値のデータ**という．データ x に対応する確率変数 X は，x が計数値ならば離散変数であり，x が計量値ならば連続変数である．

確率変数 X の分布は，X が離散変数ならば

$$P(X = x) = p_x \qquad (2.32)$$

で定義され，p_x を**確率関数**という．また，X が連続変数ならば

$$P(a < X < b) = \int_a^b f(x)dx \qquad (2.33)$$

を満足する関数 $f(x)$ を**確率密度関数**という．

2.2.2 計量型の代表的な分布

① 正規分布 (<u>n</u>ormal distribution)

密度関数 $f(x)$ が式 (2.34) で与えられる分布を平均 μ（ミュー），分散 σ^2（シグマの2乗）の正規分布といい，$N(\mu, \sigma^2)$ と表す．特に $\mu = 0, \sigma^2 = 1$ のとき $N(0, 1^2)$ であり，これを**標準正規分布**という．発見者に因んで**ガウス分布** (Gauss distribution) ともいわれる．

$$f(x) = \frac{1}{\sqrt{2\pi\sigma^2}} \exp\left[-\frac{(x-\mu)^2}{2\sigma^2}\right] \quad (-\infty < x < \infty) \qquad (2.34)$$

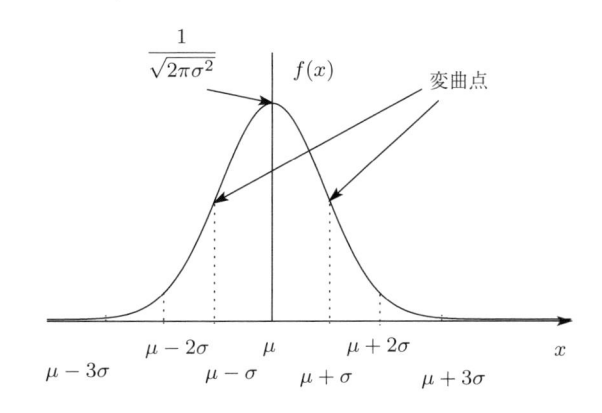

図 **2.5** 正規分布 $N(\mu, \sigma^2)$ の密度関数

ただし，$\pi = 3.14159\cdots$，$\exp(x) = e^x$ で $e = 2.7182818\cdots$ である．

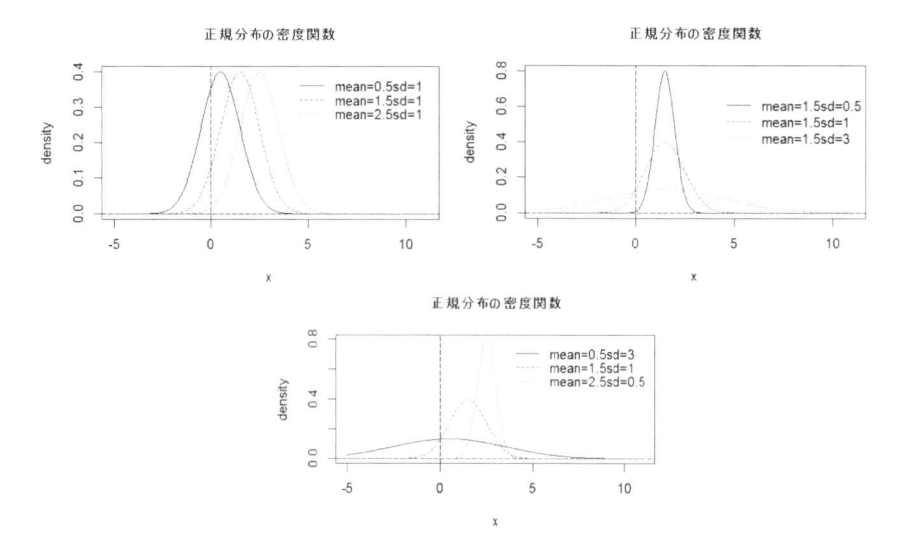

図 2.6　μ, σ^2 の変化と正規分布の密度関数のグラフ

グラフを描くと図 2.5 となる．そして，密度関数の性質 $f(x) \geqq 0$ と $\int_{-\infty}^{\infty} f(x)dx = 1$ を満足している．また，μ と σ^2 を変えたときのグラフが図 2.6 である．

（補 2-3）　ここで，$\int_{-\infty}^{\infty} f(x)dx = 1$ であることは $t = \dfrac{x-\mu}{\sigma}$ なる変数変換をして

$$\int_{-\infty}^{\infty} \frac{1}{\sqrt{2\pi}} e^{-t^2/2} dt = 1$$

を示せばよい．これは広義積分で微積分のテキストに載っているので参照されたい．
$\int_{-\infty}^{\infty} e^{-t^2/2} dt = \sqrt{2\pi}$ と覚えておくと便利である．◁

そして以下のような性質がある．

① 平均 μ に関して対称である．
② $x = \mu \pm \sigma$ で変曲点をとる（曲線が下（上）に凸から上（下）に凸となる点）．
③ x 軸が漸近線である $\left(\lim_{x \to \pm \infty} f(x) = 0 \right)$．

また平均と分散は以下のようである．

───── 性質 ─────
$X \sim N(\mu, \sigma^2)$ のとき，$E(X) = \mu, V(X) = \sigma^2$

特に標準（規準）化 $\left(U = \dfrac{X-\mu}{\sigma} \right)$ したときの密度関数は $\overset{\text{ファイ}}{\phi}(u)$ で表し，

(2.35) $$\phi(u) = \frac{1}{\sqrt{2\pi}} \exp\left[-\frac{u^2}{2} \right] = \frac{1}{\sqrt{2\pi}} e^{-\frac{u^2}{2}}$$

である．そこで，$U \sim N(0, 1^2)$ である．また標準正規分布の分布関数は $\overset{\text{ファイ}}{\Phi}(x)$ と表す．つまり，$U \sim N(0, 1^2)$ のとき，

(2.36) $$P(U \leqq x) = \int_{-\infty}^{x} \phi(x)dx = \Phi(x), \left(\frac{d\Phi(x)}{dx} = \phi(x)\right)$$

である．正規分布に従う（確率）変数に関する確率を求めるときには，標準化することで標準正規分布に従うので，基本となる標準正規分布に関する面積などの数値表があればよい．そして，$u \sim N(0, 1^2)$ のとき，$P(|u| \geqq u(\alpha)) = \alpha$ を満足する $u(\alpha)$ を標準正規分布の**両側 $100\alpha\%$ 点**または**両側 α 分位点** (α-th quantile) という．片側では $\alpha/2$ 分位点または $100\dfrac{\alpha}{2}\%$ 点 という．さらに，上側 $\alpha/2$ 分位点，下側 $1 - \alpha/2$ 分位点ともいわれる．

正規分布数値表の見方

① x 座標から**面積**（確率：α）を与える表の見方 $\left(u(\alpha) \Longrightarrow \dfrac{\alpha}{2}\right)$

数値表では図 2.7 のように小数第 1 位までが縦（行）方向の値で，小数第 2 位が横（列）方向の値で，その交差する位置に求める上側確率の値が載っている．例えば $u(\alpha) = 1.96$ だと縦方向に 1.9 のところまで下りて，横方向に 0.06 いったところで交差する位置の値の 0.025 が**上側確率**である．

$$u(\alpha) : x \,座標 \Longrightarrow \frac{\alpha}{2} : 面積（確率）$$

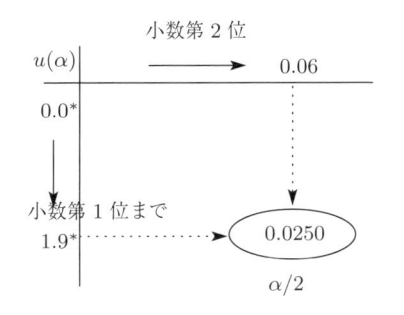

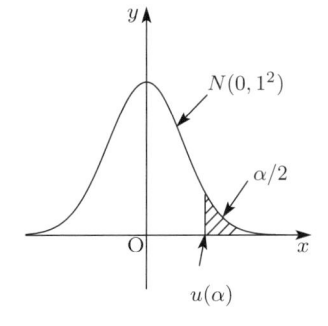

図 2.7 数値表の見方

② **面積**（確率：α）から x **座標**を与える表の見方（図 2.8）

$$\frac{\alpha}{2} : 面積（確率） \Longrightarrow u(\alpha) : x \,座標$$

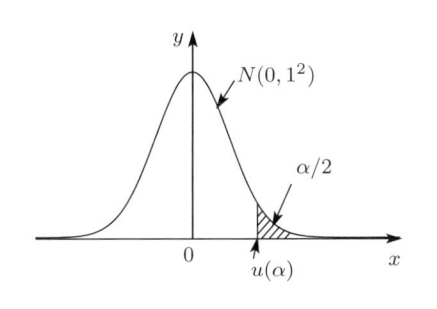

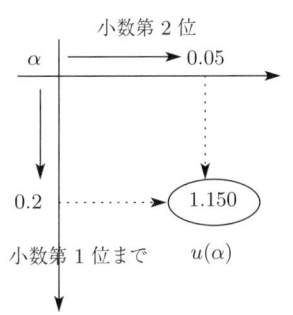

図 2.8 確率から x 座標の見方

例えば $\alpha/2 = 0.05 \longrightarrow u(\alpha) = u(0.10) = 1.645$ のようにみる．一部を以下の表 2.5 に与えておこう．

表 2.5　正規分布表（一部）$\alpha/2 \to u(\alpha)$

$\alpha/2$	0.10	0.05	0.025	0.01	0.005
$u(\alpha)$	1.282	1.645	1.960	2.326	2.576

対称な密度関数の分布は両側確率の形で与えることにする．本によっては片側で与えている．また $\varepsilon \to K_\varepsilon, Z_\varepsilon, P \to K_P$ の記号を用いた数表も多い．

例題 2-5

(1) 平均 1.5，分散 1 の正規分布の密度関数を描け（グラフの描画）．

(2) 次の確率を求めよ（下側確率・上側確率）．

1) $X \sim N(\mu, \sigma^2)$ のとき，$P(\mu - k\sigma < X < \mu + k\sigma)$ ($k = 1, 2, 3$) を求めよ．

2) $X \sim N(3, 2^2)$ のとき，以下の確率を求めよ．

　　① $P(X < 4)$　　② $P(X < 0)$　　③ $P(-0.5 < X < 5.5)$

(3) 標準正規分布において以下の数値を求めよ（分位点）．

　　① 下側 1%点　② 下側 5%点（上側 95%点）　③ 上側 10%点（下側 90%点）

　　④ 上側 2.5%点（下側 97.5%点）　⑤ 両側 5%点　⑥ 両側 10%点

[解]　(1) 以下の R コマンダーによる解析 で作成する．

(2) 1) $P\left(-k < \dfrac{X - \mu}{\sigma} < k\right) = P(-k < U < k)$ で，$U \sim N(0, 1^2)$ なので，

　　$k = 1$ のとき，$P(-1 < U < 1) = 1 - 2P(U > 1) = 0.6826$,
　　$k = 2$ のとき，$P(-2 < U < 2) = 0.9544$,
　　$k = 3$ のとき，$P(-3 < U < 3) = 0.9974$

である．そこで，3シグマからはずれる確率は，千三つの法則といわれるように約 0.003 である．以下の図 2.9 を参照されたい．

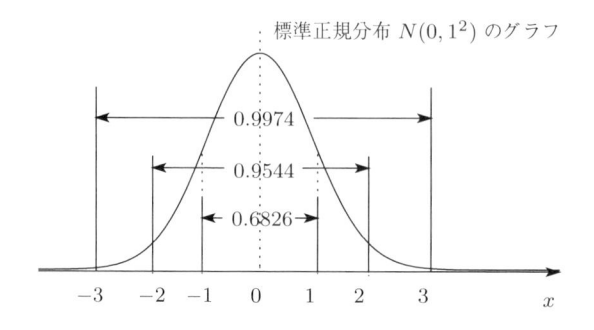

図 2.9　正規分布の 3 シグマ範囲と確率

偏差値 $T = (個人の得点 - 平均点)/標準偏差 \times 10 + 50$ について，

　　$P(20 < T < 80) = P(-3 < U < 3) = 0.9974$ ($\mu = 50, \sigma = 10, k = 3$)

だから，偏差値が 20 から 80 の間に約 99.7%の人がいるとわかる．

2) 各問の確率に対応して，以下のように考えて計算する．不等号の向きに注意しながら図を描いて求めるようにしたい．

① $P(X < 4) = P\left(\dfrac{X-3}{2} < \dfrac{4-3}{2}\right) = P(U < 0.5) = 0.6915$

② $P(X < 0) = P(U < -1.5) = 0.0668$

③ $P(-0.5 < X < 5.5) = P(-1.75 < U < 1.25) = 0.8543$

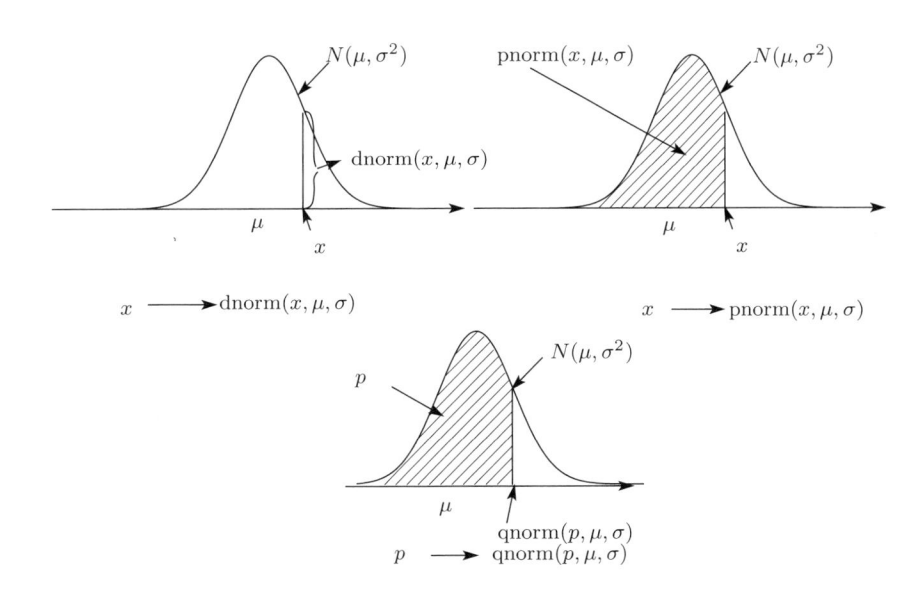

図 2.10 平均 μ，分散 σ^2 の正規分布の密度関数の値，下側確率，下側分位点 (%点)

(3) ① 上側 99%点で， $-u(0.02) = -2.326$　② 上側 95%点で， $-u(0.10) = -1.645$．③ 下側 90%で， $u(0.20) = 1.281552$．④ 下側 97.5%点で， $u(0.05) = 1.96$．⑤ 下側 2.5%点と上側 2.5%点で， $\pm u(0.05) = \pm 1.96$．⑥ 下側 5%点と上側 5%点で， $\pm u(0.10) = \pm 1.645$．□

ここで正規分布に関して，R において密度，累積確率，分位点を与える関数を見ておこう．x 座標に対して，dnorm(x) が x における標準正規分布の密度の値を与え，pnorm(x) が x 以下である確率（累積確率または下側確率）を与える．また確率 p に対して，qnorm(p) が累積確率が p となる x 座標の値を与える．平均と標準偏差が与えられる場合には dnorm(x,μ,σ) のように関数を書けばよい．図 2.10 を参照されたい．

R（コマンダー）による解析

● グラフの描画

(1) 図 2.11 のように，R コマンダーのツールバーから以下の枠を逐次（左）クリックする．
【分布】▶【連続分布】▶【正規分布】▶【正規分布を描く...】と選択後，図 2.12 のダイアログボックスで，平均 1.5，標準偏差 1 をキー入力後，OK を左クリックする．すると図 2.13 のグラフが表示される．

図 2.11　正規分布を描く

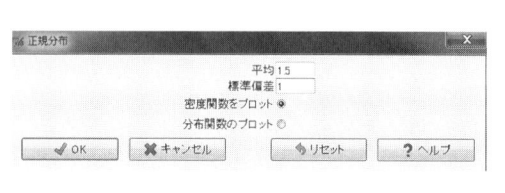

図 2.12　ダイアログボックス

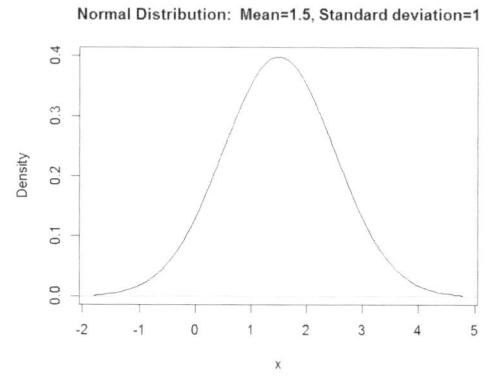

図 2.13　正規分布の密度関数のグラフ

```
> # 図 2.13
> .x <- seq(-1.791, 4.791, length.out=100)
> plot(.x, dnorm(.x, mean=1.5, sd=1), xlab="x", ylab="Density",
main=paste("Normal Distribution:  Mean=1.5, Standard deviation=1"),
type="l")
> abline(h=0, col="gray")
> remove(.x)
```

● 下側確率

(2) 1) $k=1$ のとき，まず $P(X<1)$ を求める．そこで，【分布】▶【連続分布】▶【正規分布】▶【正規分布の確率...】と選択し，図 2.14 のダイアログボックスで，変数の値 1，平均 0，標準偏差 1 をキー入力後，OK を左クリックする．すると，次の出力結果が表示される．次に，$P(X<-1)$ を求める．そこで，【分布】▶【連続分布】▶【正規分布】▶【正規分布の確率...】と選択し，図 2.15 のダイアログボックスで，変数の値 −1，平均 0，標準偏差 1 をキー入力後，OK を左クリックする．すると，次の出力結果が表示される．

2.2 母集団の分布

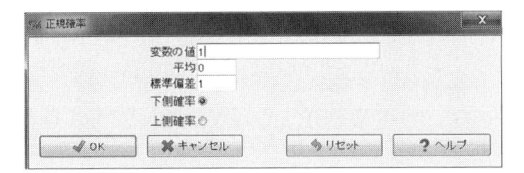

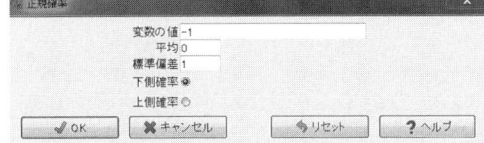

図 2.14 ダイアログボックス 図 2.15 ダイアログボックス

―― 出力ウィンドウ ――
```
> pnorm(c(1), mean=0, sd=1, lower.tail=TRUE)
[1] 0.8413447
> pnorm(c(-1), mean=0, sd=1, lower.tail=TRUE)
[1] 0.1586553
```

スクリプトウィンドウで図2.16のように − をキー入力後，1行を範囲指定して（ドラッグ）実行をクリックすると出力が得られる．$k=2,3$ のときも同様に求められる．

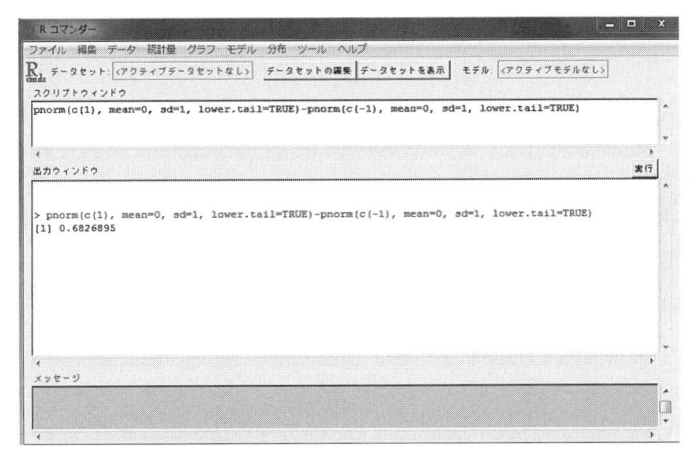

図 2.16 範囲 $-1 < X < 1$ の確率

(2) 2) ③については，以下のような出力が得られる．①，②も同様である．

―― 出力ウィンドウ ――
```
> pnorm(c(5.5), mean=3, sd=2, lower.tail=TRUE)
[1] 0.8943502
> pnorm(c(-0.5), mean=3, sd=2, lower.tail=TRUE)
[1] 0.04005916
> pnorm(c(5.5), mean=3, sd=2, lower.tail=TRUE)-pnorm(c(-0.5), mean=3,
sd=2, lower.tail=TRUE)
[1] 0.854291
```

● 分位点

(3) ② については,【分布】▶【連続分布】▶【正規分布】▶【正規分布の分位点...】と選択し,図 2.17 のダイアログボックスで,確率 0.05,平均 0,標準偏差 1 をキー入力後, OK を左クリックする.すると,次の出力結果が表示される.

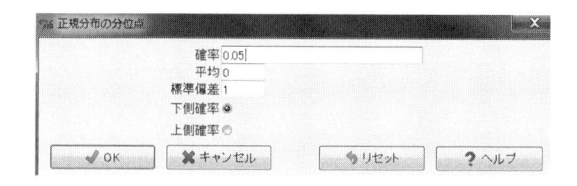

図 **2.17** ダイアログボックス

```
> qnorm(c(0.05), mean=0, sd=1, lower.tail=TRUE)
[1] -1.644854
```

② 以外の他の ① 〜 ⑥ なども同様にして以下の出力が得られる.

```
> qnorm(0.01,0,1)
[1] -2.326348
> qnorm(0.05,0,1)
[1] -1.644854
> qnorm(0.90,0,1)
[1] 1.281552
> qnorm(0.975,0,1)
[1] 1.959964
> qnorm(0.025,0,1);qnorm(0.975,0,1)
[1] -1.959964
[1] 1.959964
> qnorm(0.05,0,1);qnorm(0.95,0,1)
[1] -1.644854
[1] 1.644854
```

2.2.3 計数型の代表的な分布

① 二項分布 (binomial distribution)

1 回の試行で失敗する確率が p で成功する確率が $1-p$ であるとき,独立に 5 回試行した

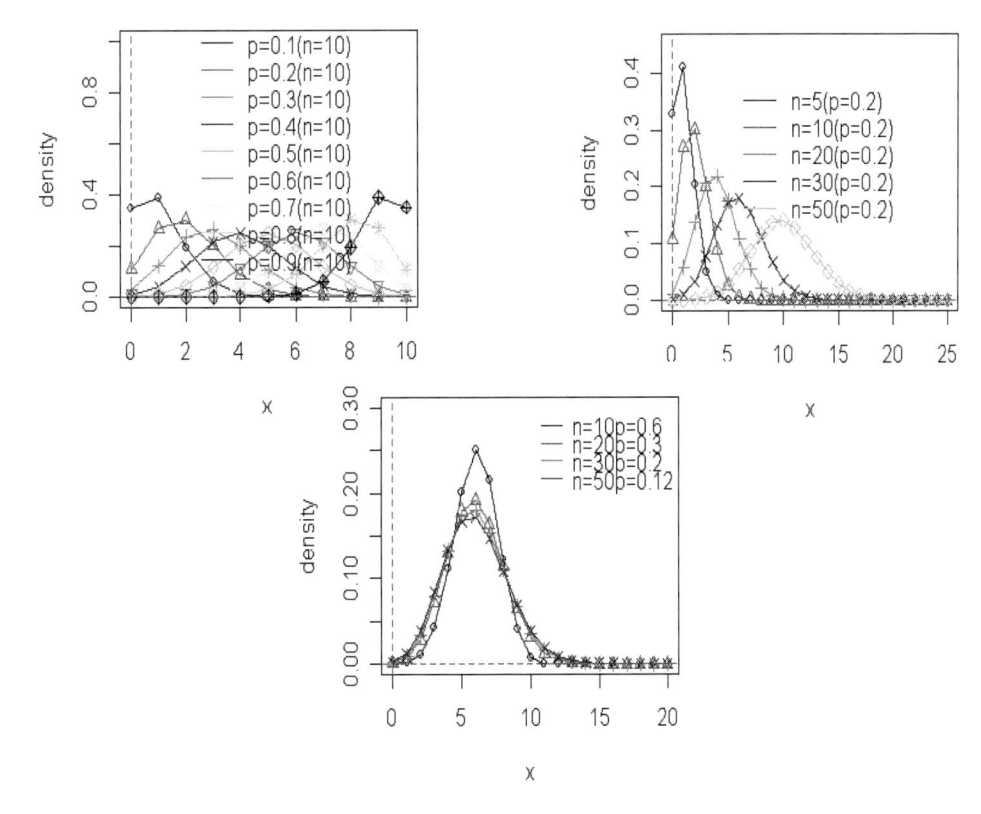

図 **2.18** 二項分布の確率

うち 2 回失敗する確率は，順番を考えないときには $p^2(1-p)^{5-2}$ である．このような試行をベルヌーイ試行 (Bernoulli trial) という．そして順番を考えると，×：失敗，○：成功と表せば以下のように 5 個から 2 個とる組合せの数の場合がある．

○○○××, ○○××○, …, ××○○○

そこで X が失敗回数を表すとすれば，2 回失敗する確率は

$$P(X=2) = \binom{5}{2} p^2 (1-p)^3 \tag{2.37}$$

となる．一般に，不良率 $p\,(0<p<1)$ の工程からランダムに n 個の製品をとったとき，x 個が不良品である確率は

$$P(X=x) = \binom{n}{x} p^x (1-p)^{n-x} \quad (x=0,1,\ldots,n) \quad \left(\binom{n}{x} = {}_nC_x\right) \tag{2.38}$$

で与えられる．ただし，$\binom{n}{x}$ は相異なる n 個から x 個とるときの組合せの数を表し，

$$\binom{n}{x} = \frac{n!}{x!(n-x)!} = \frac{n(n-1)\cdots(n-x+1)}{x(x-1)\cdots 1} = \binom{n}{n-x} \tag{2.39}$$

である．このような確率変数 X は二項分布 $B(n,p)$ に従うといい，$X \sim B(n,p)$ と表す．

確率計算をするときはこの式を使って計算する．コンピュータによって逐次計算すればよいが，累積確率を計算するときには F 分布の積分によっても求められ，数値表が利用できる．そして，各 n, p に対してその確率をグラフに描くと図 2.18 のようになる．図 2.18 の左上の図は n を 10 で一定のもと p を 0.1 から 0.9 まで変化させたときのグラフであり，右上の図は逆に p を 0.2 で一定としたもとで，n を 5, 10, 20, 30 と変化させたときのグラフである．下中央の図は n と p の積 np を 6 $(\geqq 5)$ で一定となる n と p の組についてグラフを描いたものである．

例題 2-6

(1) 試行回数 10，成功率 0.2 の二項分布 $B(10, 0.2)$ の確率関数を描け（グラフの描画）．

(2) 次の確率を求めよ（下側確率・上側確率）．

 1) $X \sim B(5, 0.8)$ のとき，① $P(X \leqq 3)$ ② $P(2 \leqq X \leqq 5)$

 2) $X \sim B(7, 0.4)$ のとき，$P(X = 0), \ldots, P(X = 7)$

(3) $X \sim B(20, 0.3)$ のとき，以下の分位点を求めよ．

 ① $P(X \leqq a) \leqq 0.01$ となる a を求めよ．② 下側 5% 点（上側 95% 点）

 ③ 上側 10% 点（下側 90% 点）　　④ 上側 2.5% 点（下側 97.5% 点）

R（コマンダー）による解析

● グラフの描画

(1)【分布】▶【離散分布】▶【2 項分布】▶【2 項分布を描く...】と選択し，図 2.19 のダイアログボックスで，試行回数 10，成功の確率 0.2 をキー入力後，OK を左クリックする．すると図 2.20 のグラフが表示される．

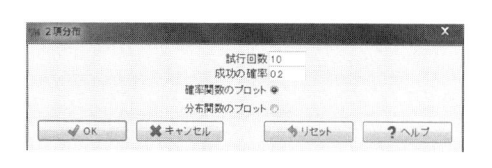

図 2.19　ダイアログボックス

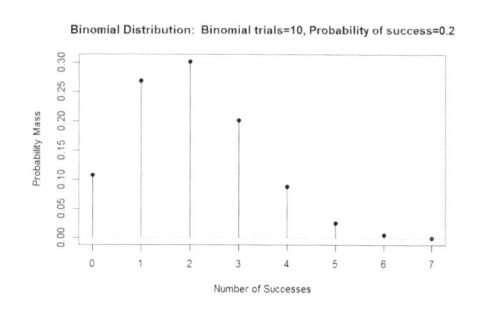

図 2.20　2 項分布の密度関数のグラフ

出力ウィンドウ

```
> # 図 2.20
> .x <- 0:7
```

```
> plot(.x, dbinom(.x, size=10, prob=0.2), xlab="Number of Successes",
ylab="Probability Mass", main="Binomial Distribution: Trials = 10,
 Probability of success = 0.2", type="h")
> points(.x, dbinom(.x, size=10, prob=0.2), pch=16)
> abline(h=0, col="gray")
> remove(.x)
```

● 裾の確率

1) ①【分布】▶【離散分布】▶【2項分布】▶【2項分布の裾の確率...】と選択し，図 2.21 の
ダイアログボックスで変数の値 3，試行回数 5，成功の確率 0.8 をキー入力後，OK を左ク
リックすると，出力のような結果が得られる．②も同様である．

2) さらに，【分布】▶【離散分布】▶【2項分布】▶【2項分布の裾の確率...】と選択し，図 2.22
のダイアログボックスで，試行回数 7，成功の確率 0.4 をキー入力後，OK を左クリックす
ると，出力される．

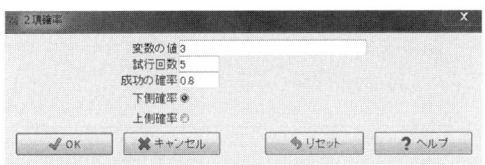

図 2.21 ダイアログボックス

図 2.22 ダイアログボックス

```
出力ウィンドウ
> pbinom(c(3), size=5, prob=0.8, lower.tail=TRUE)
[1] 0.26272
```

```
出力ウィンドウ
> .Table <- data.frame(Pr=dbinom(0:7, size=7, prob=0.4))
> rownames(.Table) <- 0:7
> .Table
        Pr
0 0.0279936
1 0.1306368
2 0.2612736
3 0.2903040
4 0.1935360
5 0.0774144
```

```
6  0.0172032
7  0.0016384
> remove(.Table)
```

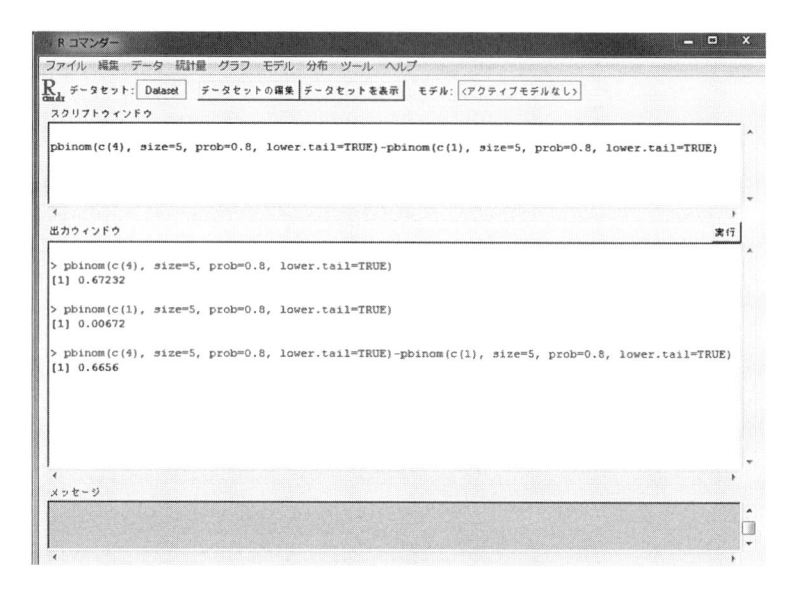

図 2.23　範囲の確率

● 分位点

(3) ① 【分布】▶【離散分布】▶【2項分布】▶【2項分布の分位点...】と選択し，図 2.24 のダイアログボックスで，確率 0.01，試行回数 20，成功の確率 0.3 をキー入力後，OK を左クリックすると，出力される．② 【分布】▶【離散分布】▶【2項分布】▶【2項分布の分位点...】と選択し，図 2.25 のダイアログボックスで，確率 0.05，試行回数 20，成功の確率 0.3 をキー入力後，OK を左クリックすると，出力される．③，④ も同様である．

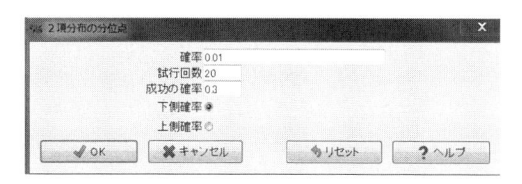

図 2.24　ダイアログボックス 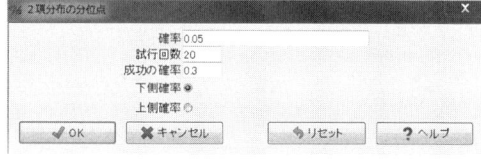　　　図 2.25　ダイアログボックス

出力ウィンドウ
```
> qbinom(c(0.01), size=20, prob=0.3, lower.tail=TRUE)
[1] 2
```

```
─ 出力ウィンドウ ─────────────────────
> qbinom(c(0.05), size=20, prob=0.3, lower.tail=TRUE)
[1] 3
```

② ポアソン (poisson) 分布

1日の火事の件数，単位時間内に銀行の窓口に来店する客の数，単位面積あたりのトタン板のキズの数，布の1反あたりのキズの数，本の1ページあたりのミス数などの確率分布は次のような確率分布で近似される．つまり平均の欠点数が $\lambda\,(>0)$ のとき，単位あたりの欠点数 X が，x である確率が，

$$(2.40) \qquad P(X=x)=p_x=\frac{e^{-\lambda}\lambda^x}{x!} \quad (x=0,1,\ldots)$$

で与えられるとき，X は平均 λ の**ポアソン分布**に従うといい，$X \sim P_o(\lambda)$ のように表す．ただし，e はネイピア (Napier) 数または自然対数の底と呼ばれる無理数で $e=2.7182828\cdots$ であり，

$$(2.41) \qquad \lim_{n\to\infty}\left(1+\frac{1}{n}\right)^n=e$$

である．これは少ない回数が起こる確率が大きく回数が多いと確率は単調に減少する．そしていくつかの λ について確率のグラフを描くと図2.26のようである．

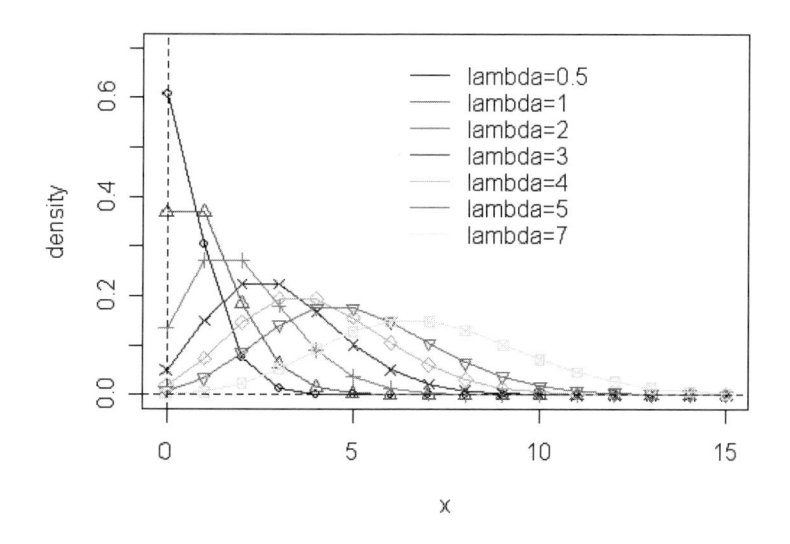

図 **2.26** ポアソン分布の確率のグラフ

例題 2-7

(1) 欠点数が 3 のポアソン分布 $P_o(3)$ の確率関数を描け（グラフの描画）．

(2) $X \sim P_o(4)$ のとき，次の確率を求めよ（下側確率・上側確率）．

① $P(X < 3)$ ② $P(X > 4)$ ③ $P(4 < X < 8)$

(3) $X \sim P_o(9)$ のとき，以下の分位点を求めよ．

① $P(X \leqq a) \leqq 0.01$ となる a ② 下側 5% 点（上側 95% 点）

③ 上側 10% 点（下側 90% 点） ④ 上側 2.5% 点（下側 97.5% 点）

R（コマンダー）による解析

● グラフの描画

(1)【分布】▶【離散分布】▶【ポアソン分布】▶【ポアソン分布を描く...】と選択し，図 2.27 のダイアログボックスで，平均 3 をキー入力後，OK を左クリックすると，図 2.28 のグラフが表示される．

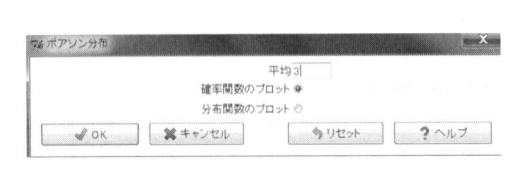

図 2.27 ダイアログボックス

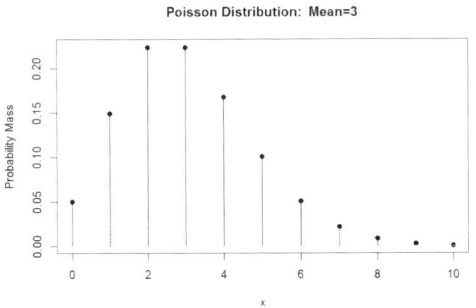

図 2.28 ポアソン分布の密度関数のグラフ

```
> # 図 2.28
> .x <- 0:10
> plot(.x, dpois(.x, lambda=3), xlab="x", ylab="Probability Mass",
    main="Poisson Distribution: Mean = 3", type="h")
> points(.x, dpois(.x, lambda=3), pch=16)
> abline(h=0, col="gray")
> remove(.x)
```

● 裾の確率

(2) ①【分布】▶【離散分布】▶【ポアソン分布】▶【ポアソン分布の裾の確率...】と選択し，図 2.29 のダイアログボックスで，変数の値 2，平均 4 をキー入力後，OK を左クリックする

2.2 母集団の分布

と，出力が得られる．②【分布】▶【離散分布】▶【ポアソン分布】▶【裾の確率...】と選択し，図 2.30 のダイアログボックスで，変数の値 5，平均 4 をキー入力後，上側確率にチェックを入れ，OK を左クリックすると，出力が得られる．

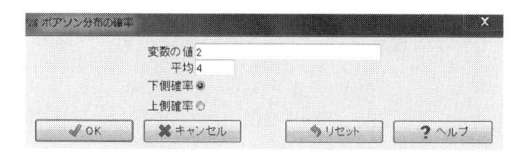

図 **2.29** ダイアログボックス

図 **2.30** ダイアログボックス

```
出力ウィンドウ
> ppois(c(2), lambda=4, lower.tail=TRUE)
[1] 0.2381033
```

```
出力ウィンドウ
> ppois(c(5), lambda=4, lower.tail=FALSE)
[1] 0.2148696
```

③【分布】▶【離散分布】▶【ポアソン分布】▶【ポアソン分布の裾の確率...】と選択し，7以下と 4 以下の下側確率を求め，引き算をする．出力結果が図 2.31 である．

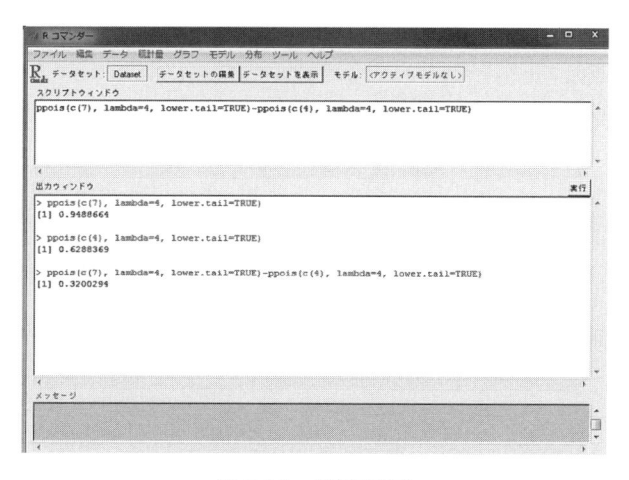

図 **2.31** 範囲の確率

● 分位点

(3) ①【分布】▶【離散分布】▶【ポアソン分布】▶【ポアソン分布の分位点...】と選択し，図 2.32 のダイアログボックスで，確率 0.01，平均 9 をキー入力後，OK を左クリックすると，出力が得られる．②【分布】▶【離散分布】▶【ポアソン分布】▶【ポアソン分布の分位点...】と選択し，図 2.33 のダイアログボックスで，確率 0.05，平均 9 をキー入力後，OK を左ク

リックすると，出力が得られる．③，④ も同様である．

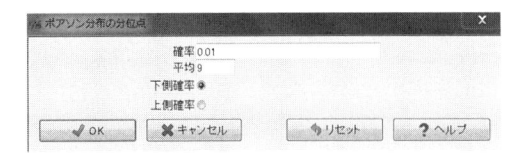

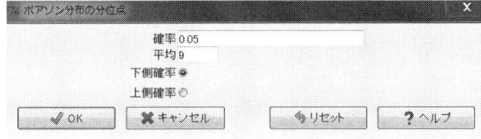

図 2.32 ダイアログボックス　　　　図 2.33 ダイアログボックス

```
─ 出力ウィンドウ ─
> qpois(c(0.01), lambda=9, lower.tail=TRUE)
[1] 3
```

```
─ 出力ウィンドウ ─
> qpois(c(0.05), lambda=9, lower.tail=TRUE)
[1] 4
```

演習 2-14　以下の設問に答えよ．
(1) 以下に指示されたグラフを描け（グラフの描画）．
1) 平均 4.5，分散 4 の正規分布の密度関数を描け．
2) 母不良率が 0.3 の試行回数 12 のときの二項分布の確率関数のグラフを描け．
3) 母欠点数が 5 のポアソン分布の確率関数を描け．

(2) 次の確率を求めよ（下側確率・上側確率）．
1) $X \sim N(5, 3^2)$ のとき，
　　① $P(X < 4)$　　② $P(X > 3)$　　③ $P(4 < X < 7)$
2) $X \sim B(9, 0.4)$ のとき，
　　① $P(X < 4)$　　② $P(X > 6)$　　③ $P(4 < X < 7)$
3) $X \sim P_o(2)$ のとき，
　　① $P(X < 3)$　　② $P(X > 5)$　　③ $P(4 < X < 7)$

(3) 以下の数値を求めよ（分位点）．
1) 標準正規分布において
　　① 下側 1%点　② 下側 5%点（上側 95%点）　③ 上側 10%点（下側 90%点）
　　④ 上側 2.5%点（下側 97.5%点）　⑤ 両側 5%点　⑥ 両側 10%点
2) $B(30, 0.6)$ において
　　① 下側 1%点　② 下側 5%点（上側 95%点）　③ 上側 10%点（下側 90%点）
　　④ 上側 2.5%点（下側 97.5%点）
3) $P_o(10)$ において
　　① 下側 1%点　② 下側 5%点（上側 95%点）　③ 上側 10%点（下側 90%点）
　　④ 上側 2.5%点（下側 97.5%点）

2.2.4　統計量の分布

(1) $\overline{X}$, $\widetilde{X}$ の分布

$X_1, \ldots, X_n$ が互いに独立に正規分布 $N(\mu, \sigma^2)$ に従うとき，$\overline{X}$ は正規分布 $N\left(\mu, \dfrac{\sigma^2}{n}\right)$ に

従う.

また,メディアン $\widetilde{X}$ の分布は順序統計量の分布で,密度関数はやや複雑な形をしているため省略するが,期待値と分散は

---性質---
$$(2.42) \quad E(\widetilde{X}) = \mu, \quad V(\widetilde{X}) = \frac{(m_3 \sigma)^2}{n}$$

である.m_3 は n に応じて決まる数である.

(2) V, S, s, R の分布

$X_1, \ldots, X_n$ が互いに独立に正規分布 $N(\mu, \sigma^2)$ に従うとき,V は補正して次の (3) の自由度 $n-1$ のカイ2乗分布に従うが,その期待値と分散は

---性質---
$$(2.43) \quad E(V) = \sigma^2, \quad V(V) = \frac{2}{n-2} \sigma^4$$

である.また $s = \sqrt{V}$, R の期待値と分散は

---性質---
$$(2.44) \quad E(s) = c_2^* \sigma, \quad V(s) = (c_3^*)^2 \sigma^2$$
$$(2.45) \quad E(R) = d_2 \sigma, \quad V(R) = d_3^2 \sigma^2$$

である.

ただし,c_2^*, c_3^*, d_2, d_3 はいずれもデータ数 n によって定まる定数である.

次に,データとして正規乱数を例えば10個用い,中央値,不偏分散,範囲を求め,繰返し1万回行い,ヒストグラムを作成しその分布を見てみよう.図2.34がその実行結果の例である.

---出力ウィンドウ---
```
> # 図2.34
> bunpu=function(n,r){#n:サンプル数 r:繰返し数
+ plot.new() # frame()
+ par(mfrow=c(1,3))
+ chuo<-numeric(10000)
+ fbun<-numeric(10000)
+ hani<-numeric(10000)
```

```
+ for (i in 1:r){
+  x<-rnorm(n)
+  chuo[i]<-median(x)
+  fbun[i]<-var(x)
+  hani[i]<-max(x)-min(x)
+ }
+ hist(chuo,main=paste("中央値のヒストグラム","n=",n))
+ hist(fbun,main=paste("不偏分散のヒストグラム","n=",n))
+ hist(hani,main=paste("範囲のヒストグラム","n=",n))
+ }
> bunpu(10,10000)
```

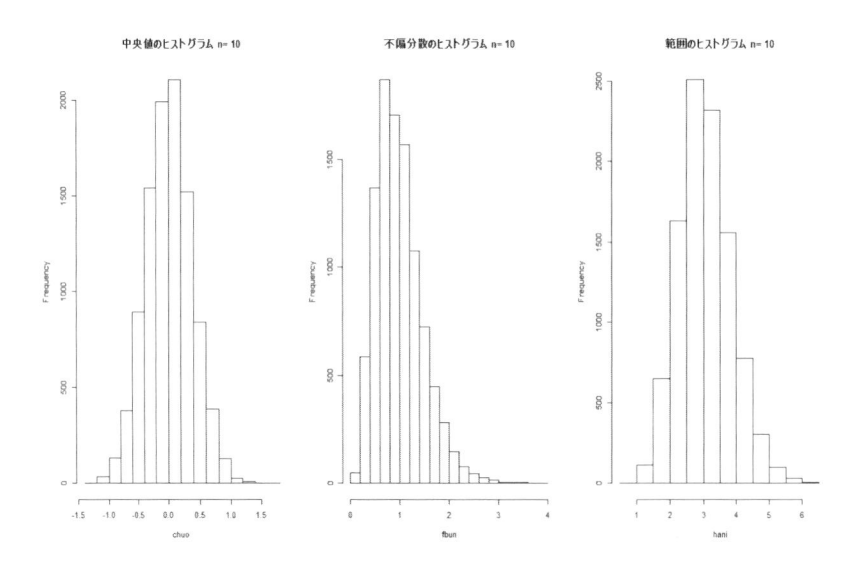

図 2.34　中央値，不偏分散，範囲のヒストグラム

(3) χ^2（カイ2乗）分布

$X_1, \ldots, X_n$ が互いに独立に標準正規分布 $N(0, 1^2)$ に従うとき，$T = \sum_{i=1}^{n} X_i^2$ は**自由度 n のカイ2乗分布**に従うといい，$T \sim \chi_n^2$ または $T \sim \chi^2(n)$ のように表す．

自然数 n に対し，T の密度関数は

(2.46) $$f(t) = \frac{1}{2^{\frac{n}{2}} \Gamma(n/2)} t^{\frac{n}{2}-1} e^{-\frac{t}{2}} \qquad (0 < t < \infty)$$

で与えられる．（ここに $\Gamma(x)$ はガンマ関数で，$\Gamma(x) = \int_0^\infty e^{-t} t^{x-1} dt \, (x > 0)$ で定義される．そこで部分積分により，$\Gamma(x+1) = x\Gamma(x)$ なる関係がある．また $\Gamma(1/2) = \sqrt{\pi}, \Gamma(1) = 1$ である．）

また，いくつかの n についてそのグラフを描くと，図 2.35 のようになる．

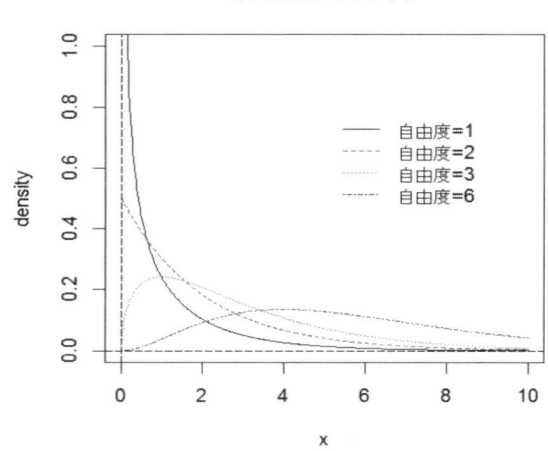

図 2.35　カイ2乗分布の密度関数のグラフ

そして自由度 n のカイ2乗分布に従う確率変数の平均と分散は以下のようになる．

---性質---

$T \sim \chi_n^2$ のとき，

(2.47) $\qquad E(T) = n, \quad V(T) = 2n \; (n \geq 1)$

$X \sim \chi_n^2$ のとき，確率 $P(X \geq \chi^2(n, \alpha)) = \alpha$ を満足する $\chi^2(n, \alpha)$ を**上側 α 分位点**または**上側 100α%点**という．これは**下側 $1-\alpha$ 分位点**または**下側 $100(1-\alpha)$%点**でもある．

カイ2乗分布の数値表の見方

数値表は自由度と面積から x 座標を与えている．自由度が上下（縦）で与えられ，左右（横）に片側（上側）の面積を与え，その交差点が x 座標の値である．そこで図 2.35 のように与えられる．

$$\alpha \Longrightarrow \chi^2(n, \alpha)$$

$\chi^2(n, \alpha)$：自由度 n のカイ 2 乗分布の上側 $100\alpha\%$ 点
$\chi^2(n, 1-\alpha)$：自由度 n のカイ 2 乗分布の下側 $100\alpha\%$ 点

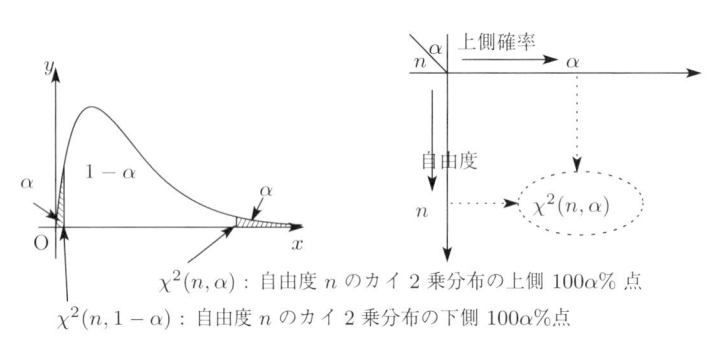

図 2.36 カイ 2 乗分布の分位点（%点）

なお R では，x 座標と自由度が与えられたカイ 2 乗分布の密度，分布関数が dchisq(x,自由度)，pchisq(x,自由度) で得られ，その分位点は qchisq(累積確率,自由度) で得られる．以下で具体的に実行してみよう．

例題 2-8

R を利用して，以下を求めよ．
(1) 自由度 3 の χ^2 分布の密度関数を描け（グラフの描画）．
(2) 確率変数 X が自由度 6 の χ^2 分布に従う（$X \sim \chi^2(6)$）とき，次の確率を求めよ．
　　① $P(X \leqq 2.6)$ 　② $P(1.2 \leqq X \leqq 3.8)$
(3) 次の分位点を求めよ．
① 自由度 4 の χ^2 分布の上側 10%点（下側 90%点）
② 自由度 7 の χ^2 分布の下側 5%点（上側 95%点）
③ 自由度 8 の χ^2 分布の下側 1%点（上側 99%点）

R（コマンダー）による解析

● グラフの描画

(1)【分布】▶【連続分布】▶【カイ 2 乗分布】▶【カイ 2 乗分布を描く...】を選択し，図 2.37 のダイアログボックスで，自由度に 3 をキー入力後，OK を左クリックする．すると，図 2.38 のグラフが表示される．

2.2 母集団の分布

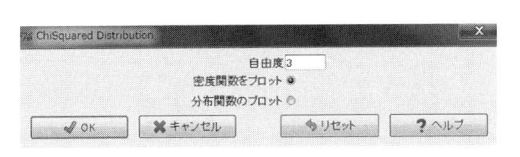

図 2.37 ダイアログボックス

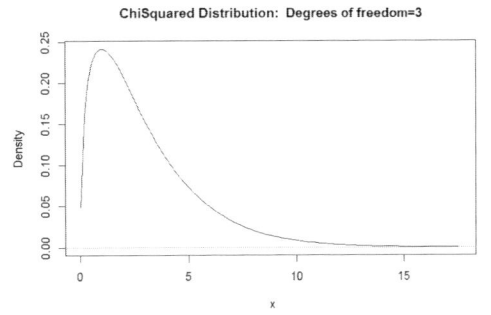

図 2.38 カイ 2 乗分布の密度関数のグラフ

― 出力ウィンドウ ―
```
> # 図 2.38
> .x <- seq(0.015, 17.73, length.out=100)
> plot(.x, dchisq(.x, df=3), xlab="x", ylab="Density",
 main=paste("ChiSquared Distribution: Degrees of freedom=3"),
 type="l")
> abline(h=0, col="gray")
> remove(.x)
```

● 下側確率

(2) ① 【分布】▶【連続分布】▶【カイ2乗分布】▶【カイ2乗分布の確率...】を選択し，図 2.39 のダイアログボックスで，変数の値 2.6，自由度 6 をキー入力後，OK を左クリックする．すると，次の出力結果が表示される．

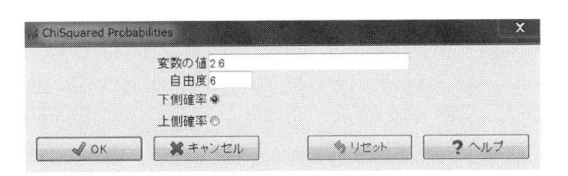

図 2.39 ダイアログボックス

― 出力ウィンドウ ―
```
> pchisq(c(2.6), df=6, lower.tail=TRUE)
[1] 0.1428875
```

② $P(X \leqq 3.8)$ と $P(X < 1.2)$ を求め，引き算をする（図 2.40 参照）．

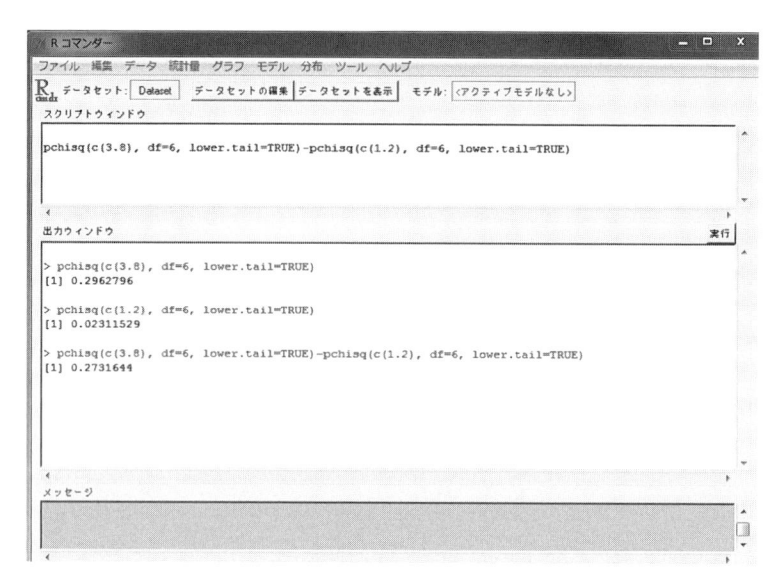

図 2.40　範囲の確率

● 分位点

(3) ①【分布】▶【連続分布】▶【カイ 2 乗分布】▶【カイ 2 乗分布の分位点...】を選択し，図 2.41 のダイアログボックスで，確率 0.1, 自由度 4 をキー入力後，上側確率にチェックを入れ，OK を左クリックする．すると，次の出力結果が表示される．②, ③ も同様．

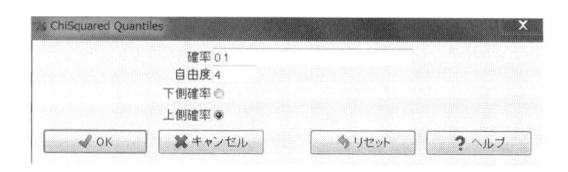

図 2.41　ダイアログボックス

```
出力ウィンドウ
> qchisq(c(0.1), df=4, lower.tail=FALSE)
[1] 7.77944
```

演習 2-15　以下の設問に答えよ．
(1) 自由度 8 の χ^2 分布の密度関数と分布関数のグラフを描け．
(2) $X \sim \chi_8^2$ のとき，次の確率を求めよ．① $P(X \leq 1.25)$　② $P(3 \leq X \leq 5.2)$
(3) 自由度 8 の χ^2 分布の下側 90%点，上側 5%点を求めよ．

(4) t 分布

X が標準正規分布 $N(0, 1^2)$ に従い，それと独立な Y が自由度 n のカイ 2 乗分布に従うとき，$T = \dfrac{X}{\sqrt{Y/n}}$ は**自由度 n の t 分布**に従うといい，$T \sim t_n$ または $T \sim t(n)$ のように表す．その密度関数は自然数 n に対し

2.2 母集団の分布

$$(2.48) \quad f(t) = \frac{1}{\sqrt{n\pi}} \frac{\Gamma\left(\frac{n+1}{2}\right)}{\Gamma\left(\frac{n}{2}\right)} \frac{1}{\left(1+\frac{t^2}{n}\right)^{\frac{n+1}{2}}} \quad (-\infty < t < \infty)$$

で与えられる．この分布を，自由度 n の t 分布といい，t_n で表す．$n=1$ のとき，t_1 はコーシー分布 $C(0,1)$ である．いくつかの n について，そのグラフは図 2.42 のようになる．

t分布の密度関数のグラフ

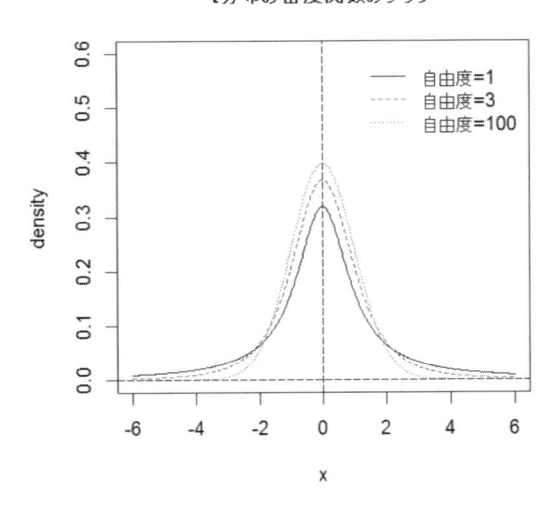

図 **2.42** t 分布の密度関数のグラフ

そして自由度 n の t 分布に従う確率変数の平均と分散は以下のようになる．

―― 性質 ――
$T \sim t_n$ のとき,
$$(2.49) \quad E(T) = 0, \quad V(T) = \frac{n}{n-2} \; (n \geqq 3)$$

$X \sim t_n$ のとき，確率 $P(|X| \geqq t(n,\alpha)) = \alpha$ を満足する $t(n,\alpha)$ を**両側 α 分位点**または**両側 100α%点**という．これは**片側 $\alpha/2$ 分位点**でもある．

t 分布の数値表の見方

数値表は自由度と面積から x 座標を与えている．自由度が上下（縦）で与えられ，左右（横）に両側の面積を与え，その交差点が x 座標の値である．そこで図 2.21 のようになる．

なお R では，x 座標と自由度が与えられた t 分布の密度，分布関数が dt(x, 自由度), pt(x, 自由度) で得られ，その分位点は t(累積確率, 自由度) で与えられる．

$$\alpha \Longrightarrow t(n,\alpha)$$

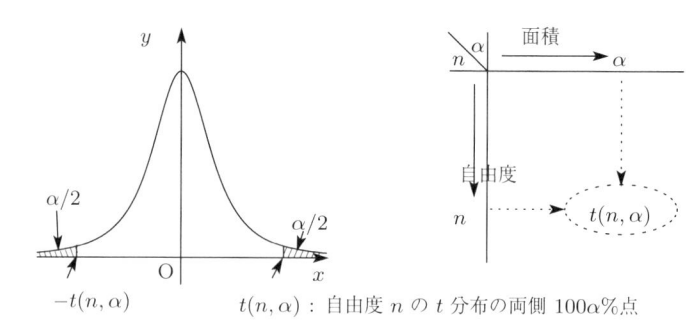

$t(n,\alpha)$：自由度 n の t 分布の両側 $100\alpha\%$ 点

図 **2.43**　t 分布の両側分位点（％点）

例題 2-9

R を利用して，以下を求めよ．

(1) 自由度 5 の t 分布の密度関数を描け（グラフの描画）．

(2) $X \sim t_7$ のとき，以下を求めよ（下側確率・上側確率）．

　　① $P(X \leqq 1.2)$　② $P(-0.5 \leqq X \leqq 1.8)$

(3) ① 自由度 8 の t 分布の上側 10%点（下側 90%点）

② 自由度 100 の t 分布の下側 5%点（上側 95%点）

③ 自由度 9 の t 分布の両側 1%点（下側 99.5%点）

R（コマンダー）による解析

● グラフの描画

(1)【分布】▶【連続分布】▶【t 分布】▶【t 分布を描く...】を選択し，図 2.44 のダイアログボックスで，自由度に 5 をキー入力後，OK を左クリックする．すると，図 2.45 のグラフが表示される．

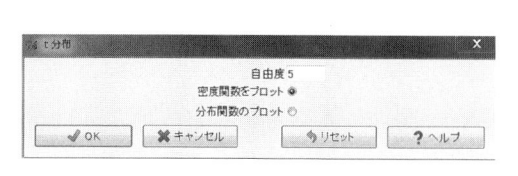

図 **2.44**　ダイアログボックス

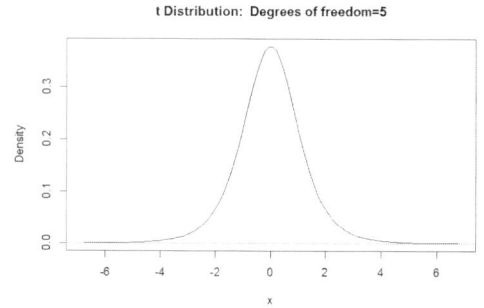

図 **2.45**　t 分布の密度関数のグラフ

2.2 母集団の分布

```
─ 出力ウィンドウ ─────────────
> # 図 2.45
> .x <- seq(-6.869, 6.869, length.out=100)
> plot(.x, dt(.x, df=5), xlab="t", ylab="Density",
 main="t Distribution: df = 5", type="l")
> abline(h=0, col="gray")
> remove(.x)
```

● 下側確率

(2) ① 【分布】▶【連続分布】▶【t 分布】▶【t 分布の確率...】を選択し，図 2.46 のダイアログボックスで，変数の値 1.2，自由度 7 をキー入力後，OK を左クリックする．すると，次の出力結果が表示される．

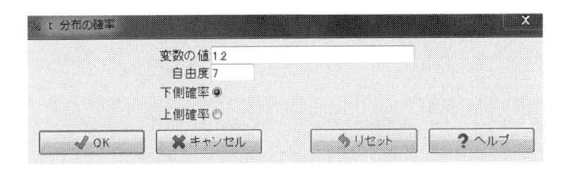

図 2.46 ダイアログボックス

```
─ 出力ウィンドウ ─────────────
> pt(c(1.2), df=7, lower.tail=TRUE)
[1] 0.865414
```

② $P(X \leqq 1.8)$ と $P(X < -0.5)$ を求め，引き算をする（図 2.47）．

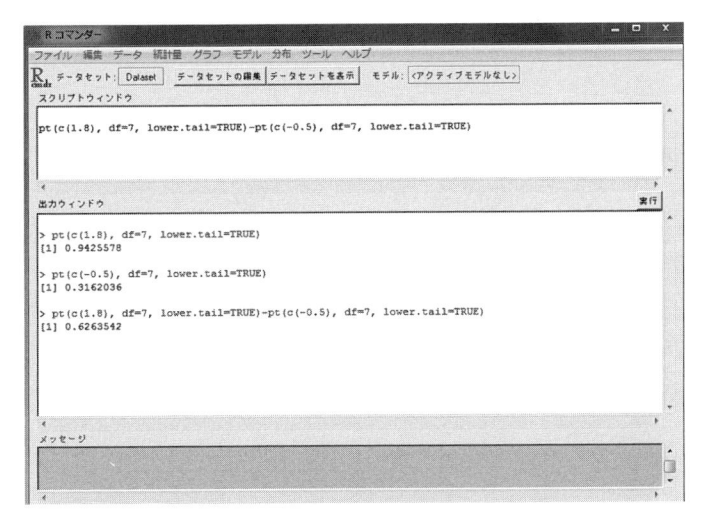

図 2.47 範囲の確率

● 分位点

(3) ①【分布】▶【連続分布】▶【t 分布】▶【t 分布の分位点...】を選択し，図 2.48 のダイアログボックスで，確率 0.10, 自由度 8 をキー入力後，上側確率にチェックを入れ，OK を左クリックする．すると，次の出力結果が表示される．②，③ も同様である．

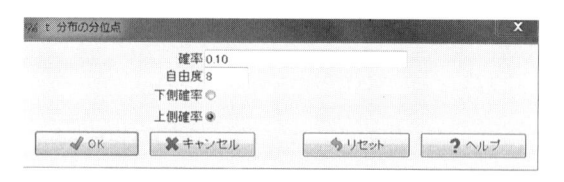

図 2.48 ダイアログボックス

```
出力ウィンドウ
> qt(c(0.10), df=8, lower.tail=FALSE)
[1] 1.396815
```

演習 2-16 以下の設問に答えよ．
(1) 自由度 8 の t 分布の密度関数と分布関数のグラフを描け．
(2) $X \sim t_8$ のとき，次の確率を求めよ．① $P(X \leq 1.25)$ ② $P(-1 \leq X \leq 5.2)$
(3) 自由度 8 の t 分布の下側 90%点，上側 5%点，両側 5%点を求めよ．

(5) F 分布（エフブンプ）

X が自由度 m のカイ 2 乗分布に従い，それと独立な Y が自由度 n のカイ 2 乗分布に従うとき，$T = \dfrac{X/m}{Y/n}$ は**自由度 (m,n) の F 分布**に従うといい，$T \sim F_{m,n}$, $T \sim F(m,n)$ または $T \sim F_n^m$ のように表す．

その密度関数は自然数 m, n に対し，

$$(2.50) \qquad f(t) = \frac{\Gamma\left(\dfrac{m+n}{2}\right) m^{\frac{m}{2}} n^{\frac{n}{2}}}{\Gamma\left(\dfrac{m}{2}\right) \Gamma\left(\dfrac{n}{2}\right)} \frac{t^{\frac{m}{2}-1}}{(mt+n)^{\frac{m+n}{2}}} \qquad (0 < t < \infty)$$

で与えられる．この分布を，自由度 (m,n) の F 分布といい，$F_{m,n}$ で表す．また，いくつかの (m,n) の組についてそのグラフは図 2.49 のようになる．

$X \sim F_{m,n}$ のとき，確率 $P(X \geq F(m,n;\alpha)) = \alpha$ を満足する $F(m,n;\alpha)$ を**上側 α 分位点**または**上側 100α%点**という．これは**下側 $1-\alpha$ 分位点**でもある．

また，$\dfrac{1}{X} \sim F_{n,m}$ だから次の性質が成り立つ．

---性質---
$$(2.51) \qquad F(m,n;\alpha) = \frac{1}{F(n,m;1-\alpha)}$$

F分布の密度関数のグラフ

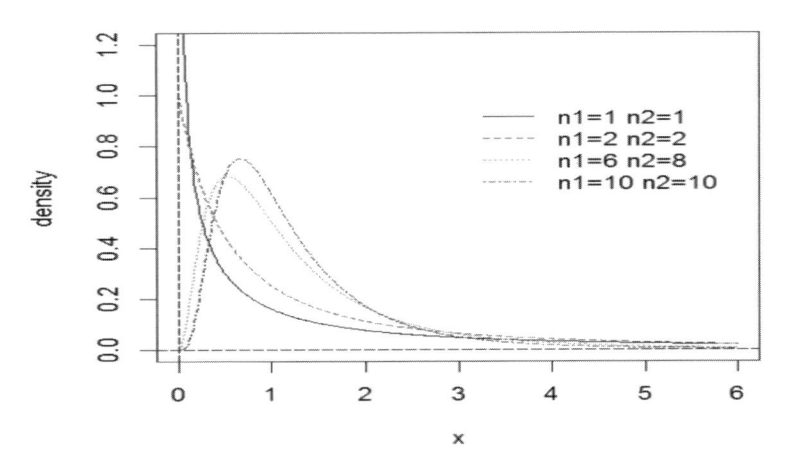

図 2.49　F 分布の密度関数のグラフ

($\because$)　$\alpha = P\bigl(X \geqq F(m,n;\alpha)\bigr) = P\Bigl(\dfrac{1}{X} \leqq \dfrac{1}{F(m,n;\alpha)}\Bigr)$　だから，

$P\Bigl(\dfrac{1}{X} \geqq \dfrac{1}{F(m,n;\alpha)}\Bigr) = 1 - \alpha$ となる．また，$\dfrac{1}{X} \sim F_{n,m}$ より，

$\dfrac{1}{F(m,n;\alpha)} = F(n,m;1-\alpha)$　□

F 分布の数値表の見方

　数値表は自由度の組と面積から x 座標を与えている．各面積の値（片側確率）（$0.025, 0.05,$ 0.10 など）ごとに数表があり，自由度の組は左右（横）が分子の自由度で，上下（縦）が分母の自由度で与えられ，その交差点が x 座標の値である．そこで図 2.50 のようになる．

$$\alpha \Longrightarrow F(m,n;\alpha)$$

$F(m,n;\alpha)$：自由度 (m,n) の F 分布の上側 100α%点

$F(m,n;1-\alpha) = \dfrac{1}{F(n,m;\alpha)}$

図 2.50　F 分布の分位点（%点）

なお R では，x 座標と自由度 1 と自由度 2 が与えられた F 分布の密度，分布関数が df(x, 自由度 1, 自由度 2), pf(x, 自由度 1, 自由度 2) で得られ，その分位点は qf(累積確率, 自由度 1, 自由度 2) で得られる．以下で具体的に実行してみよう．

例題 2-10

R を利用して，以下を求めよ．

(1) 自由度 (6,8) の F 分布の密度関数を描け（グラフの描画）．

(2) $X \sim F_{4,7}$ ($F(4,7)$ または F_7^4) のとき，以下を求めよ（下側・上側確率）．

① $P(X \leqq 3.5)$　② $P(4.2 \leqq X \leqq 7.3)$

(3) 以下の分位点を求めよ．

① 自由度 (3,5) の F 分布の上側 5%点（下側 95%点）

② 自由度 (7,9) の F 分布の下側 1%点（上側 99%点）

③ 自由度 (5,3) の F 分布の下側 5%点（上側 95%点）の逆数

R（コマンダー）による解析

● グラフの描画

(1)【分布】▶【連続分布】▶【F 分布】▶【F 分布を描く...】を選択し，図 2.51 のダイアログボックスで，分子の自由度に 6，分母の自由度に 8 をキー入力後，OK を左クリックする．すると，図 2.52 のグラフが表示される．

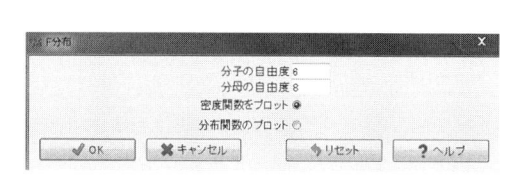

図 2.51　ダイアログボックス

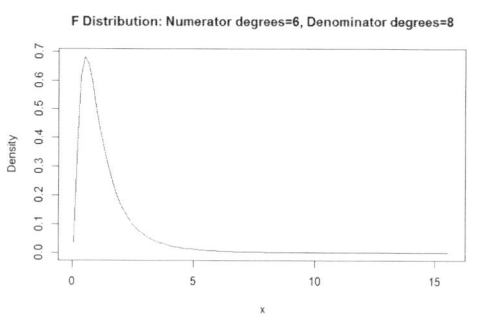

図 2.52　F 分布の密度関数のグラフ

出力ウィンドウ

```
> # 図 2.52
> .x <- seq(0.041, 15.655, length.out=100)
> plot(.x, df(.x, df1=6, df2=8), xlab="x", ylab="Density",
 main=paste("F Distribution: Numerator degrees=6,
 Denominator degrees=8"),type="l")
> abline(h=0, col="gray")
> remove(.x)
```

2.2 母集団の分布

● 下側確率

(2) ①【分布】▶【連続分布】▶【F 分布】▶【F 分布の確率...】を選択し，図 2.53 のダイアログボックスで，変数の値 3.5，分子の自由度 4，分母の自由度 7 をキー入力後，OK を左クリックする．すると，次の出力結果が表示される．② も同様である．

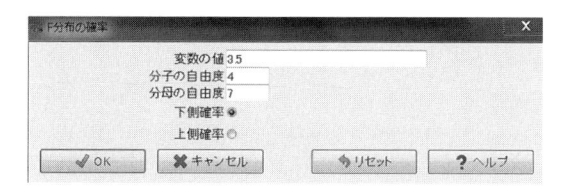

図 2.53　ダイアログボックス

```
出力ウィンドウ
> pf(c(3.5), df1=4, df2=7, lower.tail=TRUE)
[1] 0.9287222
```

● 分位点

(3) ①【分布】▶【連続分布】▶【F 分布】▶【F 分布の分位点...】を選択し，図 2.54 のダイアログボックスで，確率 0.05，分子の自由度 3，分母の自由度 5 をキー入力後，上側確率にチェックを入れ，OK を左クリックする．すると，次の出力結果が表示される．② も同様である．

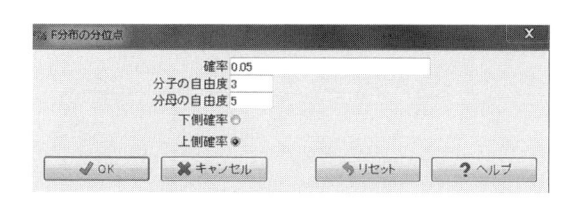

図 2.54　ダイアログボックス

```
出力ウィンドウ
> qf(c(0.05), df1=3, df2=5, lower.tail=FALSE)
[1] 5.409451
```

③【分布】▶【連続分布】▶【F 分布】▶【F 分布の分位点...】を選択し，図 2.54 と同様なダイアログボックスで，確率 0.05，分子の自由度 5，分母の自由度 3 をキー入力後，OK を左クリックする．その後，出力結果の逆数を計算する出力結果が図 2.55 で，①の結果と一致していることが確認される．

また他の分布に関する関数も用意されている．表 2.6 に代表的なものをあげておこう．

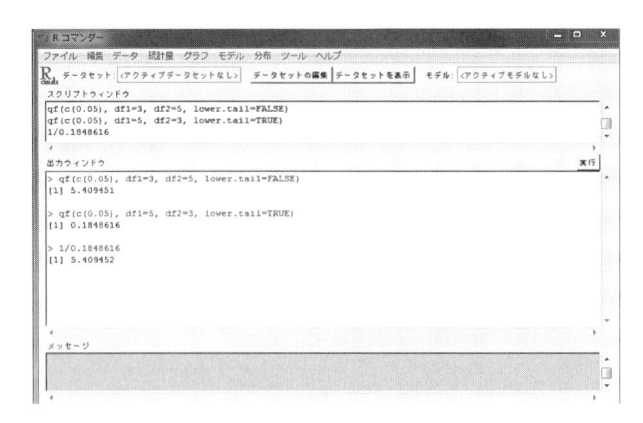

図 2.55　分位点の逆数

表 2.6　代表的な分布の密度，累積確率と分位点（％点）を与える関数

分　布	密度関数
正規分布	dnorm(u 値，平均，標準偏差)
二項分布	dbinom(生起回数，試行回数，不良率)
ポアソン分布	dpois(生起回数，母欠点数)
カイ 2 乗分布	dchisq(カイ 2 乗値，自由度)
t 分布	dt(t 値，自由度)
F 分布	df(F 値，第 1 自由度，第 2 自由度)

分　布	累積確率（下側確率，分布関数）
正規分布	pnorm(u 値，平均，標準偏差)
二項分布	pbinom(生起回数，試行回数，不良率)
ポアソン分布	ppois(生起回数，母欠点数)
カイ 2 乗分布	pchisq(カイ 2 乗値，自由度)
t 分布	pt(t 値，自由度)
F 分布	pf(F 値，第 1 自由度，第 2 自由度)

分　布	下側分位点（％点）
正規分布	qnorm(累積確率，平均，分散)
二項分布	qbinom(下側確率，試行回数，不良率)
ポアソン分布	qpois(下側確率，母欠点数)
カイ 2 乗分布	qchisq(累積確率，自由度)
t 分布	qt(累積確率，自由度)
F 分布	qf(累積確率，第 1 自由度，第 2 自由度)

演習 2-17　以下の設問に答えよ．
(1) 自由度 $(5,7)$ の F 分布の密度関数と分布関数のグラフを描け．
(2) $X \sim F_{6,9}$ のとき，次の確率を求めよ．① $P(X \leqq 1.25)$　②$P(3 \leqq X \leqq 5.2)$
(3) 自由度 $(2,7)$ の F 分布の下側 90％点，上側 5％点を求めよ．さらに，自由度 $(7,2)$ の F 分布の上側 90％点の逆数を求めてみよ．

第3章 検定と推定

3.1 検定・推定とは

3.1.1 検定と推定

母集団に関する何かしらの命題を設定し，その命題が成り立っていないといえるかどうかをサンプルから得られたデータに基づいて判断することを**検定**という．

推定とは母集団の母平均や母分散といった母数を，サンプルから得られたデータに基づいて推測することをいう．点推定と区間推定があり，推測したい母数を1つの値で求めることを**点推定**という．推測したい母数が存在する範囲を求めることを**区間推定**という．サンプルから構成した母数 θ を含む区間の下限を**信頼下限**（下側信頼限界）といい，θ_L で表し，区間の上限を**信頼上限**（上側信頼限界）といい，θ_U で表すとき，両者をあわせて**信頼限界** (confidence limits) という．そして区間 (θ_L, θ_U) を**信頼区間** (confidence interval) という．また母数 θ を区間が含む確率を**信頼率**（confidence coefficient：信頼係数，信頼確率，信頼度）という．信頼度は十分小さな $\alpha\,(0 < \alpha < 1)$ に対して，$1-\alpha, 100(1-\alpha)\%$ のように表し，通常 $\alpha = 0.05, 0.10$ のときに信頼区間が求められる．つまり，通常95%, 90%信頼区間が求められる．

3.1.2 検定における仮説と有意水準

仮説を立てて，その真偽を判定する方法に（仮説）**検定** (test) がある．つまり，ある命題が成り立つか否かを判定することをいう．考えられる全体を仮説の対象と考え，まず成り立たないと思われる仮説を**帰無仮説** (null hypothesis) として立て，その残りを**対立仮説** (alternative hypothesis) とする．そして，帰無仮説が**棄却**(reject) されたら**採択**(accept) する仮説が対立仮説である．帰無仮説は**ゼロ仮説**ともいわれ，ここでは H_0 で表し，対立仮説を H_1 で表す．H_0 からみれば棄却するかどうか，H_1 からみれば採択するかどうかを判定するのである．そして判定のためのデータから計算される統計量を**検定統計量** (test statistics) という．この検定統計量に基づいて実際に有意と判定される（H_0 が棄却される）確率を**有意確率**または***p*値**（その検定統計量の実際の値以上で H_0 が棄却されるときには，H_0 のもとで検定統計量がその値以上である確率）という．

間違いなく判定（断）できればよいが，少なからず判定には以下のような2つの誤りがあ

る．ある盗難事件があり，彼が犯人であると思われるとき，帰無仮説に彼は犯人でないという仮説をたて，対立仮説に彼は犯人であるという仮説をたてた場合を考えよう．判定では，彼は犯人でないにもかかわらず，犯人であるとする誤り（帰無仮説が正しいにもかかわらず，帰無仮説を棄却する誤り）があり，これを**第1種の誤り** (type I error)，あわて者の誤り，生産者危険などという．そして，その確率を**有意水準** (significance level)，**危険率**または**検定のサイズ**といい，$\overset{\text{アルファ}}{\alpha}$で表す．必要で捨ててはいけない物をあわてて捨ててしまう<u>あ</u>わて者（<u>ア</u>ルファ α）の誤りである．

さらに，犯人であるにもかかわらず犯人でないとする誤り（帰無仮説がまちがっているにもかかわらず，棄却しない誤り）もあり，これを**第2種の誤り** (type II error)，ぼんやり者の誤り，消費者危険などといい，その確率を$\overset{\text{ベータ}}{\beta}$で表す．捨てないといけなかったのに<u>ぼ</u>んやり（<u>ベ</u>ータ β）してて捨てなかった誤りである．そして，犯人であるときは，ちゃんと犯人であるといえる（帰無仮説がまちがっているときは，まちがっているといえる）ことが必要で，その確率を**検出力**（power: パワー）または**検定力**といい，$1-\beta$となる．2つの誤りがどちらも小さいことが望まれるが，普通，一方を小さくすると他方が大きくなる関係（トレード・オフ (trade-off) の関係）がある．そこで第1種の誤りの確率αを普通5%，1%と小さく保ったもとで，できるだけ検出力の高い検定（判定）方式を与えることが望まれる．そして母数を横軸にとり，$1-\beta$を縦軸方向に描いたものを**検出力曲線** (power curve) という．

3.2 正規分布に関するいくつかの検定と推定

(I) 1標本での検定と推定

データ $X_1,\ldots,X_n$ が母集団分布が $N(\mu,\sigma^2)$ である母集団からのランダムサンプルとする．このとき，母平均 μ と母分散 σ^2 に関して検定が考えられる．

(1) 母平均 μ に関して

ここでは，母平均についての検定を分散が未知の場合については，以下のような検定方式が用いられる（図 3.1 参照）．

検定方式

母平均 μ に関する検定 $H_0 : \mu = \mu_0$ について，

$\underline{\sigma^2 : \text{未知 の場合}}$

有意水準 α に対し，$t_0 = \dfrac{\overline{X}-\mu_0}{\sqrt{V/n}}$ $\left(V = \dfrac{S}{n-1} = \dfrac{\sum_{i=1}^n(X_i-\overline{X})^2}{n-1}\right)$ とし，

$H_1 : \mu \neq \mu_0$（両側検定）のとき

　　$|t_0| > t(n-1,\alpha) \implies H_0$ を棄却する

$H_1 : \mu < \mu_0$（左片側検定）のとき

$$t_0 < -t(n-1, 2\alpha) \implies H_0 \text{ を棄却する}$$

$H_1 : \mu > \mu_0$（右片側検定）のとき

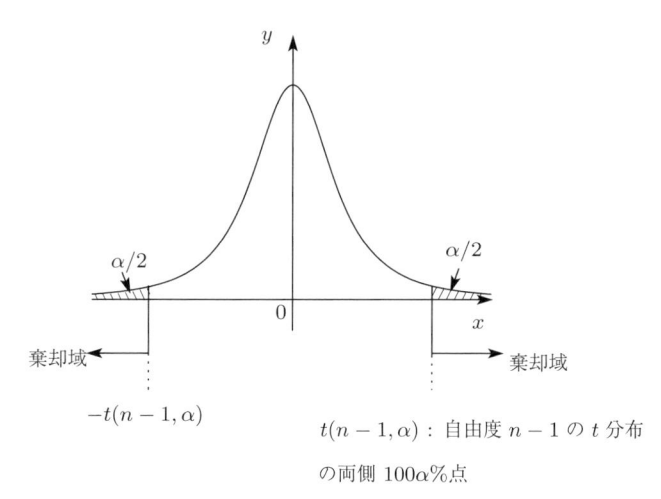

$$t_0 > t(n-1, 2\alpha) \implies H_0 \text{ を棄却する}$$

図 3.1 $H_0 : \mu = \mu_0, H_1 : \mu \neq \mu_0$ での棄却域

― 推定方式 ―

μ の点推定は $\widehat{\mu} = \overline{X}$

μ の信頼率 $1 - \alpha$ の信頼区間は

$$\overline{X} - t(n-1, \alpha)\sqrt{\frac{V}{n}} < \mu < \overline{X} + t(n-1, \alpha)\sqrt{\frac{V}{n}}$$

― 検定の手順（検定の 5 段階）―

手順 1　前提条件のチェック（分布，モデルの確認（データの構造式）など）

手順 2　仮説と有意水準 (α) の設定

手順 3　棄却域の設定（検定方式の決定）

手順 4　検定統計量の計算

手順 5　判定と結論

― 例題 3-1 ―

ある都市に下宿して生活している学生の一か月の生活費について調査することになり，ランダムに抽出した 7 人の学生から一か月の生活費について次のデータを得た．ただし，生活費のデータは正規分布 $N(\mu, \sigma^2)$ に従っているとして，以下の設問に答えよ．

> 13, 16, 15, 14, 13, 17, 14（万円）
>
> ① 平均生活費は 15 万円といえるか，有意水準 10% で検定せよ．
>
> ② 生活費の信頼係数 95% の信頼区間（限界）を求めよ．

[解]　(1) 検　定

① **手順 1**　前提条件のチェック

題意から，生活費のデータの分布は正規分布 $N(\mu, \sigma^2)$（σ^2: 未知）と考えられる．

手順 2　仮説および有意水準の設定

$$\begin{cases} H_0: \mu = \mu_0 \quad (\mu_0 = 15) \\ H_1: \mu \neq \mu_0, \quad \text{有意水準 } \alpha = 0.10 \end{cases}$$

これは，棄却域を両側にとる両側検定である．

手順 3　棄却域の設定（検定方式の決定）

分散未知の場合の平均値に関する検定であり，自由度は $\phi = n - 1 = 7 - 1 = 6$ なので，次のような棄却域である．

$$R: |t_0| = \left|\frac{\overline{X} - \mu_0}{\sqrt{V/n}}\right| > t(6, 0.10) = 1.943$$

手順 4　検定統計量の計算

計算のため表 3.1 のような補助表を作成する．そこで，表 3.1 より

$\overline{x} = T/n = ①/7 = 102/7 = 14.57$ で，

$S = \sum x_i^2 - \dfrac{(\sum x_i)^2}{n} = ② - \dfrac{①^2}{7} = 1500 - 1486.29 = 13.71$ だから，

$V = \dfrac{S}{n-1} = 13.71/6 = 2.285$ より，$t_0 = \dfrac{14.57 - 15}{\sqrt{2.285/7}} = -0.753$ である．

表 3.1　補助表

No.	x	x^2
1	13	$13^2 = 169$
2	16	256
3	15	225
4	14	196
5	13	169
6	17	289
7	14	196
計	102 ①	1500 ②

手順 5　判定と結論

$|t_0| = 0.753 < t(6, 0.10) = 1.943$ から帰無仮説 H_0 は有意水準 10% で棄却されない．つまり，平均生活費は 15 万円でないとはいえない．棄却されないので，ほぼ 15 万円とみなされるが，以下で実際に点推定と区間推定を行ってみよう．

(2) 推　定

②**手順 1**　点推定

点推定の式に代入して　$\widehat{\mu} = \overline{X} = \dfrac{\sum X_i}{n} = 14.57$

手順 2　区間推定

信頼率 95% の信頼区間は公式より

3.2 正規分布に関するいくつかの検定と推定

$$\bar{x} \pm t(6, 0.05)\sqrt{\frac{V}{n}} = 14.57 \pm 2.447 \times \sqrt{\frac{2.285}{7}} = 14.57 \pm 1.398 = 13.172,\ 15.968$$

と求まる．□

R（コマンダー）による解析

(0) 予備（解析）

手順1　データの読み込み

作業ディレクトリを：C/data/3syoに変更しておいて，【データ】▶【データのインポート】▶【テキストファイルまたはクリップボード，URLから…】を選択し，図3.2のダイアログボックスでフィールドの区切り記号でカンマをチェックし，OKをクリックする．その後，図3.3のようにファイルのあるフォルダでファイルを指定し，開く(O)をクリックし，図3.4でデータセットを表示をクリックして，図3.5のようにデータを表示（確認）する．

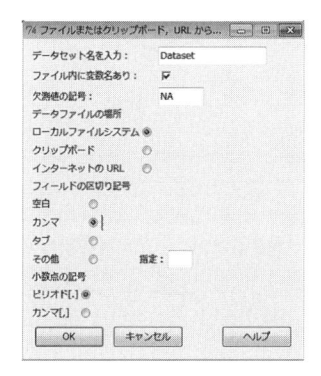

図 3.2　ダイアログボックス

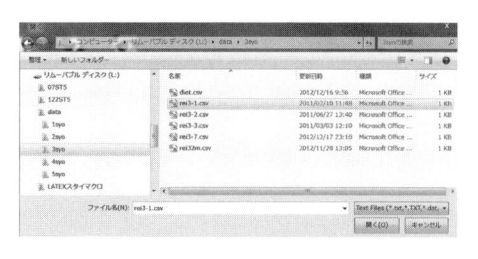

図 3.3　フォルダのファイル

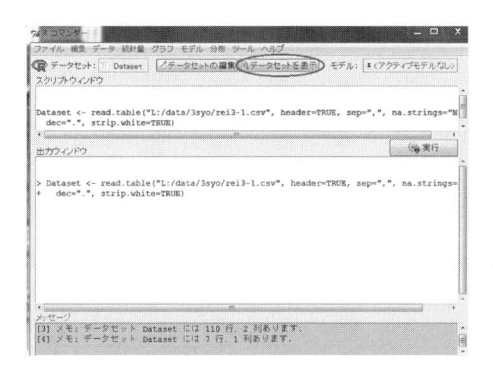

図 3.4　データ表示の指定

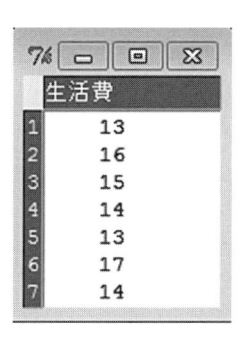

図 3.5　データの表示

出力ウィンドウ

```
> setwd("C:/data/3syo")
> Dataset <- read.table("C:/data/3syo/rei3-1.csv", header=TRUE, sep=",",
 na.strings="NA",  dec=".", strip.white=TRUE)
```

```
> library(relimp, pos=4)
> showData(Dataset, placement='-20+200', font=getRcmdr('logFont'),
 maxwidth=80, maxheight=30)
```

手順 2　データの基本統計量の計算

【統計量】▶【要約】▶【アクティブデータセット】を選択し，OK をクリックすると次の出力結果が表示される．

― 出力ウィンドウ ―
```
> summary(Dataset)
     生活費
 Min.   :13.00
 1st Qu.:13.50
 Median :14.00
 Mean   :14.57
 3rd Qu.:15.50
 Max.   :17.00
```

【統計量】▶【要約】▶【数値による要約...】を選択し，図 3.6 のダイアログボックスで，変数として生活費を選択後，すべての項目にチェックを入れ，OK をクリックする．すると，次の出力結果が表示される．

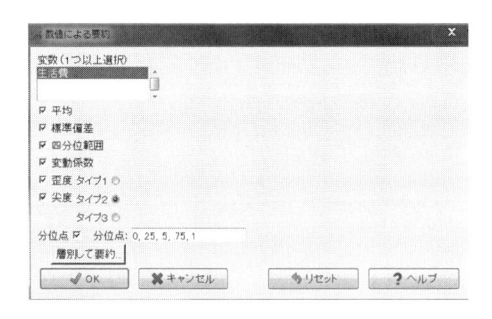

図 3.6　数値による要約ダイアログボックス

― 出力ウィンドウ ―
```
>numSummary(Dataset[,"生活費"],statistics=c("mean","sd","IQR","quantiles
", "cv", "skewness", "kurtosis"), quantiles=c(0,.25,.5,.75,1), type="2")
    mean       sd IQR       cv skewness  kurtosis 0%  25% 50%  75% 100% n
 14.57143 1.511858   2 0.103755 0.620098 -0.809375 13 13.5  14 15.5   17 7
```

3.2 正規分布に関するいくつかの検定と推定

手順 3　データのグラフ化

【グラフ】▶【箱ひげ図】を選択後，図 3.7 のダイアログボックスで，OK をクリックする．すると図 3.8 のグラフが表示される．やや右に裾を引いた分布である．

図 3.7　箱ひげ図ダイアログボックス

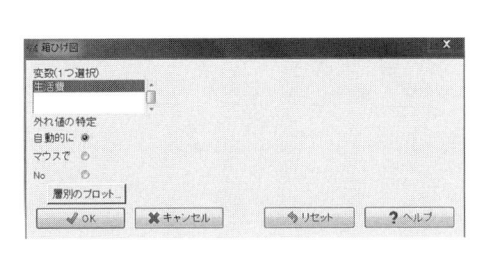

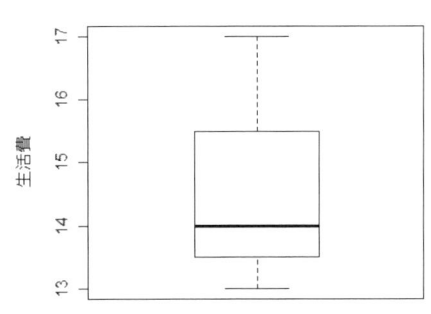

図 3.8　箱ひげ図

```
─ 出力ウィンドウ ──────────────────────────
> Boxplot( ~ 生活費, data=Dataset, id.method="y")   #図 3.8
```

(1) 検　定

手順 1　データの構造式 → **手順 2**　仮説と有意水準の設定 → **手順 3**　検定方式の決定 → **手順 4**　検定統計量の計算 → **手順 5**　判定と結論の流れを以下の操作により行う．

【統計量】▶【平均】▶【1 標本 t 検定…】を選択し，図 3.9 のダイアログボックスで，$\mu \neq \mu_0$ にチェックを入れ，$\mu_0 = 15.0$ をキー入力し，OK をクリックする．すると，次の出力結果が表示される．そこで，p 値が 0.4816 より，有意水準 5 %，10 %で 15 万円と異なるとはいえない．またその点推定値は 14.57143 万円で，信頼係数 95 %の下側信頼限界は 13.17319 万円で，上側信頼限界は 15.96966 万円である．

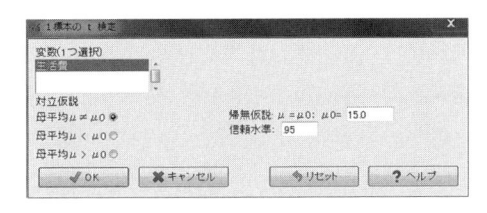

図 3.9　検定

```
─ 出力ウィンドウ ──────────────────────────
>t.test(Dataset$生活費,alternative='two.sided',mu=15.0, conf.level=.95)
One Sample t-test
data:  Dataset$生活費
t = -0.75, df = 6, p-value = 0.4816 #t 値，自由度，p 値
alternative hypothesis: true mean is not equal to 15
```

```
95 percent confidence interval:
 13.17319 15.96966 #95％下側信頼限界 上側信頼限界
sample estimates:
mean of x
 14.57143 #点推定値
```

(2) 推　定

検定により得られた結論に基づき，母数の推定を行う．

帰無仮説が棄却されないため，μ が 15 と有意に異なるとは言えない．そこで，実際の μ はどれくらいであるかを推定する．

手順 1　データの構造式 → 手順 2　母平均の推定

```
─ 出力ウィンドウ ─
95 percent confidence interval:
 13.17319 15.96966
sample estimates:
mean of x
 14.57143
```

（参考）

直接入力の場合

```
─ 出力ウィンドウ ─
> x<-c(13,16,15,14,13,17,14) #データ入力
> x #データの表示
[1] 13 16 15 14 13 17 14
> summary(x) #データの基本統計量（要約）
   Min. 1st Qu.  Median    Mean 3rd Qu.    Max.
  13.00   13.50   14.00   14.57   15.50   17.00
> boxplot(x) # データのグラフ化
> n1m.tvu=function(x,m0,alt){ # x：データ m0:帰無仮説の平均
+ # alt:対立仮説 ("l":左片側 "r":右片側 "t":両側)
+  n=length(x);mx=mean(x);v=var(x)
+  t0=(mx-m0)/sqrt(v/n)
+  if (alt=="l") { pti=pt(t0,n-1)
+   } else if (alt=="r") {pti=1-pt(t0,n-1)}
+   else if (t0<0) {pti=2*pt(t0,n-1)}
+   else {pti=2*(1-pt(abs(t0),n-1))
```

```
+    }
+    c(t値=t0,P値=pti)
+ }
> n1m.tvu(x,15,"t") #上記で定義された関数 n1m.tvu を実行
       t値          P値
-0.7500000   0.4816178
```

(2) 母分散 σ^2 に関して

まず母分散の推定量は

(3.1) $$\widehat{\sigma^2} = V = \frac{S}{n-1}$$

である．自由度が $n-1$ になり，既知の分布になるよう係数を補正した

(3.2) $$\chi_0^2 = \frac{(n-1)V}{\sigma_0^2} = \frac{S}{\sigma_0^2}$$

は帰無仮説のもとで，自由度 $n-1$ のカイ2乗分布に従う．そこで以下のような検定方式と推定方式が導かれる（図 3.10 参照）．

──── 検定方式 ────

母分散 σ^2 に関する検定 $H_0 : \sigma^2 = \sigma_0^2$ について

<u>μ: 未知 の場合</u>

有意水準 α に対し，$\chi_0^2 = \dfrac{S}{\sigma_0^2}\left(S = \sum_{i=1}^{n}(X_i - \overline{X})^2\right)$ とし，

$H_1 : \sigma^2 \neq \sigma_0^2$（両側検定）のとき

$\quad \chi_0^2 < \chi^2(n-1, 1-\alpha/2)$ または $\chi_0^2 > \chi^2(n-1, \alpha/2) \quad \Longrightarrow \quad H_0$ を棄却する

$H_1 : \sigma^2 < \sigma_0^2$（左片側検定）のとき

$\quad \chi_0^2 < \chi^2(n-1, 1-\alpha) \quad \Longrightarrow \quad H_0$ を棄却する

$H_1 : \sigma^2 > \sigma_0^2$（右片側検定）のとき

$\quad \chi_0^2 > \chi^2(n-1, \alpha) \quad \Longrightarrow \quad H_0$ を棄却する

──── 推定方式 ────

σ^2 の点推定は $\quad \widehat{\sigma^2} = V = \dfrac{S}{n-1}$

σ^2 の信頼率 $1-\alpha$ の信頼区間は

$$\frac{S}{\chi^2(n-1, \alpha/2)} < \sigma^2 < \frac{S}{\chi^2(n-1, 1-\alpha/2)}$$

$\chi^2(n, \alpha/2)$: 自由度 n のカイ 2 乗分布の上側 $100 \times \alpha/2\%$ 点
$\chi^2(n, 1-\alpha/2)$: 自由度 n のカイ 2 乗分布の下側 $100 \times \alpha/2\%$ 点

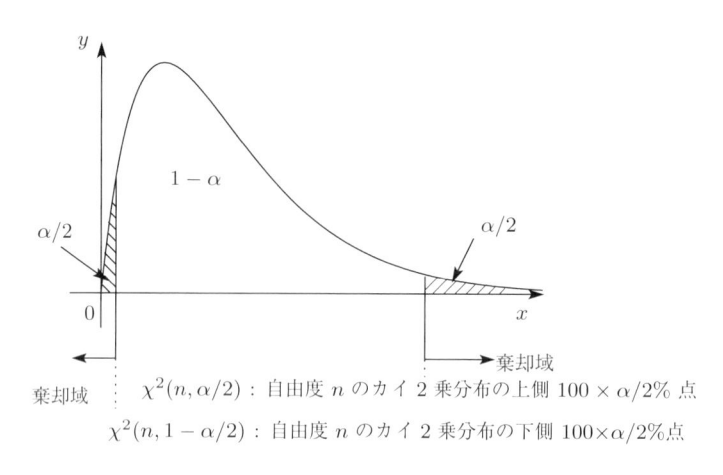

図 3.10 $H_0: \sigma^2 = \sigma_0^2, H_1: \sigma^2 \neq \sigma_0^2$ での棄却域

以上の解析を考えると，次のような**データ解析の流れ**が考えられる．

データ解析の流れ（解析の 3 段階）

1 段階　予備解析
　手順 1　データを読み込む（入力）
　手順 2　データの基本統計量の計算
　手順 3　データのグラフ化

2 段階　検定
　手順 1　データの構造式（モデル）の設定
　手順 2　仮説の設定
　手順 3　仮説の検定

3 段階　推定・予測
　手順 1　モデルの診断
　手順 2　モデルのもとでの推測

(II) 2 標本での検定と推定

データ $X_{i1}, \ldots, X_{in_i}$ を母集団分布が $N(\mu_i, \sigma_i^2)$ $(i=1,2)$ である母集団からのランダムサンプルとする．

(1) 2 つの母平均 μ_1, μ_2 の違いに関して

母平均の差に関して，母分散の未知の状況で以下のような検定方式が用いられている．

検定方式

2 つの母平均 μ_1, μ_2 の差に関する検定 $H_0: \mu_1 - \mu_2 = \delta_0$ について

$\underline{\sigma_1^2 = \sigma_2^2 = \sigma^2 : \text{未知 の場合}}$

有意水準 α に対し, $t_0 = \dfrac{\overline{X}_1 - \overline{X}_2 - \delta_0}{\sqrt{(1/n_1 + 1/n_2)V}}$ $\left(V = \dfrac{S_1 + S_2}{n_1 + n_2 - 2}\right)$ とし

$H_1 : \mu_1 - \mu_2 \neq \delta_0$（両側検定）のとき

$\quad |t_0| > t(n_1 + n_2 - 2, \alpha) \implies H_0$ を棄却する

$H_1 : \mu_1 - \mu_2 < \delta_0$（左片側検定）のとき

$\quad t_0 < -t(n_1 + n_2 - 2, 2\alpha) \implies H_0$ を棄却する

$H_1 : \mu_1 - \mu_2 > \delta_0$（右片側検定）のとき

$\quad t_0 > t(n_1 + n_2 - 2, 2\alpha) \implies H_0$ を棄却する

―――― 推定方式 ――――

母平均の差 $\mu_1 - \mu_2$ の点推定は $\widehat{\mu_1 - \mu_2} = \overline{X}_1 - \overline{X}_2$

母平均の差 $\mu_1 - \mu_2$ の信頼率 $1 - \alpha$ の信頼区間は,

$\quad$ 区間幅が $Q = t(n_1 + n_2 - 2, \alpha)\sqrt{\left(\dfrac{1}{n_1} + \dfrac{1}{n_2}\right)V}$ となるので

$$\overline{X}_1 - \overline{X}_2 - Q < \mu_1 - \mu_2 < \overline{X}_1 - \overline{X}_2 + Q$$

(2) 2 つの母分散 σ_1^2, σ_2^2 の違いに関して

平均が未知のときの分散比に関する検定・推定方式は，以下のようである．

―――― 検定方式 ――――

2 つの母分散 (σ_1^2, σ_2^2) の比 $\dfrac{\sigma_1^2}{\sigma_2^2}$ に関する検定 $H_0 : \dfrac{\sigma_1^2}{\sigma_2^2} = 1$（等分散の検定）について

$\underline{\mu_1, \mu_2 : \text{未知 の場合}}$

有意水準 α に対し

$H_1 : \dfrac{\sigma_1^2}{\sigma_2^2} \neq 1$（両側検定）のとき

$V_1 > V_2$ のとき $F_0 = \dfrac{V_1}{V_2} > F(n_1 - 1, n_2 - 1; \alpha/2) \implies H_0$ を棄却する

$\quad$ か，または

$V_1 < V_2$ のとき $F_0 = \dfrac{V_2}{V_1} > F(n_2 - 1, n_1 - 1; \alpha/2) \implies H_0$ を棄却する

$H_1 : \dfrac{\sigma_1^2}{\sigma_2^2} < 1$（左片側検定）のとき

$\quad F_0 = \dfrac{V_2}{V_1} > F(n_2 - 1, n_1 - 1; \alpha) \implies H_0$ を棄却する

$$H_1 : \frac{\sigma_1^2}{\sigma_2^2} > 1 \text{ (右片側検定) のとき}$$
$$F_0 = \frac{V_1}{V_2} > F(n_1 - 1, n_2 - 1; \alpha) \implies H_0 \text{ を棄却する}$$

―― 推定方式 ――

母分散の比 ρ^2 の点推定は $\widehat{\dfrac{\sigma_1^2}{\sigma_2^2}} = \widehat{\rho^2} = \dfrac{V_1}{V_2}$

ρ^2 の信頼率 $1-\alpha$ の信頼区間は

$$\frac{1}{F(n_1-1, n_2-1; \alpha/2)} \frac{V_1}{V_2} < \rho^2 < F(n_2-1, n_1-1; \alpha/2) \frac{V_1}{V_2}$$

―― 例題 3-2 ――

教育費の占める割合が,大都市と地方都市で異なるかどうか調べることになった.そこで,大都市,地方都市からそれぞれランダムに選んだ家庭の教育費の家計に占める割合は,以下であった.

　　　大都市:18, 26, 22, 17, 25, 21, 24(%)

　　　地方都市:34, 36, 22, 27, 35, 28, 32, 25(%)

いままでの調査から,教育費の割合は正規分布していることが知られているとする.このとき,以下の設問に答えよ.

① 大都市の教育費が地方都市の教育費の割合より 5% 低いといえるか,有意水準 5% で検定せよ.

② 都市間の教育費の割合の差の信頼係数 90% の信頼区間(限界)を求めよ.

[解]
(i) 母分散に関して
(1) 検 定
(1) 母分散の比に関する検定(2 つの母分散が異なるかどうかの検定)
手順 1　前提条件のチェック
　成績のデータは 2 つの正規母集団からのサンプルと考えられる.
手順 2　仮説および有意水準の設定
$$\begin{cases} H_0 : \sigma_A^2 = \sigma_B^2 \\ H_1 : \sigma_A^2 \neq \sigma_B^2, \quad \alpha = 0.20 \end{cases}$$
手順 3　棄却域の設定(検定統計量の選択)
　$V_A = \dfrac{70.86}{6}$, $V_B = \dfrac{182.875}{7}$, $V_B > V_A$ であるので $F_0 = \dfrac{V_B}{V_A}$ とすると棄却域は,
　$R : F_0 \geq F(7, 6; 0.10) = 3.014$ である.
手順 4　検定統計量の計算
$$F_0 = \frac{182.875}{7} \Big/ \frac{70.86}{6} = 2.212$$

手順 5 判定と結論

$F_0 = 2.212 < 3.014 = F(7, 6; 0.10)$ より有意水準 20% で H_0 は棄却されず，等分散でないとはいえない．そこで，以下では等分散とみなして解析をすすめる．

なお，普通は有意水準 5% などの小さい値について検定するが，帰無仮説を採択するような立場をとる（検定の基本的な考え方からは，はずれることになるが）とすれば，第 2 種の誤りを小さくする必要があり，有意水準を 20% のように大きくとることがある．

(2) 推 定

検定の結果より，$\sigma_A^2 = \sigma_B^2$ とみなし，分散の点推定量として，以下のプールした分散を分散の推定量とする．

$$V = \frac{S_A + S_B}{n_A + n_B - 2} = \frac{182.875 + 70.86}{8 + 7 - 2} = 253.735/13 = 19.52$$

(ii) 母平均に関して

(1) 検 定

(2) 母平均の差の検定

手順 1 仮説および有意水準の設定

$$\begin{cases} H_0 : \mu_A + 5 = \mu_B \\ H_1 : \mu_A + 5 < \mu_B, \quad \alpha = 0.05 \end{cases}$$

手順 2 棄却域の設定（検定統計量の選択）

n_A と n_B がほぼ等しく，分散の比も 1 に近いので $\sigma_A^2 = \sigma_B^2$ とみなす．

$$V = \frac{S_A + S_B}{n_A + n_B - 2} = \frac{182.875 + 70.86}{8 + 7 - 2} = 253.735/13 = 19.52,$$

$$t_0 = \frac{\overline{x}_B - \overline{x}_A - 5}{\sqrt{(\frac{1}{n_A} + \frac{1}{n_B})V}} = \frac{3.018}{\sqrt{(1/7 + 1/8)253.735/13}}$$

$$R : |t_0| \geqq t(13, 0.10) = 1.77$$

手順 3 検定統計量の計算と判定

$t_0 = 1.32$ より H_0 は棄却されず，大都市の教育費が地方都市より 5% 低いとはいえない．

(2) 推 定

(3) 母平均の差の推定

点推定は，$\widehat{\mu_B - \mu_A} = \overline{x}_A - \overline{x}_B = 29.875 - 21.857 = 8.018$

信頼率 95% の信頼区間は，

$\widehat{\mu_B - \mu_A} \pm t(13, 0.05) \times \sqrt{(1/n_1 + 1/n_2)V} = -8.018 \pm 3.507 \times 2.286 = 8.018 \pm 8.017 = 0.001, 16.035$ □

R（コマンダー）による解析

(0) 予備解析

手順 1 データの読込み

【データ】▶【データのインポート】▶【テキストファイルまたはクリップボード，URL から...】を選択し，図 3.11 のダイアログボックスで，OK をクリックする．図 3.12 でファイルを指定し，開く(O) をクリックし，データセットを表示 をクリックすると図 3.13 のデータが表示される．

```
──  出力ウィンドウ  ──
> Dataset <- read.table("C:/data/3syo/rei3-2.csv", header=TRUE,
sep=",", na.strings="NA",  dec=".", strip.white=TRUE)
> showData(Dataset, placement='-20+200', font=getRcmdr('logFont'),
maxwidth=80, maxheight=30)
```

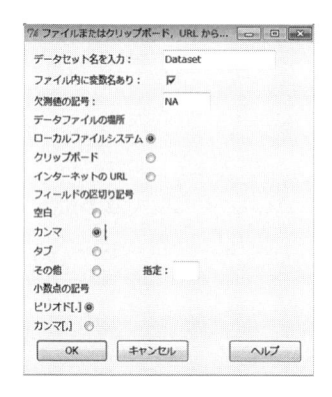

図 3.11　ダイアログボックス

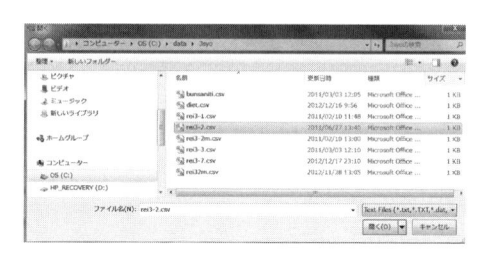

図 3.12　フォルダのファイル

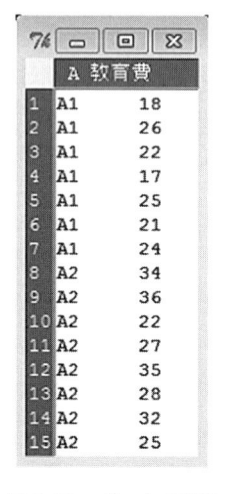

図 3.13　データの表示

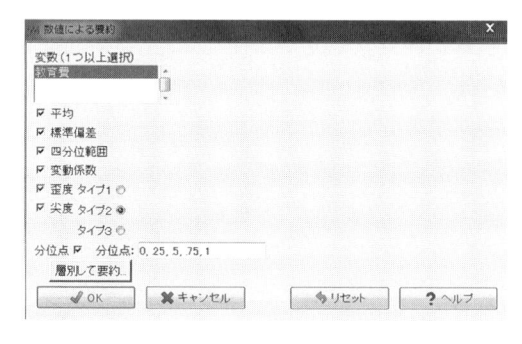

図 3.14　数値による要約ダイアログボックス

手順 2　データの基本統計量の計算

【統計量】▶【要約】▶【数値による要約...】を選択し，図 3.14 のダイアログボックスで，層別して要約... をクリック後，図 3.15 のダイアログボックスの層別変数で A を確認後，OK をクリックする．さらに図 3.16 のダイアログボックスで，OK をクリックすると，以下の出力結果が得られる．

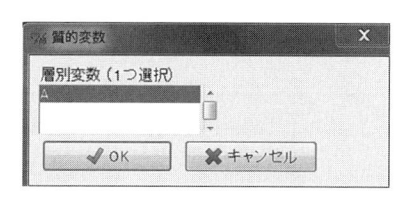

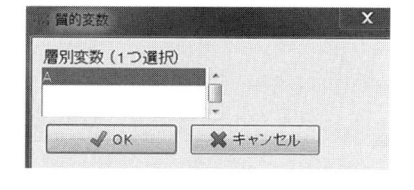

3.2 正規分布に関するいくつかの検定と推定

図 **3.15** 層別変数選択のダイアログボックス

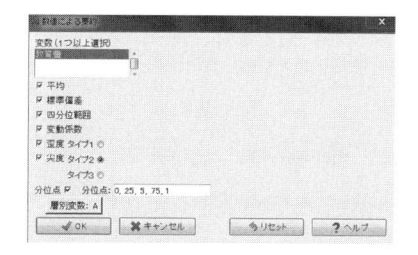

図 **3.16** 数値による要約ダイアログボックス

───── 出力ウィンドウ ─────
```
> numSummary(Dataset[,"教育費"], groups=Dataset$A, statistics=c("mean",
"sd","IQR","quantiles","cv","skewness", "kurtosis"),quantiles
=c(0,.25,.5,.75,1), type="2")
    mean       sd  IQR   cv   skewness   kurtosis  0%   25%  50%   75% 100% data:n
A1 21.85714 3.436499 5.00 0.1572254 -0.3484886 -1.412474 17 19.5  22
A2 29.87500 5.111262 7.75 0.1710883 -0.2716048 -1.434509 22 26.5  30
      24.50  26   7
      34.25  36   8
```

手順 3 データのグラフ化

【グラフ】▶【箱ひげ図】を選択し，図 3.17 のダイアログボックスで，層別のプロット... をクリック後，OK をクリックする．さらに図 3.18 の質的変数のダイアログボックスで，OK をクリックする．次に，図 3.19 のダイアログボックスで，OK をクリックすると，図 3.20 の箱ひげ図が表示される．

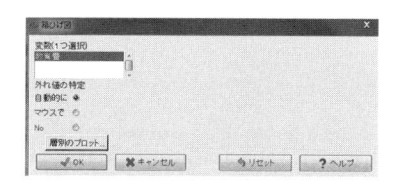

図 **3.17** 箱ひげ図ダイアログボックス

図 **3.18** 層別変数選択のダイアログボックス

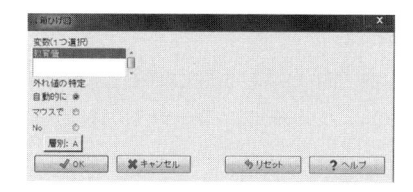

図 **3.19** 箱ひげ図ダイアログボックス

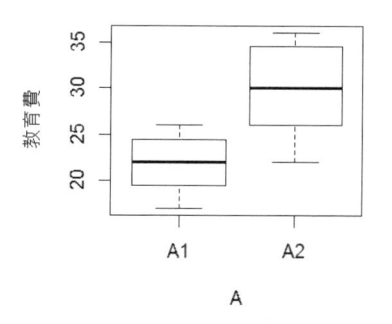

図 **3.20** 箱ひげ図

```
― 出力ウィンドウ ―
> Boxplot(教育費~A, data=Dataset, id.method="y")
```

(1) 検　定

● 等分散かどうかの検定をする．

平均が未知のときの分散比に関する検定を行う．

【統計量】▶【分散】▶【分散の比の F 検定】を選択し，図 3.21 のダイアログボックスで，グループとして A，目的変数として教育費を確認後，OK をクリックする．すると次の出力結果が得られる．つまり異なるとはいえず，分散比の点推定値が 0.452，その 95％信頼区間の下側が 0.088 で上側信頼限界が 2.57 とわかる．

図 3.21 等分散の検定ダイアログボックス　　**図 3.22** 等分散のもとでの平均値の差の検定

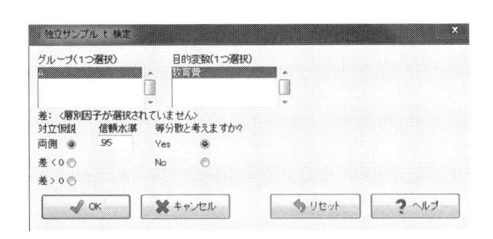

```
― 出力ウィンドウ ―
>var.test(教育費~A,alternative='two.sided',conf.level=.95,data=Dataset)
F test to compare two variances
data:  教育費 by A
F = 0.452, num df = 6, denom df = 7, p-value = 0.3525
alternative hypothesis: true ratio of variances is not equal to 1
95 percent confidence interval:
 0.08831311 2.57457585
sample estimates:
ratio of variances
         0.4520392
```

● 等分散である 2 標本の平均の差の検定

【統計量】▶【平均】▶【独立サンプル t 検定...】を選択し，図 3.22 のダイアログボックスで，OK をクリックする．すると，次の出力結果が表示される．つまり，p 値が 0.0039 より，平均値が有意水準 1％で差があるといえる．それぞれの点推定値は 21.86 と 29.88 である．差の信頼係数 95％の下側信頼限界は -12.96 で，上側信頼限界が -3.08 である．

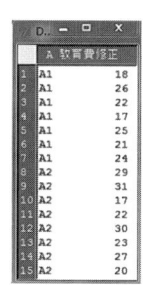

3.2 正規分布に関するいくつかの検定と推定

図 3.23 修正データ

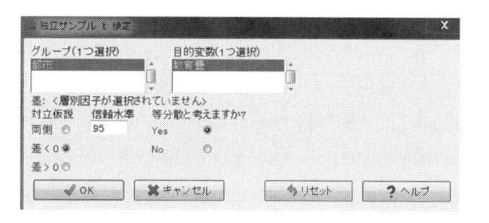

図 3.24 ダイアログボックス

```
─ 出力ウィンドウ ─
> t.test(教育費~A, alternative='two.sided', conf.level=.95,
 var.equal=TRUE, data=Dataset)
Two Sample t-test
data:  教育費 by A
t = -3.5066, df = 13, p-value = 0.003865
alternative hypothesis: true difference in means is not equal to 0
95 percent confidence interval:
 -12.957500  -3.078214
sample estimates:
mean in group A1 mean in group A2
        21.85714         29.87500
```

地方都市のデータから 5 を引いた修正データ (ファイル名 rei32m.csv) を読み込み表示したのが図 3.23 である．そして，【統計量】▶【平均】▶【独立サンプル t 検定...】を選択後，図 3.24 のようにダイアログボックスで，差 < 0 と等分散と考えますか？の YES にチェックを入れて OK をクリックして実行すると，以下の出力結果が得られる．つまり p 値が 0.1048 より，平均値が有意水準 5 ％で少ないとはいえない．

```
─ 出力ウィンドウ ─
> t.test(教育費修正~A, alternative='less', conf.level=.95,
 var.equal=TRUE, data=Dataset)
Two Sample t-test
data:  教育費修正 by A
t = -1.3199, df = 13, p-value = 0.1048
alternative hypothesis: true difference in means is less than 0
95 percent confidence interval:
     -Inf 1.031349
sample estimates:
```

```
mean in group A1 mean in group A2
        21.85714              24.87500
```

(補 3-1) 等分散でない場合の平均値の差の検定には，以下のウェルチ (Welch) の検定が用いられる．

検定方式

2つの母平均 μ_1, μ_2 の差に関する検定 $H_0 : \mu_1 - \mu_2 = \delta_0$ について

σ_1^2, σ_2^2：未知の場合

有意水準 α に対し，$t_0 = \dfrac{\overline{X}_1 - \overline{X}_2 - \delta_0}{\sqrt{V_1/n_1 + V_2/n_2}}$ とし

$H_1 : \mu_1 - \mu_2 \neq \delta_0$（両側検定）のとき
$\quad |t_0| > t(\phi^*, \alpha) \implies H_0$ を棄却する

$H_1 : \mu_1 - \mu_2 < \delta_0$（左片側検定）のとき
$\quad t_0 < -t(\phi^*, 2\alpha) \implies H_0$ を棄却する

$H_1 : \mu_1 - \mu_2 > \delta_0$（右片側検定）のとき
$\quad t_0 > t(\phi^*, 2\alpha) \implies H_0$ を棄却する

推定方式

母平均の差 $\mu_1 - \mu_2$ の点推定は $\widehat{\mu_1 - \mu_2} = \overline{X}_1 - \overline{X}_2$

母平均の差 $\mu_1 - \mu_2$ の信頼率 $1-\alpha$ の信頼区間は，

$\quad$ 区間幅を $Q = t(\phi^*, \alpha)\sqrt{\dfrac{V_1}{n_1} + \dfrac{V_2}{n_2}}$ として，

$$\overline{X}_1 - \overline{X}_2 - Q < \mu_1 - \mu_2 < \overline{X}_1 - \overline{X}_2 + Q$$

なお，自由度 ϕ^* は以下のサタースウェイト (Satterthwaite) の方法により求める．

$$(3.3) \qquad \phi^* = \frac{\left(V_1/n_1 + V_2/n_2\right)^2}{\dfrac{(V_1/n_1)^2}{\phi_1} + \dfrac{(V_2/n_2)^2}{\phi_2}}$$

(2) 推 定

```
出力ウィンドウ
95 percent confidence interval:
 -12.957500  -3.078214
sample estimates:
```

3.2 正規分布に関するいくつかの検定と推定

```
mean in group A1 mean in group A2
      21.85714          29.87500
```

<u>対応のあるデータの平均値の差の検定・推定</u>には，以下の検定が用いられる．

個人の成績の変化，体重，身長の変化，車のタイヤの磨耗度などを検討するときには，同じ人（物）であるという共通の成分が含まれているため，同じ人（物）での変化を調べる必要がある．そこでモデルとして，

(3.4) $$X_{1i} = \mu_1 + \gamma_i + \varepsilon_{1i}\ (i=1,\ldots,n)$$

(3.5) $$X_{2i} = \mu_2 + \gamma_i + \varepsilon_{2i}\ (i=1,\ldots,n)$$

と書かれ，X_{1i} と X_{2i} が i のみによって定まる共通な成分 γ_i（ガンマ）を含んでいる場合を，**データに対応がある**という．この場合の母平均の差 $\mu_1 - \mu_2 = \delta$ についての検定と推定は，次のように行う．まず差をとったデータ $d_i = X_{1i} - X_{2i}$ を考えると，これは平均 δ，分散 σ_d^2 の正規分布に従うと考えられる．そこで $H_0 : \delta = \delta_0(\mu_1 - \mu_2 = \delta_0)$ に関する検定は δ の点推定量が

(3.6) $$\widehat{\delta} = \overline{d}$$

だから，分散が未知の場合としてこれを規準化した

(3.7) $$t_0 = \frac{\overline{d} - \delta_0}{\sqrt{V_d/n}} \quad \left(\text{ただし}\ V_d = \frac{\sum_{i=1}^{n}(d_i - \overline{d})^2}{n-1} \right)$$

を検定統計量とする．これをまとめて，以下の検定方式が導かれる．

検定方式

母平均の差 δ に関する検定 $H_0 : \mu_1 - \mu_2 = \delta = \delta_0$ について

<u>データに対応がある場合</u>

有意水準 α に対し，$t_0 = \dfrac{\overline{d} - \delta_0}{\sqrt{V_d/n}}$ とし

$H_1 : \mu_1 - \mu_2 \neq \delta_0$（両側検定）のとき
  $|t_0| > t(n-1, \alpha) \implies H_0$ を棄却する

$H_1 : \mu_1 - \mu_2 < \delta_0$（左片側検定）のとき
  $t_0 < -t(n-1, 2\alpha) \implies H_0$ を棄却する

$H_1 : \mu_1 - \mu_2 > \delta_0$（右片側検定）のとき
  $t_0 > t(n-1, 2\alpha) \implies H_0$ を棄却する

次に，推定方式も以下のようになる．

推定方式

差 δ の点推定は $\widehat{\mu_1 - \mu_2} = \hat{\delta} = \bar{d}$

差 δ の信頼率 $1 - \alpha$ の信頼区間は

$$\bar{d} - t(n-1, \alpha)\sqrt{\frac{V_d}{n}} < \delta = \mu_1 - \mu_2 < \bar{d} + t(n-1, \alpha)\sqrt{\frac{V_d}{n}}$$

Rコマンダーでは，【統計量】▶【平均】▶【対応のあるデータのt検定...】を選択し，ダイアログボックスで問題に対応したチェックを入れて，OK をクリックする（図3.34参照）．実際に，次の例題で解析してみよう．

例題 3-3

5人の女性が，あるダイエット食品を食べて体重が減少したか，2週間にわたって調べた結果，表3.2のようであった．

表 3.2 データ表（単位：kg）

前後＼No.	1	2	3	4	5
ダイエット前	58	62	78	66	70
2週間後	57	60	75	67	67

(1) 効果があるといえるか，有意水準5％で検定せよ．

(2) 効果があるとすれば，その変化（平均）の差の95％信頼区間を求めよ．

R（コマンダー）による解析

(0) 予備解析

手順1　データの読み込み

【データ】▶【データのインポート】▶【テキストファイルまたはクリップボード，URLから...】と選択し，図3.25のダイアログボックスで，OK をクリックする．

その後，図3.26でファイルを指定し，開く(O) をクリックする．OK ▶ データセットを表示 をクリックすると図3.27のデータが表示される．

3.2 正規分布に関するいくつかの検定と推定

図 3.25 ダイアログボックス

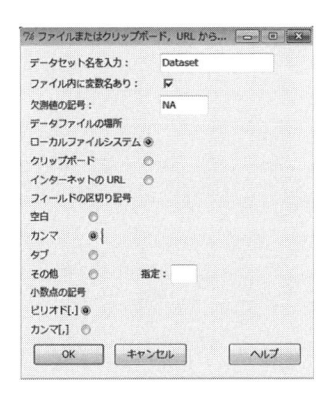

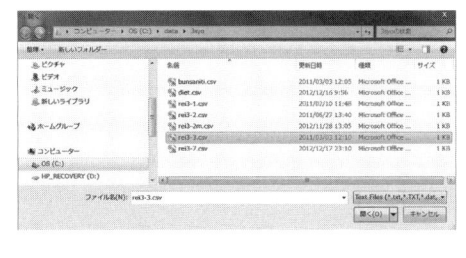

図 3.26 フォルダのファイル

```
― 出力ウィンドウ ―
> Dataset <- read.table("C:/data/3syo/rei3-3.csv", header=TRUE, sep=",",
na.strings="NA", dec=".", strip.white=TRUE)
 > showData(Dataset, placement='-20+200', font=getRcmdr('logFont'),
maxwidth=80, maxheight=30)
```

図 3.27 データの表示

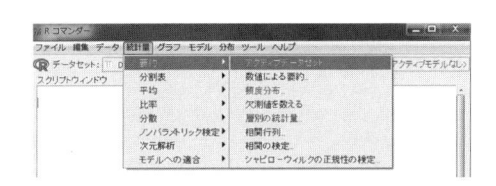

図 3.28 データの要約の選択

手順 2 データの基本統計量の計算

図 3.28 のように，【統計量】▶【要約】▶【アクティブデータセット】を選択すると，以下の出力結果が得られる．また，【統計量】▶【要約】▶【数値による要約...】と選択し，図 3.30 ですべての項目にチェック後，OK をクリックすると，以下の出力結果が得られる．

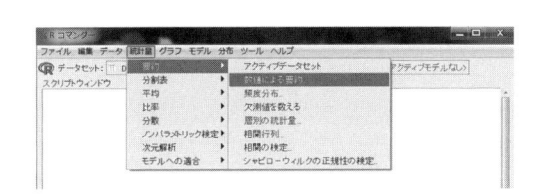

図 3.29 数値による要約の選択

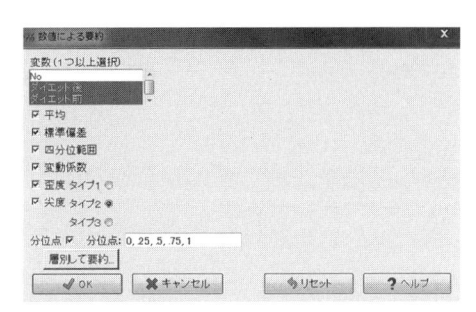

図 3.30 数値による要約のダイアログボックス

出力ウィンドウ

```
> summary(Dataset)
      No        ダイエット前       ダイエット後
 Min.   :1   Min.   :58.0   Min.   :57.0
 1st Qu.:2   1st Qu.:62.0   1st Qu.:60.0
 Median :3   Median :66.0   Median :67.0
 Mean   :3   Mean   :66.8   Mean   :65.2
 3rd Qu.:4   3rd Qu.:70.0   3rd Qu.:67.0
 Max.   :5   Max.   :78.0   Max.   :75.0
> numSummary(Dataset[,c("ダイエット後", "ダイエット前")], statistics
=c("mean", "sd", "IQR", "quantiles", "kurtosis"), quantiles
=c(0,.25,.5,.75,1), type="2")
              mean       sd IQR    kurtosis  0%  25% 50% 75% 100% n
ダイエット後  65.2 7.014271   7 -0.51383105  57   60  67  67   75 5
ダイエット前  66.8 7.694154   8 -0.02191381  58   62  66  70   78 5
```

手順3　データのグラフ化

【グラフ】▶【折れ線グラフ】を選択後，図3.31のように折れ線グラフを選択すると，図3.32のダイアログボックスとなる．そしてx変数でNOを選択し，y変数でダイエット後とダイエット前を選択し，凡例のプロットにチェックを入れ，OK をクリックする．すると図3.33のように折れ線グラフが表示される．図3.33より，各NOで対応のあるデータであるとみられる．

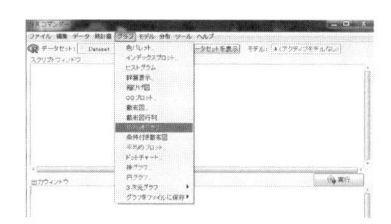

図 3.31　折れ線グラフの選択

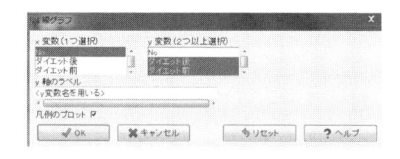

図 3.32　ダイアログボックス

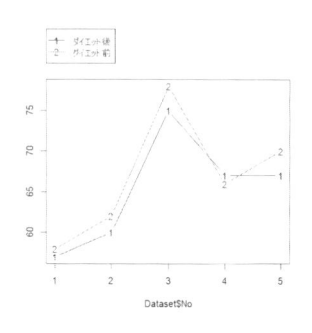

図 3.33　グラフ表示

3.2 正規分布に関するいくつかの検定と推定

─ 出力ウィンドウ ─
```
> legend(0.84, 85.003170355121, legend=c("ダイエット後","ダイエット前"),
col=c(1,2), lty=1, pch=c("1","2"))
```

(1) 検 定

● ダイエット効果があったかどうかの検定

図 3.34 のダイアログボックスで，OK をクリックする．すると，次の出力結果が表示され，効果があったといえる．

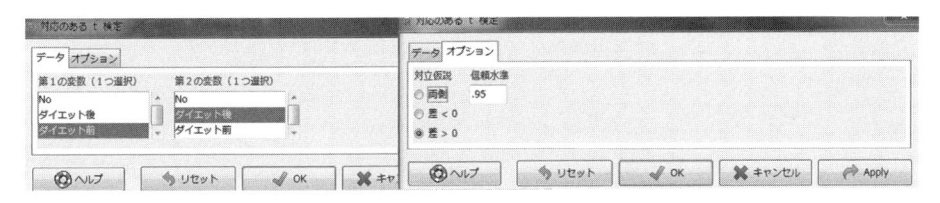

図 **3.34** ダイアログボックス

─ 出力ウィンドウ ─
```
> t.test(rei33$ダイエット前, rei33$ダイエット後,
alternative='greater', conf.level=.95, paired=TRUE)
Paired t-test
data:  rei33$ダイエット前 and rei33$ダイエット後
t = 2.1381, df = 4, p-value = 0.04965
alternative hypothesis: true difference in means is greater than 0
95 percent confidence interval:
 0.004671945           Inf
sample estimates:
mean of the differences
                    1.6
> t.test(Dataset$ダイエット前, Dataset$ダイエット後,
 alternative='two.sided', conf.level=.95, paired=TRUE)
Paired t-test
data:  Dataset$ダイエット前 and Dataset$ダイエット後
t = 2.1381, df = 4, p-value = 0.0993
alternative hypothesis: true difference in means is not equal to 0
95 percent confidence interval:
 -0.4777013  3.6777013
```

```
sample estimates:
mean of the differences
                     1.6
```

両側検定を対立仮説に指定することで，区間推定の結果が出力される．

(III) 多標本での検定と推定

3個以上の正規母集団 $N(\mu_1, \sigma_1^2), \ldots, N(\mu_k, \sigma_k^2)$ に関して

(1) 母平均の均一性 ($\mu_1 = \mu_2 = \cdots = \mu_k$) に関する検定

帰無仮説 $H_0:\mu_1 = \cdots = \mu_k$ を検定する1元配置の分散分析の場合である．

(2) 母分散の一様性 ($\sigma_1^2 = \cdots = \sigma_k^2$) に関する検定

バートレット (Bartlett) の方法，ボックス (Box) の方法，ハートレイ (Hartley) の方法，コクラン (Cochran) の方法などがあるが，サンプルの大きさが等しくなくてもバートレットの方法とボックスの方法が用いることができる．ここではバートレットの方法を説明する．

● バートレット (Bartlett) の検定

各サンプルの大きさが一定でなくても用いることができる．検定統計量として

$$B = \frac{1}{c}\{\phi_T \ln V - \sum_{i=1}^{k} \phi_i \ln V_i\}$$

を用いる．ただし，$\ln V$ の $\ln$ は自然対数の意味で底を $e = 2.71828\cdots$ としたときのものである．また，

$$c = 1 + \frac{1}{3(k-1)}\left\{\sum_{i=1}^{k}\frac{1}{\phi_i} - \frac{1}{\phi_T}\right\}, \quad \phi_i = n_i - 1, \phi_T = \sum_{i=1}^{k}\phi_h, V = \frac{\sum_{i=1}^{k}\phi_i V_i}{\phi_T}$$

である．そして，検定方式は以下のようになる．

---- 検定方式 ----

分散の一様性に関する検定 $H_0 : \sigma_1^2 = \cdots = \sigma_k^2$ について
<u>サンプル数が同じでなくてもよい場合</u>，有意水準 α に対し，

$B = \frac{1}{c}\{\phi_T \ln V - \sum_{i=1}^{k}\phi_i \ln V_i\}\left(c = 1 + \frac{1}{3(k-1)}\left\{\sum_{i=1}^{k}\frac{1}{\phi_i} - \frac{1}{\phi_T}\right\}\right)$ とおくとき

　$B \geq \chi^2(k-1, \alpha) \implies H_0$ を棄却する

3.2 正規分布に関するいくつかの検定と推定

例題 3-4

表 3.3 は，A, B, C 社で製造している部品の寸法についてのデータである．各社の分散が一様であるか検討せよ．

表 3.3　部品の寸法（単位：mm）

圧力＼NO	1	2	3	4	5	6	7	8	9	10
A 社	9.15	9.05	8.95	9.10	9.15	8.95	9.25	9.15	9.20	9.10
B 社	9.05	8.90	9.10	9.15	9.15	8.85	8.85	8.90	9.00	—
C 社	9.05	8.90	9.10	9.15	9.15	8.85	8.85	8.90	—	—

R（コマンダー）による解析

(0) 予備解析

手順 1　データの読み込み

【データ】▶【データのインポート】▶【テキストファイルまたはクリップボード，URL から…】を選択し，図 3.35 のダイアログボックスで，OK をクリックする．その後，図 3.36 でファイルを指定し，開く(O) をクリックする．そして，OK ▶ データセットを表示 をクリックすると図 3.37 のデータが表示される．

―― 出力ウィンドウ ――
```
> Dataset <- read.table("C:/data/3syo/rei3-4.csv", header=TRUE, sep=",",
  na.strings="NA", dec=".", strip.white=TRUE)
> showData(Dataset, placement='-20+200', font=getRcmdr('logFont'),
    maxwidth=80, maxheight=30)
```

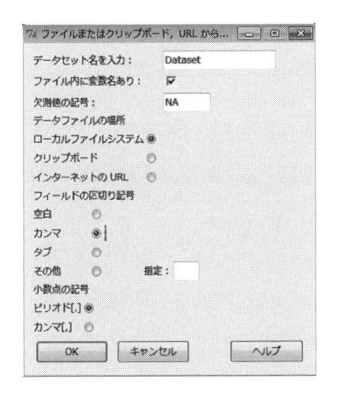

図 3.35　ダイアログボックス

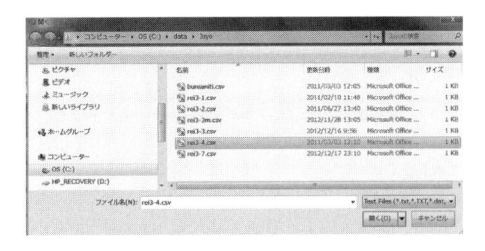

図 3.36　フォルダのファイル

手順 2　データの基本統計量の計算

【統計量】▶【要約】▶【数値による要約…】を選択し，図 3.38 のダイアログボックスで，層別して要約… をクリック後，図 3.39 のダイアログボックスの層別変数で A を確認後，

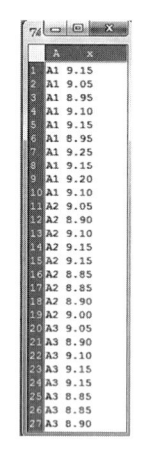

図 3.37　データの表示

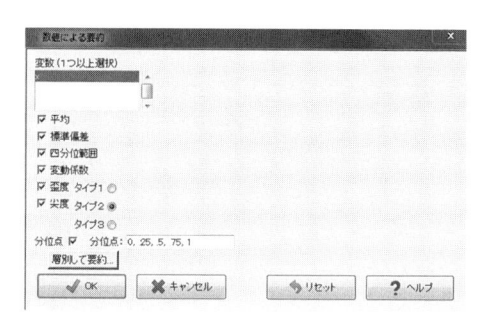

図 3.38　ダイアログボックス

OK をクリックする．さらに図 3.40 のダイアログボックスのようにすべての項目にチェックをいれ，OK をクリックすると，以下の出力結果が得られる．

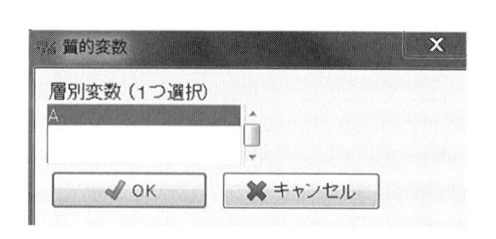

図 3.39　層別変数指定のダイアログボックス

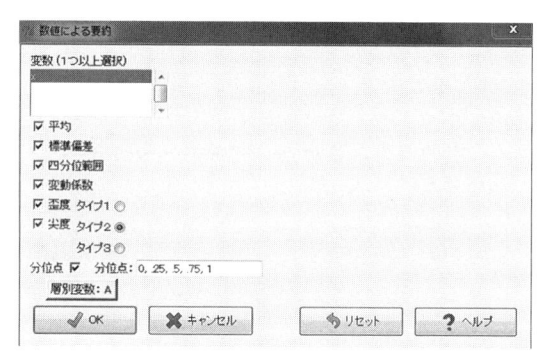

図 3.40　数値による要約のダイアログボックス

```
― 出力ウィンドウ ―
> numSummary(Dataset[,"x"], groups=Dataset$A, statistics=c("mean",
+   "sd", "IQR", "quantiles", "cv", "skewness", "kurtosis"),
+   quantiles=c(0,.25,.5,.75,1), type="2")
      mean         sd    IQR         cv    skewness    kurtosis
A1 9.105000 0.09846037 0.0875 0.01081388 -0.49981566 -0.3928891
A2 8.994444 0.12360331 0.2000 0.01374218  0.09902858 -1.8924439
A3 8.993750 0.13211872 0.2250 0.01469006  0.11711547 -2.2690694
     0%    25%   50%    75%  100% data:n
A1 8.95 9.0625 9.125 9.1500 9.25     10
A2 8.85 8.9000 9.000 9.1000 9.15      9
A3 8.85 8.8875 8.975 9.1125 9.15      8
```

手順3　データのグラフ化

【グラフ】▶【箱ひげ図】を選択し，基本統計量のときと同様に，ダイアログボックスで，層別のプロット... をクリック後，OK をクリックする．さらに質的変数で A を確認後，ダイアログボックスで，OK をクリックする．さらに，図 3.41 のダイアログボックスで，OK をクリックすると，図 3.42 の箱ひげ図が表示される．

```
─ 出力ウィンドウ ──────────────────
> Boxplot(x~A, ylab="x", xlab="A", data=Dataset)
```

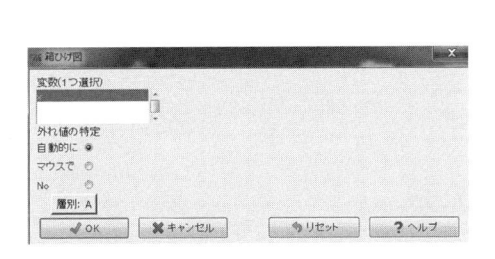

図 3.41　箱ひげ図ダイアログボックス

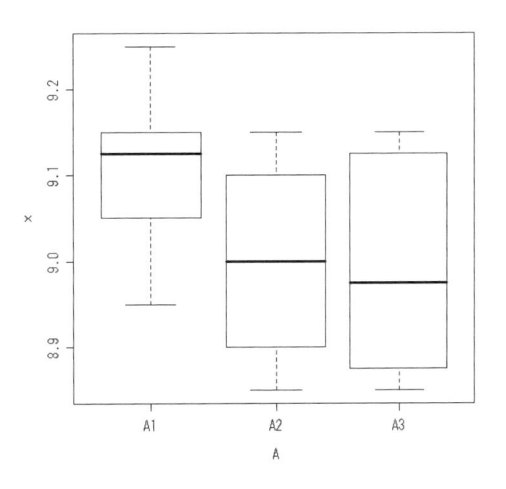

図 3.42　箱ひげ図

(1) 検　定

● 分散が一様であるかどうかの検定

【統計量】▶【分散】▶【バートレットの検定...】を選択後，図 3.43 のダイアログボックスで，OK をクリックする．すると，次の出力結果が表示され，一様でないとはいえないとわかる．

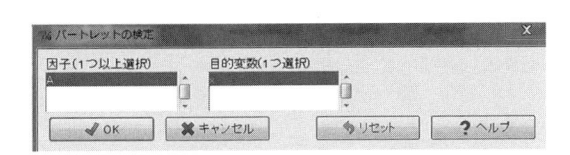

図 3.43　ダイアログボックス

```
─ 出力ウィンドウ ──────────────────
> tapply(Dataset$x, Dataset$A, var, na.rm=TRUE)
         A1          A2          A3
0.009694444 0.015277778 0.017455357
```

```
> bartlett.test(x ~ A, data=Dataset)
Bartlett test of homogeneity of variances
data:  x by A
Bartlett's K-squared = 0.7126, df = 2, p-value = 0.7003
```

3.3 二項分布に関する検定と推定

（I）1個の（母）比率に関する検定と推定

製品の製造ラインでの不良品の発生率，欠席率，政党の支持率などの検討は，二項分布の母比率について検討することになる．以下で詳しく考えよう．

1回の試行で確率 p で成功するようなベルヌーイ試行で，n 回の試行のうち X 回成功するとする．このとき $X \sim B(n,p)$ である．

図 3.44 のようにデータ数と母比率の組 (n,p) によって正規近似ができる場合と，あまり近似されない場合で検定統計量が異なるので場合分けをする．

$$H_0 : p = p_0 \ (p_0 : 既知)$$

$H_1 : p < p_0$　　　$H_1 : p \neq p_0$　　　$H_1 : p > p_0$

（1）直接計算による方法　　　　　　（2）正規近似による方法
対立仮説を $H_1 : p \neq p_0$ とするとき　　　$np_0 \geq 5$ かつ $n(1-p_0) \geq 5$ のとき
　　H_0 のもと　　　　　　　　　　　　　　H_0 のもと

検定方式　　　　　　　　　　　　　　検定統計量

$x \leq x_L$ または $x \geq x_U$
$\Longrightarrow \ H_0$ を棄却

$$u_0 = \frac{\dfrac{x}{n} - p_0}{\sqrt{\dfrac{p_0(1-p_0)}{n}}} \longrightarrow N(0,1^2)$$

ただし，x_L は $\displaystyle\sum_{r=0}^{x}\binom{n}{r}p_0^r(1-p_0)^{n-r} < \alpha/2$ を満たす最大の整数 x

x_U は $\displaystyle\sum_{r=x}^{n}\binom{n}{r}p_0^r(1-p_0)^{n-r} < \alpha/2$ を満たす最小の整数 x

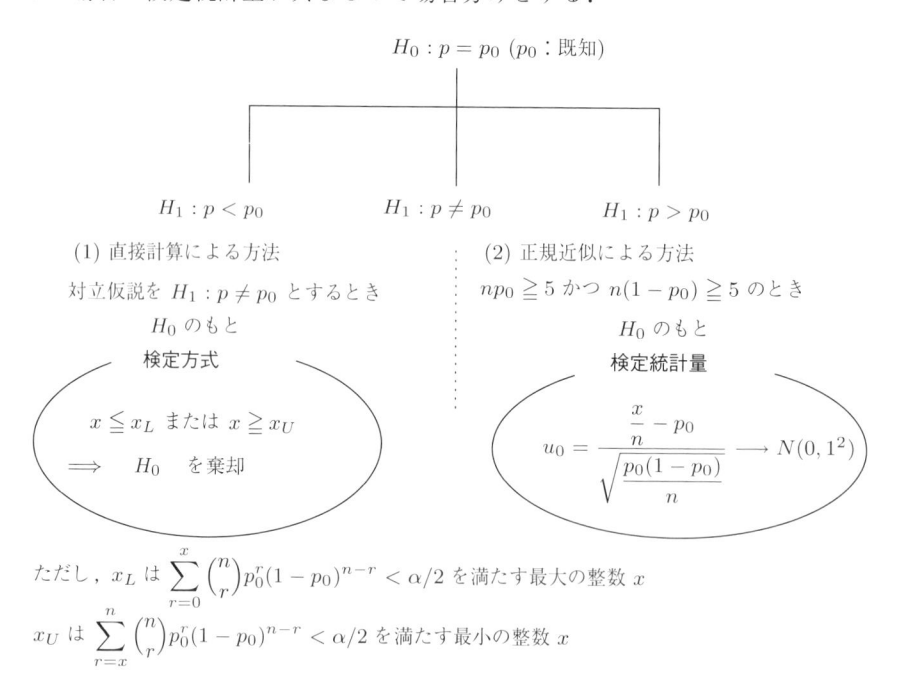

図 3.44　1 標本での母比率の検定

（注 3-1） 変数変換によって正規分布への近似をよくしたり，解釈の妥当性をもたせる方法がある．（逆正弦変換 $\sin^{-1}x$，ロジット変換 $\ln p/(1-p)$，プロビット変換 $\Phi^{-1}(p)$）◁

① 直接計算による方法（小標本の場合：$np_0 < 5$ または $n(1-p_0) < 5$ のとき）

まず，母比率 p の点推定量は

(3.8)
$$\widehat{p} = \frac{X}{n}$$

である.そこで帰無仮説 $H_0: p = p_0$ との違いをみるとすれば,X/n と p_0 の差である $X/n - p_0$ でみればよいだろう.つまり X の大小によって違いが量れる.次に対立仮説 H_1 として,以下のように場合分けして棄却域を設ければよい.

(i)　　$H_1: p < p_0$ の場合

　帰無仮説と離れ H_1 が正しいときには,X/n は小さくなる傾向がある.つまり X が小さくなる.そこで棄却域 R は,有意水準 α に対して棄却域を $R: x \leqq x_L$ とする.ただし,x_L は

$$(3.9) \qquad P(X \leqq x) = \sum_{r=0}^{x} \binom{n}{r} p_0^r (1-p_0)^{n-r} < \alpha$$

を満足する最大の整数 x である.

(ii)　　$H_1: p > p_0$ の場合

　帰無仮説と離れ H_1 が正しいときには,X は大きくなる傾向がある.そこで棄却域 R は,有意水準 α に対して,棄却域を $R: x \geqq x_U$ とする.ただし,x_U は

$$(3.10) \qquad P(X \geq x) = \sum_{r=x}^{n} \binom{n}{r} p_0^r (1-p_0)^{n-r} < \alpha$$

を満足する最小の整数 x である.

(iii)　　$H_1: p \neq p_0$ の場合

　(i) または (ii) の場合なので H_1 が正しいときには,X は小さくなるかまたは大きくなる傾向がある.そこで棄却域 R は,有意水準 α に対して,両側に $\alpha/2$ になるように $R: x \leqq x_L$(ただし,x_L は以下の式 (3.11) を満足する最大の整数 x である).

$$(3.11) \qquad P(X \leqq x) = \sum_{r=0}^{x} \binom{n}{r} p_0^r (1-p_0)^{n-r} < \alpha/2$$

　または $R: x \geqq x_U$ とする.ただし,x_U は

$$(3.12) \qquad P(X \geqq x) = \sum_{r=x}^{n} \binom{n}{r} p_0^r (1-p_0)^{n-r} < \alpha/2$$

を満足する最小の整数 x である.

(iii) の両側検定の場合を図示すると,図 3.45 のようになる.

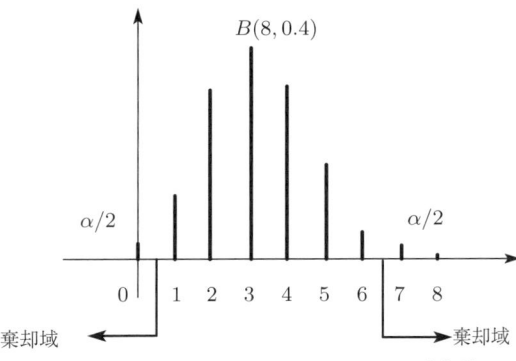

図 3.45　$H_0: p = p_0$, $H_1: p \neq p_0$ での棄却域

(補 3-2)　$X \sim B(n,p)$ のとき，次のように累積確率を F 分布に従う変数の積分を利用して計算ができる．まず部分積分を繰返し行って以下を導く．

$$P(X \geqq x) = \sum_{r=x}^{n} \binom{n}{r} p^r (1-p)^{n-r} = \frac{n!}{(x-1)!(n-x)!} \int_0^p t^{x-1}(1-t)^{n-x} dt \ (x=1,2,\ldots,n)$$

さらに，変数変換 $\left(: t = \dfrac{x}{x+(n-x+1)y}\right)$ をし，$f = \dfrac{x(1-p)}{(n-x+1)p}$ とおくと

$$= \frac{n! x^x (n-x+1)^{n-x+1}}{(x-1)!(n-x)!} \int_f^\infty \frac{y^{n-x}}{\{x+(n-x+1)y\}^{n+1}} dy$$

$$= \frac{\Gamma(n+1)\{2(n-x+1)\}^{n-x+1}(2x)^x}{\Gamma(n-x+1)\Gamma(x)} \int_f^\infty \frac{y^{n-x}}{\{2x+2(n-x+1)y\}^{n+1}} dy$$

$$= P(Y \geqq f) \quad (Y \sim F_{2(n-x+1),2x}: \text{自由度 } (2(n-x+1), 2x) \text{ の } F \text{ 分布}) \triangleleft$$

(注 3-2)　計数値のデータの場合にはとびとびの値をとるため，ちょうど有意水準と一致する臨界値は普通，存在しない．そこで有意水準を超えない最も近い値で代用することが多い．その水準のもとでの検定になることに注意しておくことが必要である．◁

以上をまとめて，次の検定方式が得られる．

検定方式

母比率 p に関する検定 $H_0: p = p_0$ について，
<u>小標本の場合（$np_0 < 5$ または $n(1-p_0) < 5$ のとき）</u>（直接確率による場合）

有意水準 α に対し，

$H_1: p \neq p_0$（両側検定）のとき

　　$R: x \leqq x_L$ または $x \geqq x_U \implies H_0$ を棄却する

　　ここに，x_L は $P(X \leqq x) = \sum_{r=0}^{x} \binom{n}{r} p_0^r (1-p_0)^{n-r} < \alpha/2$ を満足する最大の整数 x

であり，x_U は $P(X \geqq x) = \sum_{r=x}^{n} \binom{n}{r} p_0^r (1-p_0)^{n-r} < \alpha/2$ を満足する最小の整数 x である．

$H_1: p < p_0$（左片側検定）のとき

　　$R: x \leqq x_L \implies H_0$ を棄却する

　　ここに，x_L は $P(X \leqq x) = \sum_{r=0}^{x} \binom{n}{r} p_0^r (1-p_0)^{n-r} < \alpha$ を満足する最大の整数 x である．

$H_1: p > p_0$（右片側検定）のとき

　　$R: x \geqq x_U \implies H_0$ を棄却する

　　ここに，x_U は $P(X \geqq x) = \sum_{r=x}^{n} \binom{n}{r} p_0^r (1-p_0)^{n-r} < \alpha$ を満足する最小の整数 x である．

次に，推定に関して点推定は，

(3.13) $$\widehat{p} = \frac{x}{n} \left(\text{または } \frac{x+1/2}{n+1}\right)$$

で，p の不偏推定量 $\left(E(\widehat{p}) = p\right)$ になっている．さらに信頼率 $1-\alpha$ に対し，

$$P\left(X \geqq x\right) = \int_{f_1}^{\infty} f_{\phi_1,\phi_2}(t)dt = \frac{\alpha}{2}, \left(f_1 = \phi_2(1-p)/(\phi_1 p)\right)$$

を満足する p を p_U とすると，$f_{\phi_1,\phi_2}(t)$：自由度 $\phi_1 = 2(n-x+1), \phi_2 = 2x$ の F 分布の密度関数なので，

$$p_U = \frac{\phi_1 F(\phi_1, \phi_2; \alpha/2)}{\phi_2 + \phi_1 F(\phi_1, \phi_2; \alpha/2)}$$

である．なお，$F(\phi_1, \phi_2; \alpha/2)$ は自由度 (ϕ_1, ϕ_2) の F 分布の上側 $\alpha/2$ 分位点である．また，

$$P\left(X \leqq x\right) = \int_{f_2}^{\infty} f_{\phi'_1,\phi'_2}(t)dt = \alpha/2 \quad \left(f_1 = \phi'_2 p/(\phi'_1(1-p))\right)$$

を満足する p を p_L とすると，$f_{\phi'_1,\phi'_2}(t)$：自由度 $\phi'_1 = 2(x+1), \phi'_2 = 2(n-x)$ の F 分布の密度関数なので，

$$p_L = \frac{\phi'_2}{\phi'_2 + \phi'_1 F(\phi'_1, \phi'_2; \alpha/2)}$$

である．そこで，$p_L < p < p_U$ が求める信頼区間となる．以上をまとめて，次の推定方式が得られる．

推定方式

p の点推定は $\widehat{p} = \dfrac{x}{n}$

p の信頼率 $1-\alpha$ の信頼区間は，$p_L < p < p_U$

　なお，$\phi'_1 = 2(n-x+1), \phi'_2 = 2x, \phi_1 = 2(x+1), \phi_2 = 2(n-x)$ に対し，

$$p_L = \frac{\phi'_2}{\phi'_2 + \phi'_1 F(\phi'_1, \phi'_2; \alpha/2)}, \quad p_U = \frac{\phi_1 F(\phi_1, \phi_2; \alpha/2)}{\phi_2 + \phi_1 F(\phi_1, \phi_2; \alpha/2)} \text{ である．}$$

例題 3-5（離散分布での正規近似検定）

　工程から製品をランダムに 20 個とり検査したところ，4 個が不良品であった．この工程の母不良率は 0.2 以下といえるか．有意水準 5% で検定せよ．

[解]　**手順 1**　前提条件のチェック（分布のチェック）

　不良個数 x が，母不良率が p の 2 項分布に従うと考えられる．

手順 2　仮説および有意水準の設定

$$\begin{cases} H_0 : p = p_0 \quad (p_0 = 0.2) \\ H_1 : p < p_0 \quad \text{有意水準}\alpha = 0.05 \end{cases}$$

手順 3　棄却域の設定（近似条件のチェック）

　正規分布に近似しての検定法が使えるかどうかを調べるため，その条件 [$np_0 \geqq 5, n(1-p_0) \geqq 5$] をチェックする．$nP_0 = 20 \times 0.2 = 4 < 5$ なので，この場合近似条件が成立しない．そこで，2 項分布の直接確率計算を用いる．

手順 4　検定のための確率計算

片側検定であるので，帰無仮説 H_0 のもとで不良個数が 4 以下である確率は

$$\sum_{i=0}^{4} \binom{20}{i} 0.2^i (1-0.2)^{20-i}$$
$$= \binom{20}{0} 0.2^0 (1-0.2)^{20} + \binom{20}{1} 0.2^1 0.8^{19} + \binom{20}{2} 0.2^2 0.8^{18} + \binom{20}{3} 0.2^3 0.8^{17} + \binom{20}{4} 0.2^4 0.8^{16}$$
$$= P(X=0) + P(X=0) \times \frac{20-0}{0+1} \times \frac{0.2}{1-0.2} + P(X=1) \times \frac{20-1}{1+1} \times \frac{0.2}{1-0.2}$$
$$\quad + P(X=2) \times \frac{20-2}{2+1} \times \frac{0.2}{1-0.2} + P(X=3) \times \frac{20-3}{3+1} \times \frac{0.2}{1-0.2}$$
$$= 0.01153 + 0.0577 + 0.1370 + 0.2055 + 0.2183 = 0.6300$$

となる．なお確率は，漸化式 $P(X=x+1) = P(X=x) \times \frac{n-x}{x+1} \times \frac{p}{1-p}$ を利用して，逐次計算をしている．

手順 5 判定と結論

$\sum_{i=0}^{4} p_i > 0.05$ より帰無仮説は有意水準 5% で棄却されない．つまり，母不良率は 0.2 以下とはいえない．□

```
出力ウィンドウ
#コマンド入力による実行
> pbinom(4,20,0.2) # 帰無仮説のもとで 4 個以下が不良個数である確率（p 値）
[1] 0.6296483
> binom.test(4,20,p=0.2,alt="l",conf.level=0.95) # ライブラリの関数の利用
        Exact binomial test
data:  4 and 20
number of successes = 4, number of trials = 20
, p-value = 0.6296
alternative hypothesis: true probability of success is less
than 0.2
95 percent confidence interval:
 0.0000000 0.4010281
sample estimates:
probability of success
               0.2
```

R（コマンダー）による解析

(0) 予備解析

手順 1 データの読み込み

【データ】▶【新しいデータセット...】と選択し，図 3.46 のダイアログボックスで，データセット名（ここでは Dataset のまま）を入力後，図 3.47 のデータエディタで入力後，閉じ

3.3 二項分布に関する検定と推定

る $\boxed{\times}$ をクリックする．その後，$\boxed{\text{データセットの表示}}$ を左クリックすると，図 3.48 のようにデータが表示される．

――― 出力ウィンドウ ―――
```
> Dataset <- edit(as.data.frame(NULL))
> showData(Dataset1, placement='-20+200', font=getRcmdr('logFont'),
+   maxwidth=80, maxheight=30)
```

図 3.46　ダイアログボックス

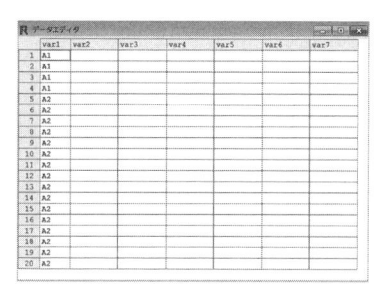

図 3.47　データエディタ

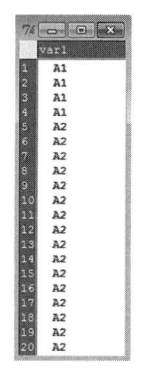

図 3.48　データの表示

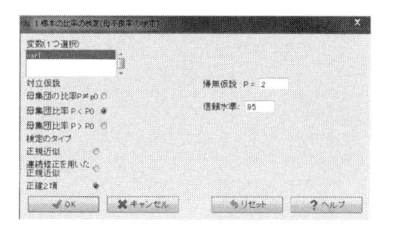

図 3.49　ダイアログボックス

(1) 検定・推定

● 母比率の検定・推定

【統計量】▶【比率】▶【1 標本比率の検定...】と選択し，図 3.49 のダイアログボックスで，母集団比率 P<P0 と正確 2 項にチェックを入れ，帰無仮説 P=.2 をキー入力後，$\boxed{\text{OK}}$ を左クリックする．すると，次の出力結果が表示され，p 値が 0.63 で，p が 0.2 と異なるとはいえないとわかる．なお，ライブラリの関数を用い区間推定を行う場合は，両側対立仮説とした，alt="t" を入力する．

```
─ 出力ウィンドウ ─────────────────────────────
> .Table <- xtabs(~ var1 , data= Dataset )
> .Table
var1
A1 A2
 4 16
> binom.test(rbind(.Table), alternative='less', p=.2, conf.level=.95)
Exact binomial test
data:  rbind(.Table)
number of successes = 4, number of trials = 20, p-value = 0.6296
alternative hypothesis: true probability of success is less than 0.2
95 percent confidence interval:
 0.0000000 0.4010281
sample estimates:
probability of success
                0.2
```

② 正規近似による方法（大標本の場合：$np_0 \geqq 5$ かつ $n(1-p_0) \geqq 5$ のとき）

まず，母比率 p の点推定量は

$$\widehat{p} = \frac{X}{n} \tag{3.14}$$

である．そこで帰無仮説 $H_0 : p = p_0$ との違いをみるとすれば，X/n と p_0 の差である $X/n - p_0$ でみればよいだろう．期待値と分散で規準化した

$$u_0 = \frac{X/n - E(X/n)}{\sqrt{V(X/n)}} = \frac{X/n - p_0}{\sqrt{p_0(1-p_0)/n}} = \frac{X - np_0}{\sqrt{np_0(1-p_0)}} \tag{3.15}$$

は帰無仮説のもとで np_0, $n(1-p_0)$ がともに大きいとき，近似的に標準正規分布に従う．次に対立仮説 H_1 として，以下のように場合分けして棄却域を設ければよい．

(i)　$H_1 : p < p_0$ の場合

帰無仮説と離れ，H_1 が正しいときには，u_0 は小さくなる傾向がある．つまり X が小さくなる．そこで棄却域 R は，有意水準 α に対して，$R : u_0 \leqq -u(2\alpha)$ とすればよい．

(ii)　$H_1 : p > p_0$ の場合

帰無仮説と離れ，H_1 が正しいときには，X は大きくなる傾向がある．そこで棄却域 R は，有意水準 α に対して，$R : u_0 \geqq u(2\alpha)$ となる．

(iii)　$H_1 : p \neq p_0$ の場合

(i) または (ii) の場合なので H_1 が正しいときには，X は小さくなるかまたは大きくなる傾向

がある．そこで棄却域 R は，有意水準 α に対して，両側に $\alpha/2$ になるように $R: |u_0| \geqq u(\alpha)$ とする．両側検定の場合を図示すると，図 3.50 のようになる．

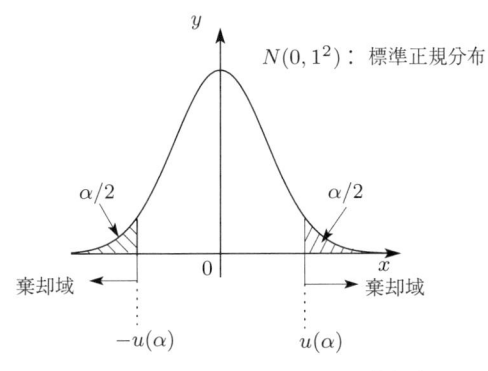

図 3.50 $H_0 : p = p_0, H_1 : p \neq p_0$ での棄却域

以上をまとめて，次の検定方式が得られる．

───── 検定方式 ─────

1 個の母比率に関する検定 $H_0 : p = p_0$ について

大標本の場合 ($np_0 \geqq 5, n(1-p_0) \geqq 5$ であるとき) （正規近似による方法）

有意水準 α に対し，$u_0 = \dfrac{X/n - p_0}{\sqrt{p_0(1-p_0)/n}}$ とおくとき

$H_1 : p \neq p_0$（両側検定）のとき

$\quad |u_0| > u(\alpha) \quad \Longrightarrow \quad H_0$ を棄却する

$H_1 : p < p_0$（左片側検定）のとき

$\quad u_0 < -u(2\alpha) \quad \Longrightarrow \quad H_0$ を棄却する

$H_1 : p > p_0$（右片側検定）のとき

$\quad u_0 > u(2\alpha) \quad \Longrightarrow \quad H_0$ を棄却する

次に，推定に関して点推定は，$\widehat{p} = X/n$ でこれは p の不偏推定量になっている．

さらに，$\dfrac{X/n - p}{\sqrt{p(1-p)/n}}$ は近似的に標準正規分布 $N(0, 1^2)$ に従うので信頼率 $1-\alpha$ に対し

$$(3.16) \qquad P\left(\left| \frac{X/n - p}{\sqrt{p(1-p)/n}} \right| < u(\alpha) \right) = 1 - \alpha$$

が成立する．この括弧の中の確率で評価される不等式を分母の p を X/n として p について解けば

$$(3.17) \qquad \frac{X}{n} - u(\alpha)\sqrt{\frac{X}{n}\left(1 - \frac{X}{n}\right)\Big/n} < p < \frac{X}{n} + u(\alpha)\sqrt{\frac{X}{n}\left(1 - \frac{X}{n}\right)\Big/n}$$

と信頼区間が求まる．

（注 **3-3**）　確率で評価される不等式を p について解いてもよいが，2 次不等式の解を求めることになり，少し複雑である．◁

124　　　　　　　　　　　第 3 章　検定と推定

以上をまとめて，次の推定方式が得られる．

―― 推定方式 ――

母比率 p の点推定は　$\widehat{p} = \dfrac{X}{n}$

母比率 p の信頼率 $1-\alpha$ の信頼区間は，
　区間幅を $Q = u(\alpha)\sqrt{\widehat{p}(1-\widehat{p})/n}$ とおいて
$$\widehat{p} - Q < p < \widehat{p} + Q$$

演習 3-1　今の法案に賛成か否かのアンケートをとり 15 人中 6 人が賛成であった．
① 賛成率は 60% であるといえるか．有意水準 5% で検定せよ．
② 賛成率の点推定および信頼係数 95% の信頼区間（限界）を求めよ．

―― 出力ウィンドウ ――

```
#コマンド入力による実行
> prop.test(6,15,p=0.6,alt="t",conf.level=0.95,correct=T)
# ライブラリの prop.test 関数を利用
        1-sample proportions test with continuity correction
data:  6 out of 15, null probability 0.6
X-squared = 1.7361, df = 1, p-value = 0.1876
alternative hypothesis: true p is not equal to 0.6
95 percent confidence interval:
 0.1745677 0.6710894
sample estimates:
  p
0.4
```

R（コマンダー）による解析

(0) 予備解析

手順　データの入力（読み込み）

　データを新しく図 3.51 のように作成後，en3-1.csv として保存後 Dataset に読み込もう．

(1) 検定・推定

● 母比率の検定・推定

　【統計量】▶【比率】▶【1 標本比率の検定...】を選択し，図 3.52 のダイアログボックスで，母集団比率 P≠p0 と連続修正を用いた正規近似にチェックを入れ，帰無仮説 P=.6 をキー入力後，OK を左クリックする．すると，次の出力結果が表示される．

3.3 二項分布に関する検定と推定

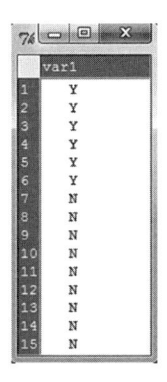

図 3.51 データの表示

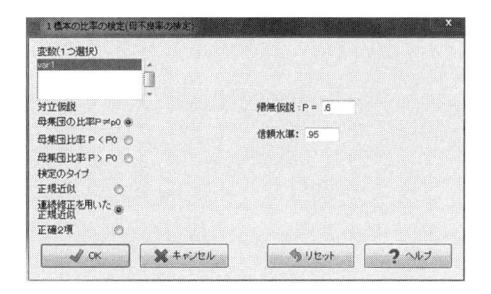

図 3.52 ダイアログボックス

```
出力ウィンドウ
> Dataset <- read.table("C:/data/3syo/en3-1.csv", header=TRUE, sep=",",
 na.strings="NA",dec=".", strip.white=TRUE)
> library(relimp, pos=4)
> showData(Dataset, placement='-20+200', font=getRcmdr('logFont'),
 maxwidth=80,maxheight=30)
> .Table <- xtabs(~ var1 , data= Dataset )
> .Table
var1
N Y
9 6
> prop.test(rbind(.Table), alternative='two.sided', p=.6,
conf.level=.95, correct=TRUE)
1-sample proportions test without continuity correction
data:  rbind(.Table), null probability 0.6
X-squared = 0, df = 1, p-value = 1
alternative hypothesis: true p is not equal to 0.6
95 percent confidence interval:
 0.3574683 0.8017550
sample estimates:
  p
0.6
```

演習 3-2 テレビ視聴率, シュート成功率, 塾に通っている率, 下宿率に関するデータについて検定と点推定, 区間推定を行え.

（注 3-4） 正規近似の条件 [$np_0 \geqq 5, n(1-p_0) \geqq 5$] が満足されるときは

$$u_0 = \frac{r - np_0}{\sqrt{np_0(1-p_0)}}$$

による正規分布の分位点と比較して検定すればよい．◁

（II）2個の（母）比率の差 に関する検定と推定

工場での製品の2つの生産ラインでの不良率に違いがあるかどうか調べたい場合，2つのクラスでの生徒の欠席率の比較をしたい場合などは日常的にもよく起こることである．つまり2つの母比率を比較したい二項分布があり，それぞれ n_1, n_2 回の試行のうち x_1, x_2 回成功するとする．このとき成功の比率の差について調べたい状況を考える．図3.53を参照されたい．

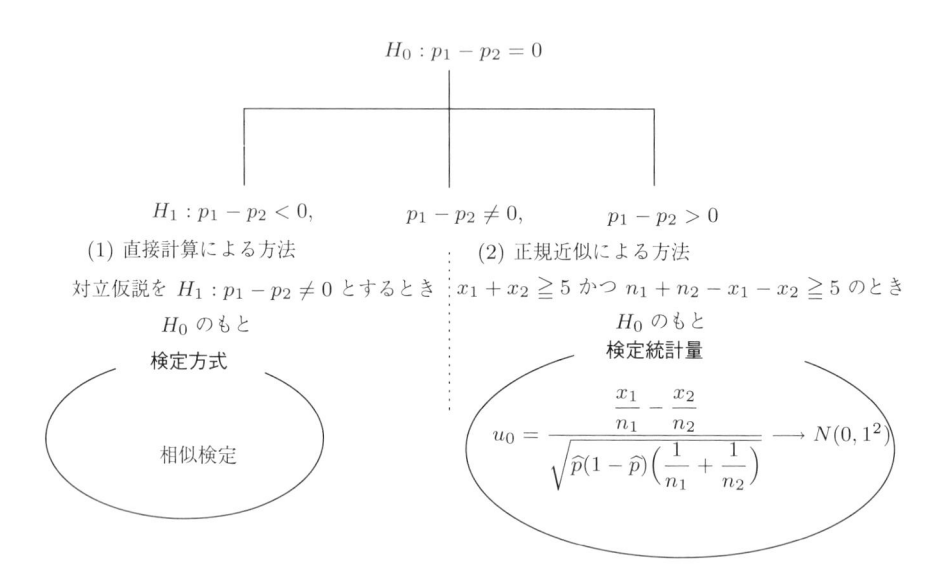

```
                    H_0 : p_1 − p_2 = 0
          ┌───────────────┼───────────────┐
  H_1 : p_1 − p_2 < 0,   p_1 − p_2 ≠ 0,   p_1 − p_2 > 0
  (1) 直接計算による方法         (2) 正規近似による方法
  対立仮説を H_1 : p_1 − p_2 ≠ 0 とするとき    x_1 + x_2 ≧ 5 かつ n_1 + n_2 − x_1 − x_2 ≧ 5 のとき
          H_0 のもと                         H_0 のもと
         検定方式                           検定統計量

         相似検定                    u_0 = (x_1/n_1 − x_2/n_2) / √(p̂(1−p̂)(1/n_1 + 1/n_2))  → N(0, 1²)
```

図 **3.53** 2標本での母比率の差の検定

① 直接計算による方法（小標本の場合）

複合帰無仮説（1点のみからなる集合でない）となる．フィッシャーの**直接確率法**（正確確率検定）による検定（条件付）が行われている．これは，データ数が少ないときに，2つのカテゴリーに分類されたデータの分析に用いられる統計学的検定法である．例えば，男性と女性でコーヒーと紅茶のどちらが好きかについて質問したときその率に差があるかどうか，紅茶の好きな割合が多いといえるか，また，ある風邪薬を飲んだ人と飲まなかった人で回復率に差があるかどうかなどを検討したい場合に使われる．不良率 p_1 の二項分布からである第1の母集団からの n_1 個のうち n_{11} 個が不良品であり，独立な不良率 p_2 の二項分布からである第2の母集団からの n_2 個のうち n_{21} 個が不良品である表3.4が得られる確率は次式で与えられる．

$$(3.18) \quad P(n_{11}, n_{21}) = \binom{n_{1\cdot}}{n_{11}} p_1^{n_{11}} (1-p_1)^{n_{1\cdot} - n_{11}} \binom{n_{2\cdot}}{n_{21}} p_2^{n_{21}} (1-p_2)^{n_{2\cdot} - n_{21}}$$

$p_1 = p_2 = p$ であるとき，周辺度数が得られる確率は，以下で求められる．

3.3 二項分布に関する検定と推定

表 3.4 不良品数の表

母集団 \ 不良品・良品	不良品	良品	計
1	n_{11}	n_{12}	$n_{1\cdot}$
2	n_{21}	n_{22}	$n_{2\cdot}$
計	$n_{\cdot 1}$	$n_{\cdot 2}$	$n = n_{\cdot\cdot}$

$$\text{(3.19)} \quad P(n_{\cdot 1}, n_{1\cdot}) = \sum_{n_{11}: n_{11}+n_{21}=n_{\cdot 1}} \binom{n_{1\cdot}}{n_{11}} \binom{n_{2\cdot}}{n_{21}} p^{n_{\cdot 1}} (1-p)^{n-n_{2\cdot}}$$

$$= p^{n_{\cdot 1}} (1-p)^{n-n_{2\cdot}} \sum_{n_{11}: n_{11}+n_{21}=n_{\cdot 1}} \binom{n_{1\cdot}}{n_{11}} \binom{n_{2\cdot}}{n_{21}}$$

$$= p^{n_{\cdot 1}} (1-p)^{n-n_{2\cdot}} \binom{n}{n_{\cdot 1}}$$

そこで，周辺度数が固定されたもとで，表の得られる条件付確率は，上の式 (3.18) を下の式 (3.19) で割って（$p_1 = p_2 = p$ のもとで），

$$\text{(3.20)} \quad P(n_{11}|n_{\cdot 1}, n_{1\cdot}) = \frac{\binom{n_{1\cdot}}{n_{11}} \binom{n_{2\cdot}}{n_{21}}}{\binom{n}{n_{\cdot 1}}} = \frac{n_{1\cdot}! n_{2\cdot}! n_{\cdot 1}! n_{\cdot 2}!}{n! n_{11}! n_{12}! n_{21}! n_{22}!}$$

で与えられる．

例題 3-6

ある製品の製造方法で，従来と新しい方法で改善率が向上したか調査したところ，以下のデータを得た．

　　従来法：10 人中改善されたと答えた人 6 人

　　新方法：8 人中改善されたと答えた人 6 人

(1) 新方法での改善率は従来法よりよいといえるか．有意水準 5% で検定せよ．
(2) 従来法と新方法での改善率は同じであるといえるか，有意水準 5% で検定せよ．

表 3.5a 改善率

方法 \ 改善	あり	なし	計
従来の方法	6	4	10
新方法	6	2	8
計	12	6	18

表 3.5b 改善率

方法 \ 改善	あり	なし	計
従来の方法	5	5	10
新方法	7	1	8
計	12	6	18

表 3.5c 改善率

方法 \ 改善	あり	なし	計
従来の方法	4	6	10
新方法	8	0	8
計	12	6	18

[解]　(1) **手順 1**　前提条件のチェック（分布のチェック）

各方法で改善がある場合とない場合の 2 つの値をとる 2 個の二項分布 $B(n_1, p_1), B(n_2, p_2)$ である．

手順 2 仮説および有意水準の設定

$$\begin{cases} H_0 : p_1 = p_2 \\ H_1 : p_1 < p_2, \text{ 有意水準 } \alpha = 0.05 \end{cases}$$

手順 3 棄却域の設定・検定統計量の計算

新方法が従来の方法より改善率がよい場合は，前掲の表 3.5a〜c の場合である．そして，表 3.5a〜c のそれぞれが得られる確率は，以下のように計算される．

(3.21) $\quad P(n_{11} = 6 | n_{.1} = 12, n_{1.} = 10) = \dfrac{\binom{10}{6}\binom{8}{6}}{\binom{18}{12}} = \dfrac{10!8!12!6!}{18!6!4!6!2!} = 0.3167421$

(3.22) $\quad P(n_{11} = 5 | n_{.1} = 12, n_{1.} = 10) = \dfrac{\binom{10}{5}\binom{8}{7}}{\binom{18}{12}} = \dfrac{10!8!12!6!}{18!5!5!7!1!} = 0.1085973$

(3.23) $\quad P(n_{11} = 4 | n_{.1} = 12, n_{1.} = 10) = \dfrac{\binom{10}{4}\binom{8}{8}}{\binom{18}{12}} = \dfrac{10!8!12!6!}{18!4!6!8!0!} = 0.01131222$

そこで，これらの確率を足して $0.3167421 + 0.1085973 + 0.01131222 = 0.4366516$ である．

手順 4 判定と結論

$0.4367 > 0.05$ なので帰無仮説は棄却されない．つまり新方法の方が改善率が向上したとはいえない．

(2) **手順 1** 前提条件のチェック（分布のチェック）

(1) の手順 1 と同じである．

手順 2 仮説および有意水準の設定

$$\begin{cases} H_0 : p_1 = p_2 \\ H_1 : p_1 \neq p_2, \text{ 有意水準 } \alpha = 0.05 \end{cases}$$

の両側検定となる．

手順 3 棄却域の設定・検定統計量の計算

表 3.6a　改善率

方法＼改善	あり	なし	計
従来の方法	10	0	10
新方法	2	6	8
計	12	6	18

表 3.6b　改善率

方法＼改善	あり	なし	計
従来の方法	9	1	10
新方法	3	5	8
計	12	6	18

表 3.6c　改善率

方法＼改善	あり	なし	計
従来の方法	8	2	10
新方法	4	4	8
計	12	6	18

表 3.6d　改善率

方法＼改善	あり	なし	計
従来の方法	7	3	10
新方法	5	3	8
計	12	6	18

周辺度数を固定して，(1) の表 3.5 を除いて，得られる表は表 3.6a〜d の場合がある．そ

3.3 二項分布に関する検定と推定

して，表 3.6a〜d のそれぞれが得られる確率は，以下のように計算される．

$$(3.24) \quad P(n_{11}=10|n_{.1}=12, n_{1.}=10) = \frac{\binom{10}{10}\binom{8}{2}}{\binom{18}{12}} = \frac{10!8!12!6!}{18!10!0!2!6!} = 0.001508296$$

$$(3.25) \quad P(n_{11}=9|n_{.1}=12, n_{1.}=10) = \frac{\binom{10}{9}\binom{8}{3}}{\binom{18}{12}} = \frac{10!8!12!6!}{18!9!1!3!5!} = 0.03016591$$

$$(3.26) \quad P(n_{11}=8|n_{.1}=12, n_{1.}=10) = \frac{\binom{10}{8}\binom{8}{4}}{\binom{18}{12}} = \frac{10!8!12!6!}{18!8!2!4!4!} = 0.1696833$$

$$(3.27) \quad P(n_{11}=7|n_{.1}=12, n_{1.}=10) = \frac{\binom{10}{5}\binom{8}{7}}{\binom{18}{12}} = \frac{10!8!12!6!}{18!7!3!5!3!} = 0.3619910$$

実際に得られたデータが生起する確率は 0.3167421 で，それより小さい確率の場合を表 3.6a〜d から選択して確率を足して $0.001508296 + 0.03016591 + 0.1696833 = 0.2013575$ である．そこで両側確率での得られたデータより生起する確率が小さい確率の和は，$0.4366516 + 0.2013575 = 0.6380091$ である．

手順 4 判定と結論

$0.6380091 > 0.05$ なので帰無仮説は棄却されない．つまり新方法と従来の改善率が異なるとはいえない．□

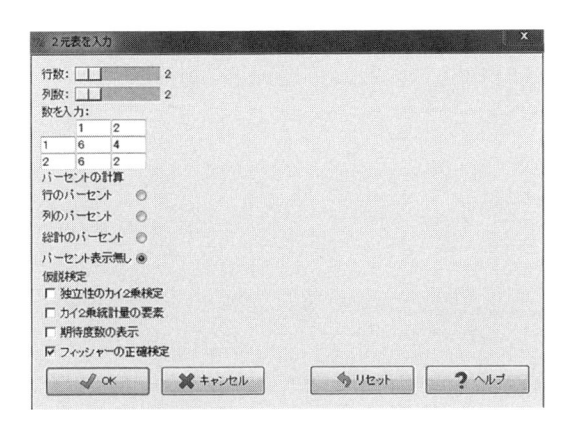

図 3.54 ダイアログボックス

R（コマンダー）による解析

【統計量】▶【分割表】▶【2元表の入力と分析...】と選択し，図 3.54 のダイアログボックスで，フィッシャー (Fisher) の正確検定にチェックを入れて，OK を左クリックする．すると，次の両側検定の出力結果が表示される．つまり，p 値が 0.638 より有意水準 5％では差があるとはいえない．

```
# 両側検定
> library(abind, pos=4)
> .Table <- matrix(c(6,4,6,2), 2, 2, byrow=TRUE)
> rownames(.Table) <- c('1', '2')
> colnames(.Table) <- c('1', '2')
> .Table  # Counts
  1 2
1 6 4
2 6 2
> fisher.test(.Table)
Fisher's Exact Test for Count Data
data:  .Table
p-value = 0.638
alternative hypothesis: true odds ratio is not equal to 1
95 percent confidence interval:
 0.03419321 5.43640745
sample estimates:
odds ratio
 0.5195622
#コマンド入力による実行
> tab1<- matrix(c(6,4,6,2), 2, 2, byrow=TRUE)
> tab1
     [,1] [,2]
[1,]   6    4
[2,]   6    2
# 片側検定
> fisher.test(tab1, alt="l")
Fisher's Exact Test for Count Data
data:  tab1
p-value = 0.4367
alternative hypothesis: true odds ratio is less than 1
95 percent confidence interval:
 0.000000 4.018343
sample estimates:
odds ratio
```

```
 0.5195622
# 両側検定
> fisher.test(tab1, alt="t")   #または、fisher.test(tab1)
Fisher's Exact Test for Count Data
data:  tab1
p-value = 0.638
alternative hypothesis: true odds ratio is not equal to 1
95 percent confidence interval:
 0.03419321 5.43640745
sample estimates:
odds ratio
 0.5195622
> gamma(11)/gamma(7)*gamma(9)/gamma(5)*gamma(13)/gamma(7)
*gamma(7)/gamma(3)/gamma(19)#階乗計算をガンマ関数を用いて計算し，確率を求める
[1] 0.3167421
> gamma(11)/gamma(6)*gamma(9)/gamma(6)*gamma(13)/gamma(8)
*gamma(7)/gamma(2)/gamma(19)
[1] 0.1085973
> gamma(11)/gamma(5)*gamma(9)/gamma(7)*gamma(13)/gamma(9)
*gamma(7)/gamma(1)/gamma(19)
[1] 0.01131222
> 0.3167421+ 0.1085973+0.01131222 #仮説の下で有意となる(累積)確率
[1] 0.4366516
> gamma(11)/gamma(11)*gamma(9)/gamma(1)*gamma(13)/gamma(3)
*gamma(7)/gamma(7)/gamma(19)
[1] 0.001508296
> gamma(11)/gamma(10)*gamma(9)/gamma(2)*gamma(13)/gamma(4)
*gamma(7)/gamma(6)/gamma(19)
[1] 0.03016591
> gamma(11)/gamma(9)*gamma(9)/gamma(3)*gamma(13)/gamma(5)
*gamma(7)/gamma(5)/gamma(19)
[1] 0.1696833
> gamma(11)/gamma(8)*gamma(9)/gamma(4)*gamma(13)/gamma(6)
*gamma(7)/gamma(4)/gamma(19)
[1] 0.3619910
```

演習 3-3 17人の学生について，昨晩は外食したかどうかを聞いたところ以下のようであった．
男性：外食した人数 12人中 10人

女性：外食した人数 5 人中 1 人
① 男性の方が外食率が高いといえるか，有意水準 5% で検定せよ．
② 男性と女性で外食率に差があるかどうか，有意水準 5% で検定せよ．
③ 男女での外食率の差の点推定および信頼係数 95% の信頼区間を求めよ．

参考

出力ウィンドウ
```
#コマンド入力による実行
> tab2<- matrix(c(10,2,1,4), 2, 2, byrow=TRUE)
> tab2
     [,1] [,2]
[1,]   10    2
[2,]    1    4
> # 両側検定
> fisher.test(tab2)
> # 片側検定
> fisher.test(tab2, alt="g")
> fisher.test(matrix(c(10,2,1,4),nrow=2))
```

② **正規近似による方法**（大標本の場合：$n_i p_i \geqq 5$, $n_i(1-p_i) \geqq 5 \, (i=1,2)$）

まず母比率の差 $p_1 - p_2$ の点推定量は

$$(3.28) \qquad \widehat{p_1 - p_2} = \frac{x_1}{n_1} - \frac{x_2}{n_2}$$

で，帰無仮説 $H_0 : p_1 = p_2$ との違いを測るには規準化した

$$(3.29) \qquad u_0 = \frac{x_1/n_1 - x_2/n_2}{\sqrt{(1/n_1 + 1/n_2)\overline{p}(1-\overline{p})}} \quad \left(\text{ただし}, \overline{p} = \frac{x_1 + x_2}{n_1 + n_2}\right)$$

を用いればよいだろう．以下で対立仮説 H_1 に応じて場合分けを行う．

(i) $H_1 : p_1 < p_2$ の場合

帰無仮説と離れ H_1 が正しいときには，u_0 は小さくなる傾向がある．そこで棄却域 R は，有意水準 α に対して，$R : u_0 \leqq -u(2\alpha)$ とすればよい．

(ii) $H_1 : p_1 > p_2$ の場合

帰無仮説と離れ H_1 が正しいときには，u_0 は大きくなる傾向がある．そこで棄却域 R は，有意水準 α に対して，$R : u_0 \geqq u(2\alpha)$ となる．

(iii) $H_1 : p_1 \neq p_2$ の場合

(i) または (ii) の場合なので，H_1 が正しいときには，u_0 は小さくなるか，または大きくなる傾向がある．そこで棄却域 R は，有意水準 α に対して，両側に $\alpha/2$ になるように $R : |u_0| \geqq u(\alpha)$ とする．両側検定の場合を図示すると，図 3.55 のようになる．

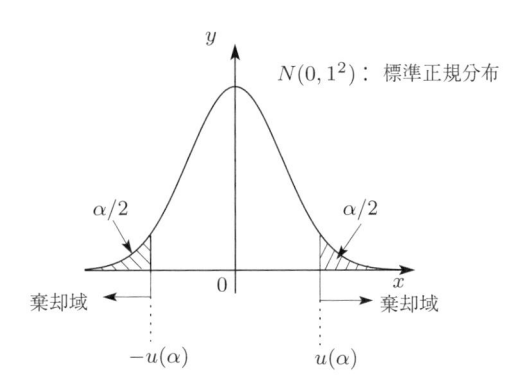

図 3.55 $H_0: p_1 = p_2, H_1: p_1 \neq p_2$ での棄却域

以上をまとめて，次の検定方式が得られる．

―― 検定方式 ――

2個の母比率に関する検定 $H_0: p_1 = p_2$ について

大標本の場合（$x_1 + x_2 \geqq 5, n_1 + n_2 - (x_1 + x_2) \geqq 5$ のとき）

（正規近似による）

有意水準 α に対し，$u_0 = \dfrac{\widehat{p_1} - \widehat{p_2}}{\sqrt{\left(\dfrac{1}{n_1} + \dfrac{1}{n_2}\right)\overline{p}(1-\overline{p})}}$ とおくとき

$H_1: p_1 \neq p_2$（両側検定）のとき

　$|u_0| > u(\alpha) \implies H_0$ を棄却する

$H_1: p_1 < p_2$（左片側検定）のとき

　$u_0 < -u(2\alpha) \implies H_0$ を棄却する

$H_1: p_1 > p_2$（右片側検定）のとき

　$u_0 > u(2\alpha) \implies H_0$ を棄却する

次に，推定に関して $p_1 - p_2$ の点推定は，

$$\widehat{p_1 - p_2} = \frac{X_1}{n_1} - \frac{X_2}{n_2} \tag{3.30}$$

で，これは不偏推定量になっている．さらに

$$\frac{X_1/n_1 - X_2/n_2 - (p_1 - p_2)}{\sqrt{p_1(1-p_1)/n_1 + p_2(1-p_2)/n_2}} \tag{3.31}$$

は近似的に標準正規分布 $N(0, 1^2)$ に従うので，信頼率 $1-\alpha$ に対し

$$P\left(\left|\frac{X_1/n_1 - X_2/n_2 - (p_1 - p_2)}{\sqrt{p_1(1-p_1)/n_1 + p_2(1-p_2)/n_2}}\right| < u(\alpha)\right) = 1 - \alpha \tag{3.32}$$

が成立する．この括弧の中の確率で評価される不等式を，分母の p_i を X_i/n_i ($i = 1, 2$) とし

て $p_1 - p_2$ について解けば

(3.33)
$$\frac{X_1}{n_1} - \frac{X_2}{n_2} - u(\alpha)\sqrt{\frac{X_1}{n_1}\left(1 - \frac{X_1}{n_1}\right)\bigg/n_1 + \frac{X_2}{n_2}\left(1 - \frac{X_2}{n_2}\right)\bigg/n_2} < p_1 - p_2$$
$$< \frac{X_1}{n_1} - \frac{X_2}{n_2} + u(\alpha)\sqrt{\frac{X_1}{n_1}\left(1 - \frac{X_1}{n_1}\right)\bigg/n_1 + \frac{X_2}{n_2}\left(1 - \frac{X_2}{n_2}\right)\bigg/n_2}$$

と信頼区間が求まる．以上をまとめて，次の推定方式が得られる．

推定方式

母比率の差 $p_1 - p_2$ の点推定は，$\widehat{p_i} = X_i/n_i$ $(i=1,2)$ とおくとき，

$$\widehat{p_1 - p_2} = \widehat{p_1} - \widehat{p_2} = \frac{X_1}{n_1} - \frac{X_2}{n_2}$$

母比率の差 $p_1 - p_2$ の信頼率 $1-\alpha$ の信頼区間は

区間幅 $Q = u(\alpha)\sqrt{\widehat{p_1}(1-\widehat{p_1})/n_1 + \widehat{p_2}(1-\widehat{p_2})/n_2}$ とするとき

$$\widehat{p_1} - \widehat{p_2} - Q < p_1 - p_2 < \widehat{p_1} - \widehat{p_2} + Q$$

例題 3-7

2 都市 A, B の住みよさについて各都市からランダムに選んだ住民にアンケート調査を行い，以下のデータを得た．

　A 都市：50 人中住みよいと答えた人 34 人

　B 都市：60 人中住みよいと答えた人 24 人

(1) 2 都市の住みよさは同じであるといえるか，有意水準 5% で検定せよ．
(2) 2 都市での住みよさの比率の差の 95% 信頼区間を求めよ．

[解]　(1) **手順 1**　前提条件のチェック（分布のチェック）
　各都市で「はい」と「いいえ」の 2 つの値をとる 2 個の二項分布 $B(n_1, p_1), B(n_2, p_2)$ である．
手順 2　仮説および有意水準の設定
$$\begin{cases} H_0 : p_1 = p_2 \\ H_1 : p_1 \neq p_2, \text{ 有意水準} \alpha = 0.05 \end{cases}$$
手順 3　棄却域の設定（近似条件のチェック）
　正規分布に近似しての検定法が使えるかどうかを調べるため，その条件 $[\,x_1 + x_2 \geqq 5, n_1 + n_2 - (x_1 + x_2) \geqq 5\,]$ をチェックする．$x_1 + x_2 = 58 > 5, n_1 + n_2 - (x_1 + x_2) = 52 > 5$ なので，この場合近似条件が成立する．そこで，二項分布の正規近似法を用いる．
手順 4　検定統計量の計算
$$u_0 = \frac{34/50 - 24/60}{\sqrt{(1/50 + 1/60)58/110 \times 52/110}} \fallingdotseq 2.93$$
手順 5　判定と結論
　$u(0.05) = 1.649 < 2.93 = u_0$ なので帰無仮説は棄却される．つまり都市 A, B で住みやすさに違いがあるといえる．

3.3 二項分布に関する検定と推定

(2) **手順1** 差の点推定値は $\widehat{p_1 - p_2} = 34/50 - 24/60 = 0.28$ である．

手順2 95%の信頼区間の幅 Q は，

$$Q = u(0.05)\sqrt{\frac{34}{50}\frac{16}{50}\bigg/50 + \frac{24}{60}\frac{36}{60}\bigg/60} \fallingdotseq 0.179$$

だから，下側信頼限界は 0.101 であり，上側信頼限界は 0.459 である．□

R（コマンダー）による解析

(0) 予備解析

手順　データの入力（読み込み）

データを図 3.56 のように新しく作成する．R コマンダーの【データ】▶【新しいデータセット...】から作成するか，エクセルにより作成するか，などによる．

```
出力ウィンドウ
> Dataset6 <- edit(as.data.frame(NULL))
> showData(Dataset6, placement='-20+200', font=getRcmdr('logFont'),
+   maxwidth=80, maxheight=30)
> .Table <- xtabs(~var1+var2, data=Dataset6)
> Dataset <- read.table("C:/data/3syo/rei3-7.csv", header=TRUE,
 sep=",", na.strings="NA", dec=".", strip.white=TRUE)
> showData(Dataset, placement='-20+200', font=getRcmdr('logFont'),
 maxwidth=80, maxheight=30)
> library(abind, pos=4)
> .Table <- xtabs(~tosi+YORN, data=Dataset)
```

(1) 検定・推定

● 2 つの母比率の差の検定・推定

【統計量】▶【比率】▶【2標本比率の検定...】と選択後，図 3.57 のダイアログボックスで，グループで tosi を選択し，目的変数で YORN を選択後，OK を左クリックする．すると，次の出力結果が表示される．

```
出力ウィンドウ
> .Table <- xtabs(~tosi+YORN, data=Dataset)
> rowPercents(.Table)
    YORN
tosi N  Y  Total Count
   A 32 68  100    50
   B 60 40  100    60
> prop.test(.Table, alternative='two.sided', conf.level=.95, correct
```

```
=FALSE)
2-sample test for equality of proportions without continuity
correction
data:  .Table
X-squared = 8.5782, df = 1, p-value = 0.003402
alternative hypothesis: two.sided
95 percent confidence interval:
 -0.4591197 -0.1008803
sample estimates:
prop 1 prop 2
  0.32   0.60
```

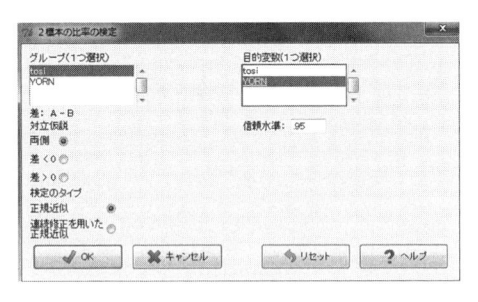

図 3.56　データの表示

図 3.57　ダイアログボックス

【統計量】▶【分割表】▶【2元表の入力と分析...】を選択後，図 3.58 のダイアログボックスで，数を入力：で 34, 16, 24, 36 をキー入力後，OK を左クリックする．すると，次の出力

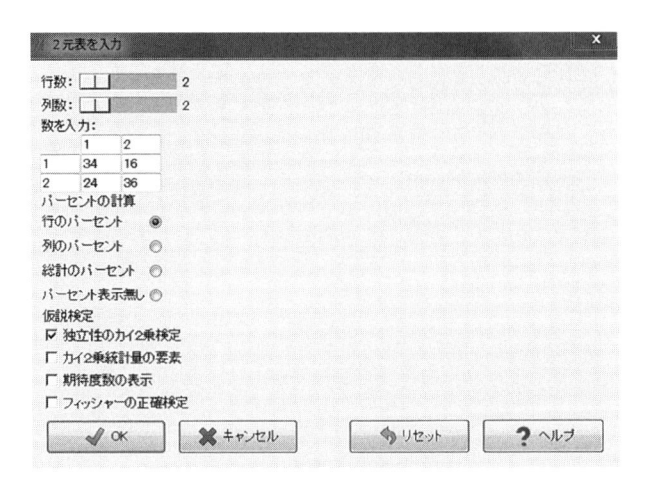

図 3.58　ダイアログボックス

3.3 二項分布に関する検定と推定

結果が表示される．独立性の検定について，カイ 2 乗検定の結果 p 値が 0.0034 で有意水準 5 ％で独立でないといえる．

```
出力ウィンドウ
> .Table <- matrix(c(34,16,24,36), 2, 2, byrow=TRUE)
> rownames(.Table) <- c('1', '2')
> colnames(.Table) <- c('1', '2')
> .Table  # Counts
   1  2
1 34 16
2 24 36
> rowPercents(.Table) # Row Percentages
   1  2 Total Count
1 68 32   100    50
2 40 60   100    60
> .Test <- chisq.test(.Table, correct=FALSE)
> .Test
Pearson's Chi-squared test
data:   .Table
X-squared = 8.5782, df = 1, p-value = 0.003402
> remove(.Test)
> remove(.Table)
```

```
出力ウィンドウ
> prop.test(c(34,24),c(50,60),conf.level=0.95) #コマンド入力による実行
# ライブラリの prop.test 関数の利用
        2-sample test for equality of proportions with
        continuity correction
data:  c(34, 24) out of c(50, 60)
X-squared = 7.4917, df = 1, p-value = 0.006198
alternative hypothesis: two.sided
95 percent confidence interval:
 0.08254697 0.47745303
sample estimates:
prop 1 prop 2
  0.68   0.40
```

演習 3-4 2 人のバスケットプレーヤーのシュート成功率が等しいかどうかを調べる．これまでの

試合での 2 人のシュート回数と成功回数のデータを調べたところ以下のようであった．
A 君：シュート回数 50 回，成功回数 28 回
B 君：シュート回数 24 回，成功回数 16 回
① 2 人のシュート成功率に差があるといえるか．有意水準 5% で検定せよ．
② 2 人のシュート成功率の差の点推定および信頼係数 95% の信頼区間を求めよ．

演習 3-5　同品種の製品を生産している 2 つの生産ライン A, B の母不良率の比較のため製品をライン A から 200 個，ライン B から 150 個ランダムに抜き取り，それぞれの不良個数を調べたところ，ライン A の製品の中から 12 個，ライン B の製品の中から 9 個の不良品が見出された．
① ライン A と B とで母不良率に差があるか．有意水準 5% で検定せよ．
② 両ラインの母不良率の差の点推定および信頼係数 95% の信頼区間（限界）を求めよ．

演習 3-6　塾に行っている子供と行っていない子供のあいだで成績に有意な差があるかどうかを調べるため，算数の塾に行っている子供から 50 人，塾に行っていない子供から 30 人を選び，それぞれの算数の試験の合格率を調べたところ，塾に行っている子の合格者が 40 人，塾に行っていない子の合格者が 18 人であった．
① 塾に行っている子と行っていない子の間で合格率に差があるか．有意水準 5% で検定せよ．
② 塾に行っている子と行っていない子の合格率の差の点推定および信頼係数 95% の信頼区間（限界）を求めよ．

演習 3-7　晴れの日と雨の日の同じ講義での出席率に有意な差があるかどうかを調べるため，出席をとったところ，晴れの日が 80 人中 65 人，雨の日が 52 人が出席していた．
① 晴れと雨の間で出席率に差があるか．有意水準 5% で検定せよ．
② 晴れと雨で出席率の差の点推定および信頼係数 95% の信頼区間（限界）を求めよ．

3.4　分割表での検定

データが 1 つの分類規準によって分かれ，その個数（度数）が得られた表を（1 次元の）分割表 (one-way contigency table) という．例えば，1 週間での交通事故の件数を曜日による分類で分けて得られた件数の表や，年間のある製品の製造元への苦情の件数を月別に分類した表のようなものである．さらに，2 つの分類規準によってデータが分かれて得られた個数の表を 2 次元の分割表 (two-way contigency table) という．分類規準が増えればさらに次元の高い分割表が得られる．分類規準としては地域，世代，性，学部，職業，給与，水準，国，スポーツの好み，体重などさまざまな規準が考えられる．

一般に 1 番目の分類規準は i 番目，2 番目の分類規準では j 番目というように各データの属す桝目（これをセルという）が決まり，そこに属すデータの個数が表として得られる．そこで例えば実際に各セルに属す個数（観測度数）と比べて，どのセルにも同じくらいの個数が属すはずだという仮説が正しいかどうかを調べたければ，その仮説のもとで属すと期待される個数（期待度数）の差を測る量で，仮説が正しいか判定しようとするだろう．実は，ピアソンのカイ 2 乗統計量がその形をしていて，以下のような形式で表現される．

$$(3.34) \quad \chi_0^2 = \sum \frac{(O-E)^2}{E}$$

ただし，O：各セルの**観測度数** (<u>O</u>bservation) であり，E：各セルの仮説のもとでの**期待度数** (<u>E</u>xpectation) である．

また，この統計量は仮説のもとで，漸近的に（n が大きいとき近似的に）ある自由度のカイ2乗分布に従うことが示されている．以下では分類規準が1つの場合と2つの場合について，具体的な問題に適用しながら考えていこう．

3.4.1　1元の分割表 (one-way contigency table)

● 適合度検定

帰無仮説として，確率が既知の値と等しいような $H_0 : p_1 = p_1^\circ, \ldots, p_\ell = p_\ell^\circ$ という仮説を検定するには検定統計量 $\chi_0^2 = \sum_{i=1}^{\ell} \dfrac{(n_i - np_i^\circ)^2}{np_i^\circ}$ が用いられる．

分類規準が1つの場合で，ℓ 個のクラスに分けられているとする．このとき，n 個のサンプルがいずれかのセルに属すとし，i セルに属す個数を n_i 個で，確率が $p_i\,(i=1,\ldots,\ell)$ で与えられているとする．ただし，$\sum_{i=1}^{\ell} p_i = 1$, $p_i \geqq 0$ である．このとき，どのセルに属す確率も同じである **一様性の仮説** は，

$$H_0 : p_1 = \cdots = p_\ell = 1/\ell$$

となる．そこで，帰無仮説のもとでの期待度数は

$$E_i = np_i = \frac{n}{\ell}$$

である．したがって，検定方式は以下のようになる．

検定方式

分布の一様性の検定 $H_0 : p_1 = \cdots = p_\ell = 1/\ell$ について，

<u>大標本の場合 ($n/\ell \geqq 5$ のとき)</u>　有意水準 α に対し，

$\chi_0^2 = \sum_{i=1}^{\ell} \dfrac{(n_i - n/\ell)^2}{n/\ell}$ とおくとき

$\chi_0^2 \geqq \chi^2(\ell - 1, \alpha) \Longrightarrow$　H_0 を棄却する

例題 3-8（一様性）

あるコンビニエンスストアでの月曜日から日曜日までの弁当の売上げ個数が，表 3.7 のようであった．売上げ個数は曜日によって違いはないか検討せよ．

表 3.7　弁当の売上げ個数

曜日	月	火	水	木	金	土	日	計
売上げ個数	24	18	21	35	42	50	55	245

[解]　**手順1**　前提条件のチェック（分布の確認）

各曜日の売上げ個数は，売上げが各曜日のどこかで起きたものだということなので，月曜日から日曜日での売上げがある確率を $p_1, \ldots, p_7$ とし，各曜日の売上げの個数を $n_1, \ldots, n_7$ とするとき，その

組 $\boldsymbol{n}=(n_1,\ldots,n_7)$ は，多項分布 $M(n;p_1,\ldots,p_7)$ に従う．

手順2 仮説および有意水準の設定

曜日ごとの売上げのある割合（確率）が同じなので，帰無仮説は $p_1=p_2=\cdots=p_7=1/7$ である．そこで，仮説は以下のように書かれる．

$$\begin{cases} H_0: p_1=\cdots=p_7=1/7 \\ H_1: \text{いずれかの } p_i \text{ が } 1/7 \text{ でない}, \quad \text{有意水準 } \alpha=0.01 \end{cases}$$

手順3 棄却域の設定（検定統計量の決定）

$$\chi_0^2 = \sum_{i=1}^{7} \frac{(n_i - n/7)^2}{n/7} \geq \chi^2(6, 0.01) = 16.81$$

自由度はセルの個数 $-1 = \ell - 1 = 7 - 1 = 6$ である．

手順4 検定統計量の計算

まず，期待度数は $E_i = n/7 = 245/7 = 35$ であり，例えば

$$\frac{(O_1 - E_1)^2}{E_1} = \frac{(24-35)^2}{35} = 3.47$$

のように計算され，計算のための補助表を作成すると，表 3.8 のようになる．

表 3.8　補助表

曜日	月	火	水	木	金	土	日	計
O_i：観測度数	24	18	21	35	42	50	55	245
E_i：期待度数	35	35	35	35	35	35	35	245
$\dfrac{(O_i-E_i)^2}{E_i}$	3.47	8.26	5.60	0	1.40	6.43	11.43	36.58

手順5 判定と結論

手順4での結果から $\chi_0^2 = 36.58 > 16.81 = \chi^2(6, 0.01)$ だから，有意水準 1% で帰無仮説は棄却される．つまり一様であるとはいえない．曜日によって売上げ個数は異なるといえる． □

R（コマンダー）による解析

● 適合度の検定・推定

出力ウィンドウ

```
> data=c(rep("getu",24),rep("ka",18),rep("sui",21),rep("moku",35),
+ rep("kin",42),rep("do",50),rep("niti",55))
> data
  [1] "getu" "getu" "getu" "getu" "getu" "getu" "getu" "getu" "
  〜
> table(data)
data
  do getu   ka  kin moku niti  sui
  50   24   18   42   35   55   21
> hindo<-data.frame(data)   # データのフレーム化
> hindo
```

3.4 分割表での検定

```
     data
1    getu
2    getu
  ~
245  niti
```

とデータを入力後,【データ】▶【アクティブデータセット】▶【アクティブデータセットの選択...】を選択し, 図 3.59 で hindo を選択後, [OK] を左クリックする.【統計量】▶【要約】▶【頻度分布...】を選択後, 図 3.60 でカイ2乗適合度検定にチェックを入れ, [OK] を左クリックする. その後, 図 3.61 で仮説の確率 1/7 を確認後, [OK] を左クリックする. すると次の出力結果が表示される.

図 3.59 ダイアログボックス

図 3.60 ダイアログボックス

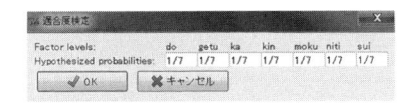

図 3.61 ダイアログボックス

出力ウィンドウ

```
> .Table <- table(hindo$data)
> .Table  # counts for data

  do getu   ka  kin moku niti  sui
  50   24   18   42   35   55   21
> round(100*.Table/sum(.Table), 2)   # percentages for data
    do  getu    ka   kin  moku  niti   sui
 20.41  9.80  7.35 17.14 14.29 22.45  8.57
> .Probs <- c(0.142857142857143,0.142857142857143,0.142857142857143,
0.142857142857143,0.142857142857143,0.142857142857143,0.142857142857143)
> chisq.test(.Table, p=.Probs)
 Chi-squared test for given probabilities
data:  .Table
X-squared = 36.5714, df = 6, p-value = 2.134e-06
```

```
> remove(.Probs)
> remove(.Table)
```

演習 3-8 ある地区での月曜日から金曜日までの交通事故件数が，表 3.9 のようであった．事故発生率は曜日によって違いはないか検討せよ．

表 3.9 交通事故の件数データ

曜日	月	火	水	木	金	計
発生件数	24	18	21	35	44	142

演習 3-9 表 3.10 はある電気製品について 1 週間で受け付けた苦情件数（工場での製造ラインの異常発生件数）である．1 週間の件数が一様か検定せよ．

表 3.10 苦情件数のデータ

曜日	月	火	水	木	金	計
苦情件数	8	12	15	11	23	69

演習 3-10 表 3.11 は大学の周辺の 4 店舗のコンビニエンスストアについて，100 人の学生によく行く店を回答してもらったデータである．どの店にも一様に学生は行っているといえるか，有意水準 5% で検定せよ．

表 3.11 よく行くコンビニエンスストアのデータ

店舗名	A	B	C	D	計
学生数	12	35	21	32	100

演習 3-11 パソコンの一様乱数から，サイコロの目をランダムに生成し，各目の発生頻度が一様かどうか調べよ．

---- 検定方式 ----

分布への適合性の検定，$H_0 : p_i = p_i(\theta)(i=1,\ldots,\ell)$ について，

大標本の場合 ($np_i(\widehat{\theta}) \geqq 5; i=1,\ldots,\ell$ のとき)，θ の次元を p とし，有意水準 α に対し，

$$\chi_0^2 = \sum_{i=1}^{\ell} \frac{\left(n_i - np_i(\widehat{\theta})\right)^2}{np_i(\widehat{\theta})}$$ とおくとき

$\chi_0^2 \geqq \chi^2(\ell - p - 1, \alpha) \Longrightarrow H_0$ を棄却する

---- 例題 3-9（適合度）----

日本人の血液型の人口比率は A 型，O 型，B 型，AB 型の順に 35%，30%，25%，10% といわれる．ある統計学の授業での受講学生について血液型の人数を調べたところ，表 3.12 のようであった．受講生の血液型の分布は，この分布に従っているといえるか検討せよ．

表 3.12 血液型のデータ

血液型	A	O	B	AB	計
学生数	35	32	20	8	95

[解] **手順 1** 前提条件のチェック

血液型による人数の割合が，それぞれ 35%, 30%, 25%, 10%である．そこで，各型の確率を $p_1, \ldots, p_4$ とする．各型に属す人数を $n_1, \ldots, n_4$ $(n = n_1 + \cdots + n_4)$ とするとき，その組 $\boldsymbol{n} = (n_1, \ldots, n_4)$ は，多項分布 $M(n; p_1, \ldots, p_4)$ に従う．

手順 2 仮説および有意水準の設定

各型の占める割合（確率）が 35%, 30%, 25%, 10%なので，帰無仮説は $p_1 = 0.35$, $p_2 = 0.30$, $p_3 = 0.25$, $p_4 = 0.10$ $(p_i = p_{i0})$ より，仮説は以下のように書かれる．

$$\begin{cases} H_0 : p_\mathrm{A} = p_1 = 0.35, \ p_\mathrm{O} = p_2 = 0.30, \ p_\mathrm{B} = p_3 = 0.25, \ p_\mathrm{AB} = p_4 = 0.10 \\ H_1 : \text{いずれかの } p_i \text{ が } p_{i0} \text{ でない，有意水準 } \alpha = 0.05 \end{cases}$$

手順 3 棄却域の設定（検定統計量の決定）

$$\chi_0^2 = \sum_{i=1}^{4} \frac{(n_i - n \times p_{i0})^2}{n \times p_{i0}} \geqq \chi^2(3, 0.05) = 7.81$$

自由度はセルの個数 $-1 = \ell - 1 = 4 - 1 = 3$ である．

手順 4 検定統計量の計算

まず，期待度数 $E_i = n \times p_{i0}$ だから，例えば $E_1 = 95 \times 0.35 = 33.25$ であり，$\dfrac{(O_1 - E_1)^2}{E_1} = \dfrac{(35 - 33.25)^2}{33.25} = 0.092$ のように計算して，表 3.13 のような計算のための補助表を作成する．

表 3.13 補助表

血液型	O_i：観測度数	E_i：期待度数	$\dfrac{(O_i - E_i)^2}{E_i}$
A	35	33.25	0.092
O	32	28.5	0.430
B	20	23.75	0.592
AB	8	9.5	0.237
計	95	95	1.351

手順 5 判定と結論

手順 5 での結果から $\chi_0^2 = 1.351 < 7.81 = \chi^2(3, 0.05)$ だから，有意水準 5%で帰無仮説は棄却されない．つまり，一般の血液型の分布でないとはいえない．□

R（コマンダー）による解析

● 適合度の検定・推定

出力ウィンドウ

```
> kata=c(rep("A",35),rep("O",32),rep("B",20),rep("AB",8))
> kata
 [1] "A"  "A"  "A"  "A"  "A"  "A"
 ~
> table(kata)
kata
 A AB  B  O
35  8 20 32
> ninzu<-data.frame(kata)    # データのフレーム化
> ninzu
   kata
```

```
 1    A
 2    A
 ~
95   AB
```

データを入力後,【データ】▶【アクティブデータセット】▶【アクティブデータセットの選択...】を選択し,図 3.62 で ninzu を選択後,OK を左クリックする.

【統計量】▶【要約】▶【頻度分布...】を選択し,図 3.63 でカイ 2 乗適合度検定にチェックを入れ,OK を左クリックする.図 3.64 で仮説の確率 0.35, 0.10, 0.25, 0.30 を入力後,OK を左クリックする.すると次の出力結果が表示される.

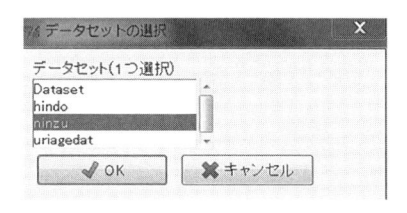

図 3.62 ダイアログボックス

図 3.63 ダイアログボックス

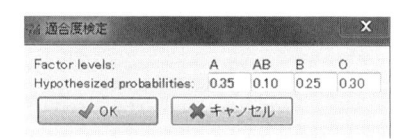

図 3.64 ダイアログボックス

出力ウィンドウ

```
> .Table <- table(ninzu$kata)
> .Table  # counts for kata
 A AB  B  O
35  8 20 32
> round(100*.Table/sum(.Table), 2)  # percentages for kata
    A    AB     B     O
36.84  8.42 21.05 33.68
> .Probs <- c(0.35,0.1,0.25,0.3)
> chisq.test(.Table, p=.Probs)
Chi-squared test for given probabilities
data:  .Table
X-squared = 1.3509, df = 3, p-value = 0.7171
> remove(.Probs)
```

```
> remove(.Table)
```

演習 3-12 以下のあるクラスの成績の優，良，可，不可の人数のデータについて，割合が $1:2:3:1$ であるか検討せよ．
　　　　6, 11, 18, 5（人）

演習 3-13 表 3.14 の種子の分類において，その割合がメンデルの法則 $9:3:3:1$ が成立しているか，有意水準 10% で検定せよ．

表 3.14 種子の分類

種類	円型黄色	角型黄色	円型緑色	角型緑色	計
個数	182	63	59	19	323

3.4.2　2元の分割表 (two-way contigency table)

分類規準が 2 つある場合，例えば個人の成績を科目による分類（統計学，数学，英語など）と評価による分類（優，良，可，不可の 4 段階など）で分ける場合，収穫した果物を地域による分類と等級による分類で分ける場合，パソコンを値段と処理速度で分類する場合，ある人の集団を野球のファンチームと地域で分類する場合，同様に人の集団を世代と好みのメニューで分類する場合，企業を分野と利益率で分類する場合，生徒の成績を教科と好みにより分類する場合など，多くの適用場面が考えられる．

第 1 の分類規準によって ℓ 個に分けられ，第 2 の分類規準により m 個に分割されるとする．そこで第 1 の分類規準で第 i クラスに属し，第 2 規準で第 j クラスに属すデータの個数（度数）を $n_{ij}(i=1,\ldots,\ell; j=1,\ldots,m)$ で表し，周辺度数である i をとめて j について和をとった $n_{i\cdot}=\sum_{j=1}^{m}n_{ij}$，$j$ をとめて i について和をとった $n_{\cdot j}=\sum_{i=1}^{\ell}n_{ij}$ を考える．ここで全データ数を n とすると，各データは独立にいずれかの排反なセル (cell) に入るので，各 (i,j) セルに入る確率を p_{ij} で表せば，各セルに属す個数 $(n_{11},\ldots,n_{\ell m})$ の分布は多項分布 $M(n;p_{11},\ldots,p_{\ell m})$ である．そして 2 つの分類規準が独立であることは各 p_{ij} が周辺確率の積で書かれることである．つまり $p_{ij}=p_{i\cdot}\times p_{\cdot j}$ と書かれることである．そこで帰無仮説のもとでの期待度数 E_{ij} は $n\times\widehat{p_{i\cdot}p_{\cdot j}}$ である．したがって，仮説との離れ具合は

$$\chi_0^2 = \sum \frac{(n_{ij}-E_{ij})^2}{E_{ij}}$$

で量られ，これは帰無仮説のもとで漸近的に自由度

$$\overset{\text{ファイ}}{\phi} = \ell m - 1 - (\ell-1) - (m-1) = (\ell-1)(m-1)$$

のカイ 2 乗分布に従う．

① 独立性の検定

───── 検定方式 ─────

2 つの分類規準（属性）の独立性の検定　　$H_0: p_{ij}=p_{i\cdot}\times p_{\cdot j}$ について，

大標本の場合 $(n_{i\cdot}n_{\cdot j}/n \geqq 5$ のとき) 　有意水準 α に対し，

$$\chi_0^2 = \sum_{i=1}^{\ell}\sum_{j=1}^{m}\frac{(n_{ij} - n_{i\cdot}n_{\cdot j}/n)^2}{n_{i\cdot}n_{\cdot j}/n} \text{ とおくとき}$$

$$\chi_0^2 \geqq \chi^2((\ell-1)(m-1), \alpha) \implies H_0 \text{ を棄却する}$$

例題 3-10（独立性）

ある大学での学生について，下宿しているか自宅かの分類と，アルバイトを週何回しているか（0 回，1 回，2 回以上）の規準により調べたところ，以下の表 3.15 のようであった．アルバイト回数は，自宅か下宿かによって異なるか検討せよ．

表 3.15 アルバイトの調査データ

	0 回	1 回	2 回以上
自宅	18	21	9
下宿	12	15	5

[解] **手順 1** 前提条件のチェック（分布の確認）

下宿か自宅かということとアルバイトの回数はそれぞれ排反である．分類規準 1 が下宿か自宅かで 1, 2 とし，分類規準 2 がアルバイトをしていない，週 1 回，週 2 回以上で 1, 2, 3 の値をとるとする．そして対応する確率を $p_{11},\ldots,p_{23}$ とするとき，6 項分布 $M(n; p_{11}, p_{12}, p_{13}, p_{21}, p_{22}, p_{23})$ となる．

手順 2 仮説および有意水準の設定

帰無仮説は下宿をしているかいないかにかかわらず，アルバイトをする割合は変わらないことなので，2 つの分類規準が独立である場合である．そこで帰無仮説は $p_{11}=p_{21},\ldots,p_{13}=p_{23}$ である．よって，仮説は以下のように書かれる．

$$\begin{cases} H_0: p_{ij} = p_{i\cdot} \times p_{\cdot j}\,(i=1,2,3; j=1,2) \\ H_1: \text{いずれかの } p_{ij} \text{ が周辺確率の積で書けない，有意水準 } \alpha = 0.05 \end{cases}$$

手順 3 棄却域の設定（検定統計量の決定）

$$R: \chi_0^2 = \sum_{i=1}^{2}\sum_{j=1}^{3}\frac{\left(n_{ij} - \dfrac{n_{i\cdot}n_{\cdot j}}{n}\right)^2}{\dfrac{n_{i\cdot}n_{\cdot j}}{n}} \geqq \chi^2(2, 0.05) = 5.99$$

ここに，自由度 $\phi = (\ell-1)(m-1) = (2-1)\times(3-1) = 2$ と計算される．

手順 4 検定統計量の計算

まず，期待度数 $E_{ij} = \dfrac{n_{i\cdot}n_{\cdot j}}{n}$ だから，例えば $E_{11} = \dfrac{48\times 30}{80} = 18$ のように各セルの期待度数を計算することにより，表 3.16 のような期待度数の表を作成する．

表 3.16 期待度数 (E_{ij}) の表

	0 回	1 回	2 回以上	計
自宅	18.0	21.6	8.4	48.0
下宿	12.0	14.4	5.6	32.0
計	30.0	36.0	14.0	80

さらに χ^2 統計量を計算するため，総和をとる規準化された各項を計算した表 3.17 を以下に作成する．例えば $(1,1)$ のセルは

$$\frac{(18-18.08)^2}{18.08} = 0.00037$$

のように計算する．

3.4 分割表での検定

表 3.17 規準化された各項 $\left(\dfrac{(O_{ij}-E_{ij})^2}{E_{ij}}\right)$ の表

	0 回	1 回	2 回以上	計
自宅	0	0.0167	0.0429	0.0595
下宿	0	0.025	0.0643	0.0893
計	0	0.0417	0.107	0.149

手順 5　判定と結論

手順 5 での結果から $\chi_0^2 = 0.149 < 5.99 = \chi^2(2, 0.05)$ だから，有意水準 5%で帰無仮説は棄却されない．つまり独立でないとはいえない．□

R（コマンダー）による解析

● 分割表での検定

【統計量】▶【分割表】▶【2元表の入力と分析...】と選択し，図 3.65 のダイアログボックスで列数を 3 とし，数を入力：で 18 ～ 5 をキー入力し，OK を左クリックする．すると，次の出力結果が得られる．

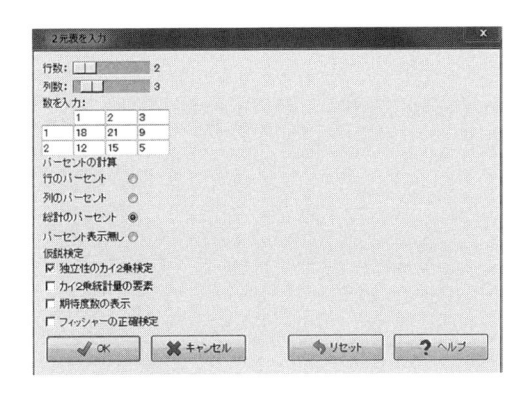

図 3.65　ダイアログボックス

```
> .Table <- matrix(c(18,21,9,12,15,5), 2, 3, byrow=TRUE)
> rownames(.Table) <- c('1', '2')
> colnames(.Table) <- c('1', '2', '3')
> .Table  # Counts
   1  2 3
1 18 21 9
2 12 15 5
> totPercents(.Table) # Percentage of Total
         1    2    3 Total
1     22.5 26.2 11.2    60
2     15.0 18.8  6.2    40
Total 37.5 45.0 17.5   100
```

```
> .Test <- chisq.test(.Table, correct=FALSE)
> .Test
Pearson's Chi-squared test
data:   .Table
X-squared = 0.1488, df = 2, p-value = 0.9283
> remove(.Test)
> remove(.Table)
```

演習 3-14 表 3.18 は 3 地区の各世帯でとっている新聞社の種類を調査したデータである．地区によってとる新聞に違いがあるか，有意水準 10%で検定せよ．

表 3.18 地区と新聞購入種類の表

地区＼新聞の種類	A	B	C	計
東京	46	43	21	110
名古屋	32	25	22	79
大阪	38	18	26	82

② 均一性の検定

学年ごとで欠席率は同じかどうかを調べる場合のように，学年を 1 つの母集団とし，各母集団である分類規準により分けられる場合も 2 次元の分割表が得られる．つまり ℓ 個の母集団がそれぞれ m 個に分けられるときの，その母集団 i の分類 j に属す個数を n_{ij}，確率を p_{ij} で表せば，

$$n_{i \cdot} = \sum_{j=1}^{m} n_{ij}, \quad p_{i \cdot} = 1 = \sum_{j=1}^{m} p_{ij}$$

である．このとき，どの母集団でも j 分類に属す確率は同じである（均一である）仮説は

$$p_{1j} = p_{2j} = \cdots = p_{\ell j} \ (j = 1, \ldots, m)$$

と表される．そこで帰無仮説のもとでの (i, j) セルの期待度数は

$$n_{i \cdot} \widehat{p_{ij}} = n_{i \cdot} \frac{n_{\cdot j}}{n} = \frac{n_{i \cdot} n_{\cdot j}}{n}$$

である．また一般に，(i, j) セルの観測度数は n_{ij} だから，独立性の検定の場合と同じ統計量になる．また自由度も

$$\underbrace{\ell(m-1)}_{\text{一般での自由度}} - \underbrace{(m-1)}_{\text{帰無仮説のもとでの自由度}} = (\ell-1)(m-1)$$

で同じである．

$$H_0 : p_{i1} = p_{i2} = \cdots = p_{im}$$

演習 3-15 表 3.19 は，ある中学校の各学年ごとのテニス部，野球部，バスケット部，バレー部の

3.4 分割表での検定

所属人数である．学年によって所属人数に違いがあるか，有意水準5%で検定せよ．

表 3.19 所属部の人数

学年 ＼ クラブ	テニス部	野球部	バスケット部	バレー部	計
1 年	23	6	12	5	46
2 年	15	8	11	6	40
3 年	17	7	9	7	40

R（コマンダー）による解析

● 分割表での検定

【統計量】▶【分割表】▶【2元表の入力と分析…】と選択し，図3.66のダイアログボックスで行数を3，列数を4とし，数を入力：で23〜7をキー入力し，OK を左クリックする．すると，次の出力結果が得られる．

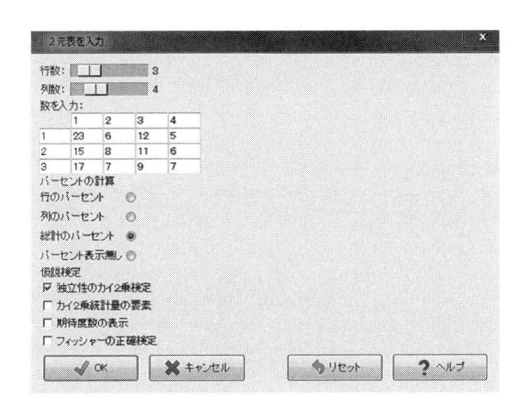

図 3.66 ダイアログボックス

```
― 出力ウィンドウ ―
> .Table <- matrix(c(23,6,12,5,15,8,11,6,17,7,9,7), 3, 4, byrow=TRUE)
> rownames(.Table) <- c('1', '2', '3')
> colnames(.Table) <- c('1', '2', '3', '4')
> .Table  # Counts
   1 2  3 4
1 23 6 12 5
2 15 8 11 6
3 17 7  9 7
> totPercents(.Table) # Percentage of Total
      1    2   3    4 Total
1  18.3  4.8 9.5  4.0  36.5
2  11.9  6.3 8.7  4.8  31.7
3  13.5  5.6 7.1  5.6  31.7
```

```
Total 43.7 16.7 25.4 14.3 100.0
> .Test <- chisq.test(.Table, correct=FALSE)
> .Test

 Pearson's Chi-squared test

data:  .Table
X-squared = 2.3191, df = 6, p-value = 0.8881

> remove(.Test)
> remove(.Table)
```

第4章 相関・回帰分析

4.1 相関分析

4.1.1 相関分析とは

身長と体重，数学と英語の成績といったように2つの変量があって，その関係を調べ解析することを**相関分析** (correlation analyais) という．n 個のペア（組）となったデータ $(x_1, y_1), \ldots, (x_n, y_n)$ が与えられるとき，以下の図4.1のように2変量間の相関関係は**散布図** (scatter diagram) または相関図 (correlational diagram) といわれる2変量データの2次元データをプロット（打点）した図を描くことが解析の基本である．そして，x が増加するとき y も増加するときには**正の相関**があるという（①）．逆に x が増加するとき y が減少するときに**負の相関**があるという（②）．また x の変化に対して，y がその変化に対応することなく変化したり，一定であるような場合には**無相関**であるという（③）．さらに，変量 x と y の間の相関の度合いを測るものさしとして，前述された（ピアソンの）標本相関係数 r がよく使われる．その r は $-1 \leqq r \leqq 1$ であり（シュワルツ (Schwartz) の不等式から導かれる），直線的な関係があるときには $|r|$ は 1 に近い値となり，相関関係が高いことを示している．しかし，散布図で相関があっても，相関係数の絶対値は小さいこともある（④，⑤）．また，特殊な関連性（⑥のような）がないか，データに異常値が含まれてないか（⑦），層別（⑧）の必要性の有無などを調べる基本が散布図である．

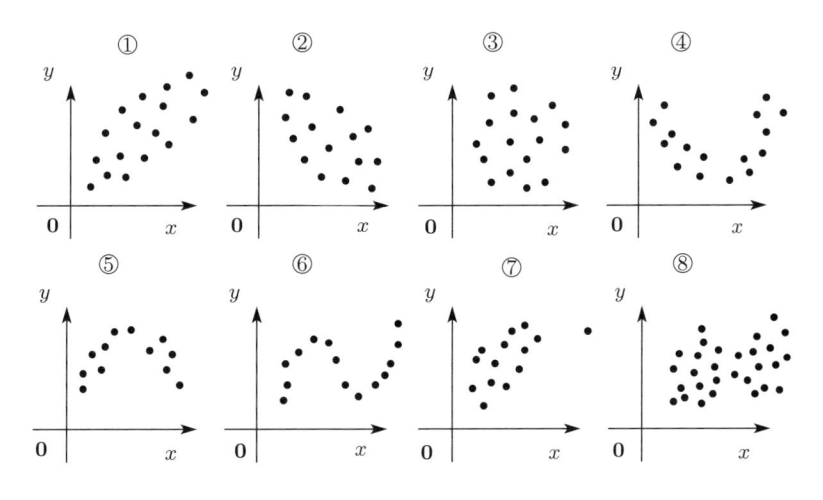

図 4.1 いろいろのタイプの散布図

さらに，具体的に変量 x と y の間の相関の度合いを測るものさしである（ピアソンの）標本相関係数 r について考えてみよう．まずその定義式を書くと以下の式で与えられる．

(4.1) $$r = \frac{S(x,y)}{\sqrt{S(x,x)}\sqrt{S(y,y)}}$$

この式の定義から，分母は

$$S(x,x) = \sum_{i=1}^{n}(x_i - \overline{x})^2 > 0 \quad \text{かつ} \quad S(y,y) = \sum_{i=1}^{n}(y_i - \overline{y})^2 > 0$$

から常に正である．そこで分子の正負により符号が定まる．分子は

$$S(x,y) = \sum_{i=1}^{n}(x_i - \overline{x})(y_i - \overline{y})$$

であるので，図 4.2 のように $(\overline{x}, \overline{y})$ を原点と考えて第 I，III 象限にデータ (x_i, y_i) があれば，$(x_i - \overline{x})(y_i - \overline{y}) > 0$ であり，第 II, IV 象限にデータ (x_i, y_i) があれば，$(x_i - \overline{x})(y_i - \overline{y}) < 0$ である．よって $S(x, y) > 0$ つまり $r > 0$ であるときは第 I，III 象限のデータが第 II, IV 象限のデータより大体多くなり，点が右上がりの傾向にある．つまり正の相関がある．逆に，$S(x, y) < 0$ つまり $r < 0$ であるときは第 II, IV 象限のデータが第 I, III 象限のデータより大体多くなり，点が右下がりの傾向にある．つまり負の相関がある．

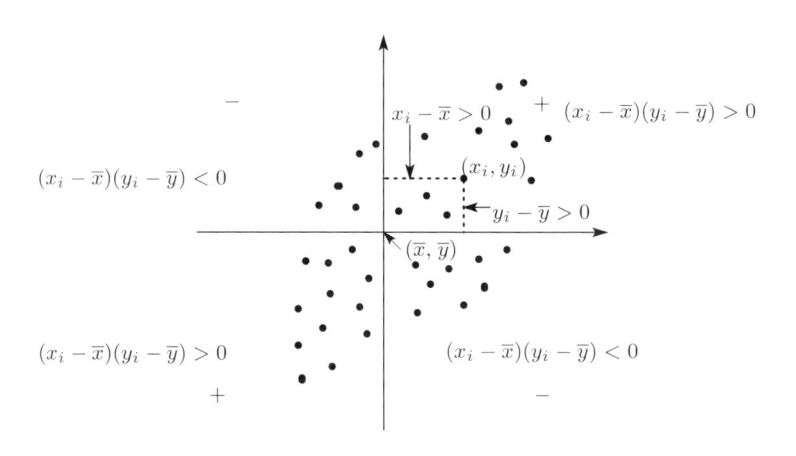

図 4.2 相関係数の正負と散布図

ここで 2 つの変数が共に増加または減少の傾向にあるとき，いつも一方の変数が他の変数に直接または間接に何らかの影響があるとはいえない．2 つの変数が共に他の変数のために強い関係がみられたかもしれないのである．例えば毎日の仕事量が増えるとき，交通事故数が増えている状況がある．このような変数どうしに本当は相関がないにもかかわらず，相関があるような変化がみられることを見せかけの相関（偽相関）があるという．

次に，2つの確率変数 X, Y について，

$$(4.2) \quad \overset{\text{ロー}}{\rho} = \frac{Cov[X,Y]}{\sqrt{Var[X]}\sqrt{Var[Y]}}$$

を X と Y の母相関係数という．$-1 \leqq \rho \leqq 1$ である．また X と Y が独立のときには $Cov[X,Y] = 0$ より $\rho = 0$ である．X, Y が2変量正規分布に従っている場合，その同時密度関数 $g(x,y)$ は以下のように与えられる．

$$(4.3) \quad g(x,y) = \frac{1}{2\pi\sigma_1\sigma_y\sqrt{1-\rho_{xy}^2}} \exp\left[-\frac{1}{2(1-\rho_{xy}^2)}\left\{\frac{(x-\mu_x)^2}{\sigma_x^2}\right.\right.$$
$$\left.\left. -\frac{2\rho_{xy}(x-\mu_x)(x-\mu_y)}{\sigma_x\sigma_y} + \frac{(y-\mu_y)^2}{\sigma_y^2}\right\}\right]$$

このとき，$\rho = \rho_{xy}$ が成立する．また，<u>X と Y が正規分布に従う確率変数であるとき共分散が0なら，そこで $\rho = 0$ となるなら X と Y は独立である</u>．それはこの密度関数の形から $\rho = 0$ のとき，X と Y の同時密度関数が X と Y のそれぞれの密度関数の積に書けるからである．また

$$(4.4) \quad E[X] = \mu_x, V[X] = \sigma_x^2, E[Y] = \mu_y, V[Y] = \sigma_y^2, C[X,Y] = \rho\sigma_x\sigma_y$$

も成立する．なお，以下の図 4.3 は平均 (0.2, 0.4)，相関係数 0.4，分散がいずれも1の2次元正規分布の密度関数をグラフ化したものである．

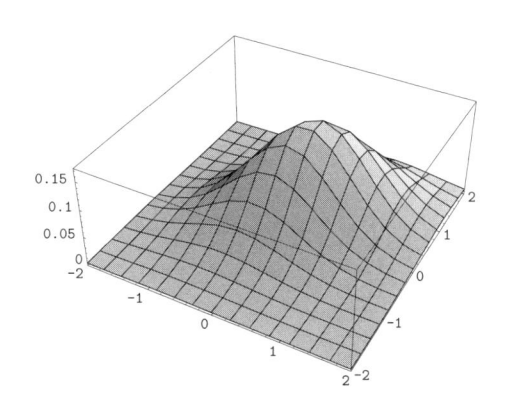

図 4.3　2次元正規分布の密度関数のグラフ

4.1.2　相関係数に関する検定と推定

2次元正規分布における相関

- 無相関の検定

$$\begin{cases} H_0 : \rho = 0 \\ H_1 : \rho \neq 0 \end{cases}$$

の検定をするには，(x,y) が 2 次元正規分布に従い，$\rho=0$ のとき，

$$(4.5) \qquad t_0 = \frac{r\sqrt{n-2}}{\sqrt{1-r^2}} \sim t_{n-2} \qquad H_0 \text{のもとで}$$

（帰無仮説 H_0 のもとで，自由度 $\phi=n-2$ の t 分布に従う）である．そこで，t 分布による次のような検定法がとられる．

――― 検定方式 ―――

$$|t_0| \geqq t(\phi,\alpha) \quad \Longrightarrow \quad H_0 \text{を棄却する}$$

他に，<u>r 表を用いて検定する方法</u>がある．これは $t = \dfrac{r\sqrt{n-2}}{\sqrt{1-r^2}}$ を r について解いて $r = \dfrac{t}{\sqrt{n-2+t^2}}$ から t 分布の数表から r 表（付表）を作ることができる．そこで，以下のような検定法がとれる．

――― 検定方式 ―――

$$|r| \geqq r(n-2,\alpha) \quad \Longrightarrow \quad H_0 \text{を棄却する}$$

――― 例題 4-1（相関分析）―――

以下の表 4.1 の学生 12 人の情報科学と統計学の成績データから，2 つの科目の成績に相関があるかどうか有意水準 5% で検定せよ．

表 4.1 成績データ

学生＼科目	情報科学	統計学
1	57	64
2	71	73
3	87	76
4	88	84
5	83	93
6	89	80
7	81	88
8	93	94
9	76	73
10	79	75
11	89	76
12	91	91

[解] **手順 1** 散布図の作成

x 軸に情報科学，y 軸に統計学の成績得点をとり散布図を作成すると図 4.4 のようになる．図 4.4 から正の相関がありそうであり，データに癖はなさそうである．

手順 2 仮説と有意水準の設定

$$\begin{cases} H_0 : \rho = 0 \\ H_1 : \rho \neq 0, \quad \alpha = 0.05 \end{cases}$$

4.1 相関分析

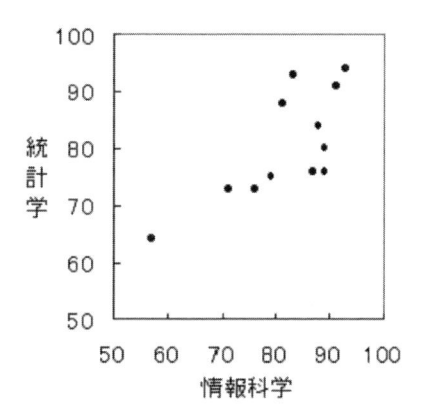

図 4.4 例題 4-1 の散布図

手順 3 棄却域の設定（検定方式の決定）

相関係数 r を用いた $t_0 = \dfrac{r\sqrt{n-2}}{\sqrt{1-r^2}}$ によって棄却域 R を $R: |t_0| \geqq t(n-2, 0.05) = t(10, 0.05)$ とする．

手順 4 検定統計量の計算（r の計算）

計算のため必要な和，2 乗和，積和を求めるため表 4.2 のような補助表を作成する．

表 4.2 補助表

項目 学生 No.	x	y	x^2	y^2	xy
1	57	64	3249	4096	3648
2	71	73	5041	5329	5183
3	87	76	7569	5776	6612
4	88	84	7744	7056	7392
5	83	93	6889	8649	7719
6	89	80	7921	6400	7120
7	81	88	6561	7744	7128
8	93	94	8649	8836	8742
9	76	73	5776	5329	5548
10	79	75	6241	5625	5925
11	89	76	7921	5776	6764
12	91	91	8281	8281	8281
計	984 ①	967 ②	81842 ③	78897 ④	80062 ⑤

表 4.2 より,

$$r = \frac{S_{xy}}{\sqrt{S_{xx}}\sqrt{S_{yy}}}, \ S_{xy} = ⑤ - \frac{① \times ②}{n} = 80062 - \frac{984 \times 967}{12} = 768,$$

$S_{xx} = ③ - \dfrac{①^2}{n} = 81842 - 984^2/12 = 1154$, $S_{yy} = ④ - \dfrac{②^2}{n} = 78897 - 967^2/12 = 972.92$ より $r = 0.725$.

したがって $t_0 = \dfrac{0.725\sqrt{10}}{\sqrt{1-0.725^2}} = 3.329$.

手順 5 判定と結論

$t(10, 0.05) = 2.228$ で $|t_0| > t(10, 0.05)$ だから，有意水準 5% で棄却される．つまり情報科学と統計学の成績は無相関とはいえない．□

156   第4章　相関・回帰分析

R（コマンダー）による解析

(0) 予備解析

手順1　データの読み込み

作業ディレクトリを C:/data/4syo に変更しておいて，【データ】▶【データのインポート】▶【テキストファイルまたはクリップボード，URL から...】を選択する．

図 4.5　ダイアログボックス

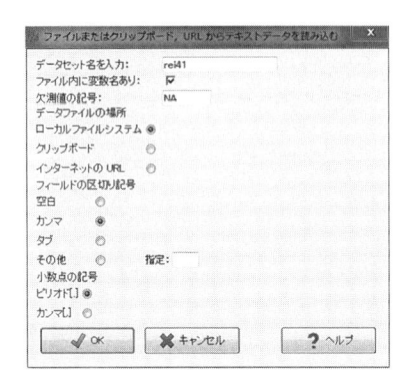

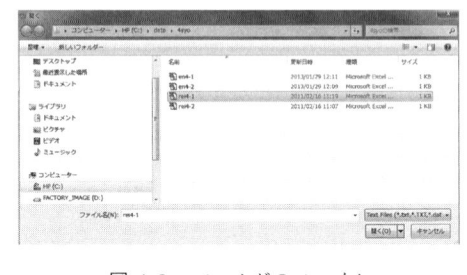

図 4.6　フォルダのファイル

図 4.5 のダイアログボックスでデータセット名で rei41 をキー入力し，フィールドの区切り記号でカンマをチェックし，OK をクリックする．次に，図 4.6 のようにファイルのあるフォルダでファイルを指定し，開く (O) をクリックし，図 4.7 で データセットを表示 をクリックして，データを表示（確認）する．

図 4.7　データ表示の指定

```
― 出力ウィンドウ ―
> setwd("C:/data/4syo")   #作業ディレクトリの変更
> rei41 <- read.table("C:/data/4syo/rei4-1.csv", header=TRUE, sep=",",
 na.strings="NA",dec=".", strip.white=TRUE)
> showDatarei111, placement='-20+200', font=getRcmdr('logFont'),
maxwidth=80,maxheight=30)
```

手順2　基本統計量の計算

【統計量】▶【要約】▶【アクティブデータセット】を選択し，OK をクリックすると以下の出力結果が得られる．

```
出力ウィンドウ
> summary(rei41)
    jyouhou         toukei
 Min.   :57.00   Min.   :64.00
 1st Qu.:78.25   1st Qu.:74.50
 Median :85.00   Median :78.00
 Mean   :82.00   Mean   :80.58
 3rd Qu.:89.00   3rd Qu.:88.75
 Max.   :93.00   Max.   :94.00
```

【統計量】▶【要約】▶【数値による要約...】を選択し，図4.9 ですべての項目にチェックを入れて，OK をクリックすると以下の出力結果が得られる．

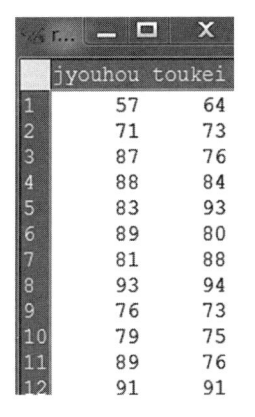

図 4.8　データ

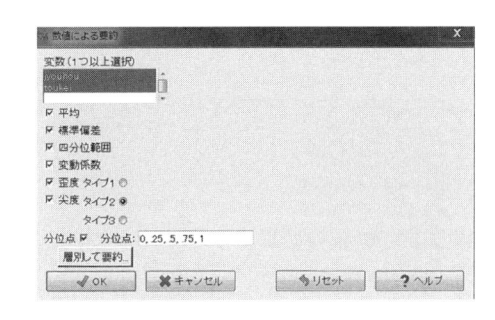

図 4.9　数値による要約ダイアログボックス

```
出力ウィンドウ
> numSummary(rei41[,c("jyouhou", "toukei")], statistics=c("mean",
+   "sd", "IQR", "quantiles", "cv", "skewness", "kurtosis"),
+   quantiles=c(0,.25,.5,.75,1), type="2")
            mean       sd    IQR       cv   skewness   kurtosis  0%
jyouhou 82.00000 10.242514 10.75 0.1249087 -1.43270720  2.1885648  57
toukei  80.58333  9.404625 14.25 0.1167068  0.01416589 -0.9070396  64
         25% 50%   75% 100%  n
jyouhou 78.25  85 89.00   93 12
toukei  74.50  78 88.75   94 12
```

手順3　データのグラフ化

【グラフ】▶【散布図...】を選択し，図 4.10 のダイアログボックスで，x 変数で jyouhou, y 変数で toukei を選択し，OK をクリックして図 4.11 の散布図が得られる．

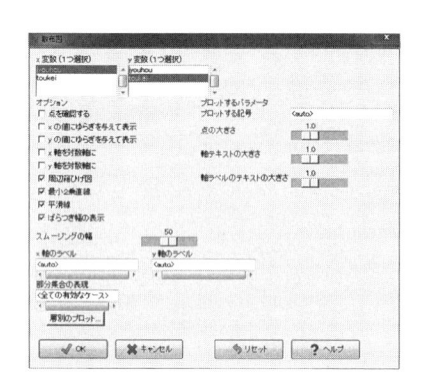

図 4.10　散布図のダイアログボックス

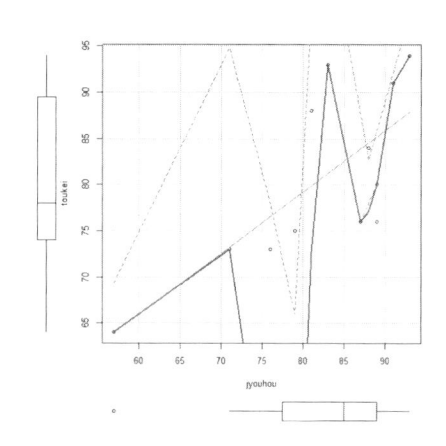

図 4.11　散布図

```
出力ウィンドウ
> scatterplot(toukei~jyouhou, reg.line=lm, smooth=TRUE, spread=TRUE,
+   boxplots='xy', span=0.5, data=rei41)
```

(1) 検　定

仮説の設定から判定まで

【統計量】▶【要約...】▶【相関の検定...】を選択し，図 4.12 のダイアログボックスで，jyouhou と toukei を選択し，OK をクリックする．すると，次の出力結果が表示される．

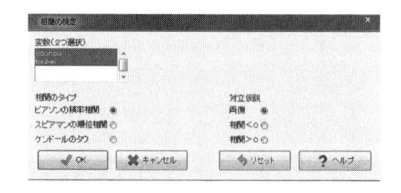

図 4.12　相関の検定のダイアログボックス

```
出力ウィンドウ
> cor.test(rei41$jyouhou, rei41$toukei, alternative="two.sided",
+   method="pearson")

Pearson's product-moment correlation
data:  rei41$jyouhou and rei41$toukei
```

```
t = 3.3268, df = 10, p-value = 0.007659
alternative hypothesis: true correlation is not equal to 0
95 percent confidence interval:
 0.2583792 0.9171868
sample estimates:
      cor
0.7248039
```

(2) 推　定

検定後の推定

```
─ 出力ウィンドウ ─
95 percent confidence interval:
 0.2583792 0.9171868
sample estimates:
      cor
0.7248039
```

4.2 回帰分析

4.2.1 回帰分析とは

　販売高はどのような変量によって左右されるのか，経済全体の景気はどんな経済要因で決まるのか，家計の支出は収入・家族数で説明できるか，入学後の成績は入学試験の結果で予測できるのか，両親の身長が共に高いと子供の身長も高いか，コンピュータの売上げ高は保守サービス拠点数，保守サービス員数，保守料金で説明されるか，$\cdots$など，社会，日常生活において，原因を説明したり，予測したい事柄はたくさんある．

　このような場合に，原因と考えられる変数（量）を**説明変数**（explanatory variable：独立変数，$\cdots$）といい，結果となる変数（量）を**目的変数**（criterion variable：従属変数，被説明変数，外的基準）という．これらの変数の間に一方向の因果関係があると考え，結果となる変数の変動は1個あるいは複数個の説明変数によって説明されると考えるのである．つまり，指定できる変数$(x_1,\ldots,x_p)$に対して，次のような対応があると考える．

$$
\begin{array}{ccc}
\text{説明変数（量）} & \text{関数}\ f & \text{目的変数（量）} \\
x_1,\ldots,x_p & \longrightarrow & y \\
\text{原因} & \text{対応} & \text{結果}
\end{array}
$$

このように，ある変数（量）がいくつかの変数（量）によってきまることの分析をする因果関係の解析手法の1つに，**回帰分析** (regression anaysis) がある．この回帰という表現は，19世紀後半にイギリスの科学者フランシス・ゴールトン卿が最初に使ったといわれている．実際の目的とされる変数は，誤差 ε（イプシロン）を伴って観測され，以下のように書かれる．

$$(4.6) \qquad \underbrace{y}_{\text{目的変数}} = \underbrace{f(x_1, \ldots, x_p)}_{f(\text{説明変数})} + \underbrace{\varepsilon}_{\text{誤差}}$$

さらに，$f(x_1, \ldots, x_p)$ が $x_1, \ldots, x_p$ の線形な式（それぞれ，定数 β_0（ベータゼロ），…, β_p（ベータピー）倍して足した和の形で，1次式ともいう）のとき，**線形回帰モデル** (linear regression model) という．つまり，

$$(4.7) \qquad f(x_1, \ldots, x_p) = \beta_0 + \beta_1 x_1 + \cdots + \beta_p x_p \iff f(\boldsymbol{x}) = \boldsymbol{\beta}^{\mathrm{T}} \boldsymbol{x}$$

（ただし，$\boldsymbol{x} = (1, x_1, \ldots, x_p)^{\mathrm{T}}, \boldsymbol{\beta} = (\beta_0, \beta_1, \ldots, \beta_p)^{\mathrm{T}}$ である．）

と書かれる場合である．そして，線形回帰モデルで 説明変数が1個 のときには，**単回帰モデル** (simple regression model) といい，説明変数が2個以上 のとき，**重回帰モデル** (multiple regression model) という．また $f(x_1, \ldots, x_p)$ が $x_1, \ldots, x_p$ の非線形な式のときには，**非線形回帰モデル** (non-linear regression model) という．例えば，x についての2次関数 $y = x^2$，無理関数 $y = \sqrt{x}$，分数関数 $y = \frac{1}{x}$，対数関数 $y = \log x$ などは非線形な式である．実際には，以下のような非線型なモデルが考えられている．

$$y = ax^b, \quad y = ae^{bx}, \quad y = a + b\log x, \quad y = \frac{x}{a + bx}, \quad y = \frac{e^{a+bx}}{1 + e^{a+bx}}$$

そして，図4.13のように分類される．

```
回帰モデル ┬─ 非線形回帰モデル
          └─ 線形回帰モデル ┬─ 単回帰モデル
                              │    説明変数が 1 個
                              └─ 重回帰モデル
                                   説明変数が 2 個以上
```

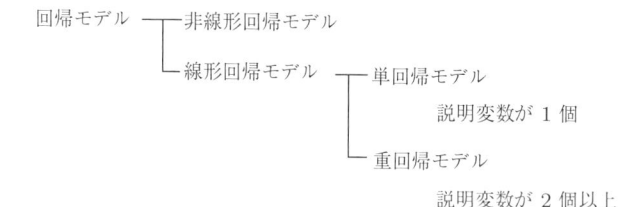

図 4.13 回帰モデルの分類

4.2.2 単回帰分析 (繰返しがない場合)

(1) モデルの設定と回帰式の推定

説明変数が1個の場合で，目的変数 y が式 (4.8) のように回帰式と誤差の和で書かれる場合である．ここに，<u>x が指定できる</u> ことが相関分析との違いである．

$$(4.8) \qquad y = f(x) + \varepsilon = \beta_0 + \beta_1 x + \varepsilon$$

これを n 個の観測値 $y_1, \ldots, y_n$ が得られる場合について書くと，式 (5.19) のようになる．

(4.9) $$y_i = \beta_0 + \beta_1 x_i + \varepsilon_i \quad (i = 1, \ldots, n)$$

ここに，β_0 を**母切片**，β_1 を**母回帰係数**といい，まとめて**回帰母数**という．そして ε が誤差であり，誤差には普通，次の4個の仮定（4つのお願い）がされる．不等独正と覚えればよいだろう．

$$\begin{cases} \text{(i)} \quad \textbf{不偏性}\ (E[\varepsilon_i] = 0) \\ \text{(ii)} \quad \textbf{等分散性}\ (V[\varepsilon_i] = \sigma^2) \\ \text{(iii)} \quad \textbf{独立性}(誤差\ \varepsilon_i\ と\ \varepsilon_j\ が独立\ (i \neq j)) \\ \text{(iv)} \quad \textbf{正規性}(誤差の分布が正規分布に従っている) \end{cases}$$

(i) ～ (iv) は，まとめて $\varepsilon_1, \ldots, \varepsilon_n \overset{i.i.d.}{\sim} N(0, \sigma^2)$ のように書ける．ただし，$i.i.d.$ は independent identically distributed の略であり，互いに独立に同一の分布に従うことを意味する．そこで，このモデルは図 4.14 のように直線 $f = \beta_0 + \beta_1 x$ のまわりに，正規分布に従う誤差 ε が加わってデータが得られることを仮定している．各 i サンプルについて，$x = x_i$ と指定すればデータ y_i は，$\beta_0 + \beta_1 x_i$ に誤差 ε_i が加わって得られる．

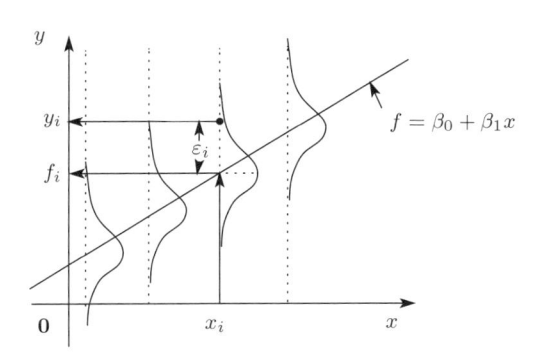

図 4.14 （単）回帰モデル

ここでまた，上記の式を行列表現での成分を使って書けば次のようになる．

(4.10) $$\begin{pmatrix} y_1 \\ y_2 \\ \vdots \\ y_n \end{pmatrix}_{n \times 1} = \begin{pmatrix} 1 & x_1 \\ 1 & x_2 \\ \vdots & \vdots \\ 1 & x_n \end{pmatrix}_{n \times 2} \begin{pmatrix} \beta_0 \\ \beta_1 \end{pmatrix}_{2 \times 1} + \begin{pmatrix} \varepsilon_1 \\ \varepsilon_2 \\ \vdots \\ \varepsilon_n \end{pmatrix}_{n \times 1}$$

$\Longleftrightarrow$（ベクトル・行列表現）

(4.11) $$\boldsymbol{y} = X\boldsymbol{\beta} + \boldsymbol{\varepsilon}, \quad \boldsymbol{\varepsilon} \sim N_n(\boldsymbol{0}, \sigma^2 I_n)$$

ただし，

$$\boldsymbol{y} = \begin{pmatrix} y_1 \\ y_2 \\ \vdots \\ y_n \end{pmatrix}, \ X = \begin{pmatrix} 1 & x_1 \\ 1 & x_2 \\ \vdots & \vdots \\ 1 & x_n \end{pmatrix}_{n\times 2}, \ \boldsymbol{\beta} = \begin{pmatrix} \beta_0 \\ \beta_1 \end{pmatrix}, \ \boldsymbol{\varepsilon} = \begin{pmatrix} \varepsilon_1 \\ \varepsilon_2 \\ \vdots \\ \varepsilon_n \end{pmatrix}$$

である．なお，$\mathbf{1} = \begin{pmatrix} 1 \\ 1 \\ \vdots \\ 1 \end{pmatrix}, \ \boldsymbol{x} = \begin{pmatrix} x_1 \\ x_2 \\ \vdots \\ x_n \end{pmatrix}$ とおけば，$X = (\mathbf{1}, \boldsymbol{x})$ と列ベクトル表示される．

（注 **4-1**）　正規分布に従う変数が互いに独立であることと，共分散が 0 であることは同値になることに注意しよう．一般の分布では，同値にはならない．◁

データ行列は，表 4.3 のような表になる．

表 4.3　データ表

データ番号 \ 変量	x	y
1	x_1	y_1
2	x_2	y_2
$\vdots$	$\vdots$	$\vdots$
n	x_n	y_n

計算を簡単にするため，式 (4.9) ～ (4.11) は次のように変形されることも多い．

(4.12)
$$\begin{aligned}
y_i &= \beta_0 + \beta_1 x_i + \varepsilon_i \\
&= \underbrace{\beta_0 + \beta_1 \overline{x}}_{=\alpha} + \beta_1(x_i - \overline{x}) + \varepsilon_i = \alpha + \beta_1(x_i - \overline{x}) + \varepsilon_i \\
&= \begin{pmatrix} 1 & x_i - \overline{x} \end{pmatrix} \begin{pmatrix} \beta_0 + \beta_1 \overline{x} \\ \beta_1 \end{pmatrix} + \varepsilon_i
\end{aligned}$$

$\iff$ （$\alpha = \beta_0 + \beta_1 \overline{x}$ とおくと）

(4.13)
$$\begin{pmatrix} y_1 \\ y_2 \\ \vdots \\ y_n \end{pmatrix} = \begin{pmatrix} 1 & x_1 - \overline{x} \\ 1 & x_2 - \overline{x} \\ \vdots & \vdots \\ 1 & x_n - \overline{x} \end{pmatrix} \begin{pmatrix} \alpha \\ \beta_1 \end{pmatrix} + \begin{pmatrix} \varepsilon_1 \\ \varepsilon_2 \\ \vdots \\ \varepsilon_n \end{pmatrix}$$

$\iff$ （ベクトル・行列表現）

(4.14)
$$\boldsymbol{y} = \tilde{X}\tilde{\boldsymbol{\beta}} + \boldsymbol{\varepsilon}, \quad \boldsymbol{\varepsilon} \sim N_n(\mathbf{0}, \sigma^2 I_n)$$

4.2 回帰分析

ただし,

$$\boldsymbol{y} = \begin{pmatrix} y_1 \\ y_2 \\ \vdots \\ y_n \end{pmatrix}, \tilde{X} = \begin{pmatrix} 1 & x_1 - \overline{x} \\ 1 & x_2 - \overline{x} \\ \vdots & \vdots \\ 1 & x_n - \overline{x} \end{pmatrix}, \tilde{\boldsymbol{\beta}} = \begin{pmatrix} \alpha \\ \beta_1 \end{pmatrix}, \boldsymbol{\varepsilon} = \begin{pmatrix} \varepsilon_1 \\ \varepsilon_2 \\ \vdots \\ \varepsilon_n \end{pmatrix}$$

である.

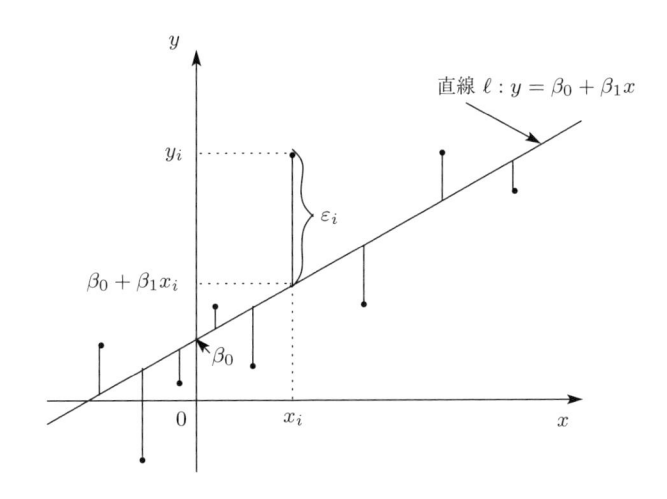

図 4.15 データとモデルとのずれ

次に,データから回帰式を求める(推定する:直線を決める)には,y 切片 β_0 と傾き β_1 がわかればよい.求める基準としては,モデルとデータの離れ具合が小さいほどよいと考えられる.そして,離れ具合(当てはまりの良さ)を測る物指しとしては,普通,誤差の平方和が採用されている.他に,絶対偏差なども考えられている.図 4.15 で,データ (x_i, y_i) と直線上の点 $(x_i, \beta_0 + \beta_1 x_i)$ との誤差 ε_i の 2 乗を各点について足したもの,つまり

$$\sum_{i=1}^{n} \varepsilon_i^2$$

が誤差の平方和である.そこで,次の式 (4.15) を最小にするように β_0 と β_1 を決めればよい.

(4.15) $\quad Q(\beta_0, \beta_1) = \sum_{i=1}^{n} \varepsilon_i^2 = \sum_{i=1}^{n} \left\{ y_i - (\beta_0 + \beta_1 x_i) \right\}^2 \quad \searrow \quad$(最小化)

$\iff$ (ベクトル・行列表現)

$$(\boldsymbol{y} - X\boldsymbol{\beta})^{\mathrm{T}} (\boldsymbol{y} - X\boldsymbol{\beta}) \searrow \quad \text{(最小化)}$$

このように誤差の 2 乗和を最小にすることで β_0, β_1 を求める方法を,**最小 2(自)乗法**

(method of least squares) という．最小化する β_0, β_1 をそれぞれ $\widehat{\beta_0}, \widehat{\beta_1}$ で表すと，次式で与えられる．

---- 公式 ----

(4.16) $\quad \widehat{\beta}_1 = \dfrac{S_{xy}}{S_{xx}} = S^{xx} S_{xy}, \qquad \widehat{\beta}_0 = \overline{y} - \widehat{\beta}_1 \overline{x} \quad (S_{xx}^{-1} = S^{xx})$

$\Longleftrightarrow$ （ベクトル・行列表現）

$\widehat{\boldsymbol{\beta}} = (X^{\mathrm{T}} X)^{-1} X^{\mathrm{T}} \boldsymbol{y}$

なお，$S_{xx} = \sum_{i=1}^n (x_i - \overline{x})^2, \quad S_{xy} = \sum_{i=1}^n (x_i - \overline{x})(y_i - \overline{y})$ である．

[解] Q を β_0, β_1 について偏微分して 0 とおき，β_0, β_1 について連立方程式を解けばよい．実際，以下の方程式となる．

(4.17) $\quad \begin{cases} \dfrac{\partial Q}{\partial \beta_0} = -\sum_{i=1}^n 2\{y_i - (\beta_0 + \beta_1 x_i)\} = 0 \\ \dfrac{\partial Q}{\partial \beta_1} = -\sum_{i=1}^n 2\{y_i - (\beta_0 + \beta_1 x_i)\} x_i = 0 \end{cases}$

式 (4.17) の上の式から，$\overline{y} = \beta_0 + \beta_1 \overline{x}$ が導かれ，$\beta_0 = \overline{y} - \beta_1 \overline{x}$ を式 (4.17) の下の式に代入すると，$\sum(y_i - \overline{y}) x_i - \beta_1 \sum(x_i - \overline{x}) x_i = 0$ が成立する．この式の左辺を $\sum(y_i - \overline{y})\overline{x} = 0, \sum(x_i - \overline{x})\overline{x} = 0$ に注意して変形することで，$S_{xy} - \beta_1 S_{xx} = 0$ が導かれ，β_1 について解けば求める結果が得られる．
$\Longleftrightarrow$ （ベクトル・行列表現）

$$\dfrac{\partial Q}{\partial \boldsymbol{\beta}} = -2 X^{\mathrm{T}} (\boldsymbol{y} - X\boldsymbol{\beta}) = \boldsymbol{0}$$

より，$X^{\mathrm{T}} \boldsymbol{y} = X^{\mathrm{T}} X \boldsymbol{\beta}$ である．そこで，$X^{\mathrm{T}} X$：正則のとき逆行列をかけて，$\widehat{\boldsymbol{\beta}} = (X^{\mathrm{T}} X)^{-1} X^{\mathrm{T}} \boldsymbol{y}$ と求まる．□

ここで，$\dfrac{\partial^2 Q}{\partial \beta_0^2} = 2n, \dfrac{\partial^2 Q}{\partial \beta_0 \partial \beta_1} = 2\sum x_i = \dfrac{\partial^2 Q}{\partial \beta_1 \partial \beta_0}, \dfrac{\partial^2 Q}{\partial \beta_1^2} = 2\sum x_i^2$ より，ヘシアン行列は $H = \begin{pmatrix} 2n & 2\sum x_i \\ 2\sum x_i & 2\sum x_i^2 \end{pmatrix}$ で，$2n > 0$ かつ $2n \times 2\sum x_i^2 - (2\sum x_i)^2 = 4n \sum (x_i - \overline{x})^2 > 0$．よって，これは正値行列なので $\widehat{\boldsymbol{\beta}}$ で極小値をとる．実際には最小値をとることがわかる．

幾何的には，図 4.16 のように点 $\boldsymbol{y}$ からベクトル $\boldsymbol{1}, \boldsymbol{x}$ の張る空間への正射影を求めることである．$X\boldsymbol{\beta} = (\boldsymbol{1}, \boldsymbol{x})\boldsymbol{\beta} = \beta_0 \boldsymbol{1} + \beta_1 \boldsymbol{x}$ より，$X\boldsymbol{\beta}$ はベクトル $\boldsymbol{1}, \boldsymbol{x}$ の線形結合，つまりこれらのベクトルの張るベクトル空間を表している．$X\widehat{\boldsymbol{\beta}}$ を $\boldsymbol{y}$ の正射影とすれば，$\boldsymbol{y} - X\widehat{\boldsymbol{\beta}} \perp \boldsymbol{1}$，$\boldsymbol{y} - X\widehat{\boldsymbol{\beta}} \perp \boldsymbol{x}$ だから，$\boldsymbol{1}^{\mathrm{T}}(\boldsymbol{y} - X\widehat{\boldsymbol{\beta}}) = 0, \boldsymbol{x}^{\mathrm{T}}(\boldsymbol{y} - X\widehat{\boldsymbol{\beta}}) = 0$（これらは式 (4.17) に対応する）が成立する．行列にまとめて

$$\begin{pmatrix} \boldsymbol{1}^{\mathrm{T}} \\ \boldsymbol{x}^{\mathrm{T}} \end{pmatrix} (\boldsymbol{y} - X\widehat{\boldsymbol{\beta}}) = X^{\mathrm{T}} (\boldsymbol{y} - X\widehat{\boldsymbol{\beta}}) = \boldsymbol{0} \quad \therefore \quad X^{\mathrm{T}} \boldsymbol{y} = X^{\mathrm{T}} X \widehat{\boldsymbol{\beta}}$$

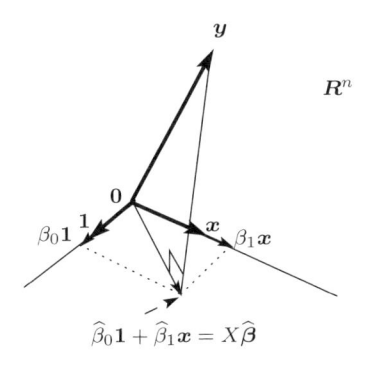

図 4.16　y から X の列ベクトルの張る空間への正射影

これを解くと，$X^\mathrm{T} X$：正則なとき，$X\widehat{\boldsymbol{\beta}} = X(X^\mathrm{T} X)^{-1} X^\mathrm{T} \boldsymbol{y}$．

次に，推定される回帰式は

$$y = \widehat{\beta}_0 + \widehat{\beta}_1 x = \overline{y} + \widehat{\beta}_1(x - \overline{x}) = \overline{y} + \frac{S_{xy}}{S_{xx}}(x - \overline{x})$$

より

――― 公式 ―――

(4.18) $$y - \overline{y} = \frac{S_{xy}}{S_{xx}}(x - \overline{x}) = r_{xy}\sqrt{\frac{S_{yy}}{S_{xx}}}(x - \overline{x})$$

となる．これは点 $(\overline{x}, \overline{y})$ を通る直線であり，y の x への**回帰直線** (regression line of y on x) と呼ぶ．また，$\widehat{\beta}_1$ を回帰係数 (regression coefficient) と呼ぶ．

逆に，x への y の回帰直線 (regression line of x on y) は

(4.19) $$x - \overline{x} = \frac{S_{yx}}{S_{yy}}(y - \overline{y}) \quad (S_{yx} = S_{xy})$$

である．

（補 4-1）　① 式 (4.12) 〜 (4.14) を使うと計算が簡単であり，見通しがよい．以下に，そのことをみよう．(α, β_1) について，誤差の 2 乗和

$$Q(\alpha, \beta_1) = \sum \varepsilon_i^2 = \sum \left\{ y_i - \alpha - \beta_1(x_i - \overline{x}) \right\}^2$$

を最小化する．そこで，Q を α, β_1 について偏微分すると，式 (4.20) が導かれる．

(4.20) $$\begin{cases} \dfrac{\partial Q}{\partial \alpha} = -\sum_{i=1}^{n} 2\left\{ y_i - \alpha - \beta_1(x_i - \overline{x}) \right\} = 0 \\ \dfrac{\partial Q}{\partial \beta_1} = -\sum_{i=1}^{n} 2\left\{ y_i - \alpha - \beta_1(x_i - \overline{x}) \right\}(x_i - \overline{x}) = 0 \end{cases}$$

次に式 (4.20) の上の式は $-\sum y_i + n\alpha = 0$ と変形され，$\widehat{\alpha} = \overline{y}$ と求まる．また，式 (4.20) の下の式は

$$\sum y_i(x_i - \overline{x}) - \beta_1 \underbrace{\sum (x_i - \overline{x})^2}_{=S_{xx}} = \underbrace{\sum (y_i - \overline{y})(x_i - \overline{x})}_{=S_{xy}} - \beta_1 S_{xx} = 0$$

と変形され，$\widehat{\beta_1} = \dfrac{S_{xy}}{S_{xx}}$ と求まる．

② 微分しないで式変形で導くには，以下のように変形する．

(4.21)
$$\begin{aligned}Q(\alpha, \beta_1) &= \sum \left\{ y_i - \alpha - \beta_1(x_i - \overline{x}) \right\}^2 \\ &= \sum (y_i - \alpha)^2 - 2\beta_1 \sum (y_i - \alpha)(x_i - \overline{x}) + \beta_1^2 \sum (x_i - \overline{x})^2 \\ &= \sum (y_i - \alpha)^2 - 2\beta_1 \sum y_i(x_i - \overline{x}) + \beta_1^2 \sum (x_i - \overline{x})^2\end{aligned}$$

そして，式 (4.21) の最後の式の第 1 項は

$$\sum y_i^2 - 2\alpha \sum y_i + n\alpha^2 = n(\alpha - \overline{y})^2 + S_{yy} \qquad (\alpha の 2 次関数)$$

であり，式 (4.21) の最後の式の第 2 項+第 3 項は

$$-2\beta_1 S_{xy} + \beta_1^2 S_{xx} = S_{xx}\left(\beta_1 - \dfrac{S_{xy}}{S_{xx}}\right)^2 - \dfrac{S_{xy}^2}{S_{xx}} \qquad (\beta_1 の 2 次関数)$$

と変形される．そこで，2 つの独立な変数 (α, β_1) についての 2 次関数の最小化より，それぞれ

$$\widehat{\alpha} = \overline{y}, \quad \widehat{\beta_1} = \dfrac{S_{xy}}{S_{xx}}$$

で最小化される．そのときの Q の最小値は $S_{yy} - \dfrac{S_{xy}^2}{S_{xx}}$ である．◁

例題 4-2（回帰式の計算）

表 4.4 のある年度の全国の幾つかの県の 1 世帯あたりの平均月収入額（x 万円）と支出額（y 万円）のデータに回帰直線をあてはめたときの y の x への回帰直線の式を最小 2 乗法により求めよ．（百円単位を四捨五入）

表 4.4　平均月収額と支出額

県 No.	平均月収額（万円） x	月消費額（万円） y
鳥取 1	70.2	38.3
島根 2	60.1	32.6
岡山 3	57.5	32.7
広島 4	54.9	34.9
山口 5	62.4	35.1
徳島 6	61.1	36.6
香川 7	55.7	32.3
愛媛 8	56.4	31.4
高知 9	58.5	34.9
和歌山 10	54.0	31.8

[解] **手順 1**　前提条件の確認（散布図の作成，モデルの設定，データのプロットなど）．図 4.17 の散布図より，特に異常なデータもなさそうである．

4.2 回帰分析

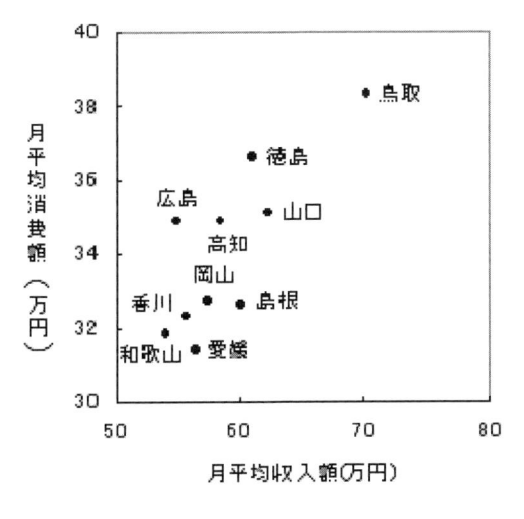

図 4.17 散布図

手順 2 補助表の作成

S_{xx}, S_{xy} など公式の値を求めるため，次のような表 4.5 の補助表を作成する．

表 4.5 補助表

No.	x	y	x^2	y^2	xy
1	70.2	38.3	4928.04	1466.89	2688.66
2	60.1	32.6	3612.01	1062.76	1959.26
3	57.5	32.7	3306.25	1069.29	1880.25
4	54.9	34.9	3014.01	1218.01	1916.01
5	62.4	35.1	3893.76	1232.01	2190.24
6	61.1	36.6	3733.21	1339.56	2236.26
7	55.7	32.3	3102.49	1043.29	1799.11
8	56.4	31.4	3180.96	985.96	1770.96
9	58.5	34.9	3422.25	1218.01	2041.65
10	54.0	31.8	2916.00	1011.24	1717.20
計	590.8	340.6	35108.98	11647.02	20199.6
	①	②	③	④	⑤

手順 3 回帰式の計算

公式に代入して回帰式を求める．

$$\overline{x} = \frac{\sum_{i=1}^{n} x_i}{n} = \frac{①}{n} = \frac{590.8}{10} = 59.08, \qquad \overline{y} = \frac{\sum_{i=1}^{n} y_i}{n} = \frac{②}{n} = \frac{340.6}{10} = 34.06,$$

$$S_{xx} = \sum_{i=1}^{n}(x_i - \overline{x})^2 = \sum_{i=1}^{n} x_i^2 - \frac{(\sum_{i=1}^{n} x_i)^2}{n} = ③ - \frac{①^2}{10} = 35108.98 - \frac{590.8^2}{10} = 204.516,$$

$$S_{xy} = \sum_{i=1}^{n}(x_i - \overline{x})(y_i - \overline{y}) = \sum_{i=1}^{n} x_i y_i - \frac{(\sum_{i=1}^{n} x_i)(\sum_{i=1}^{n} y_i)}{n} = ⑤ - \frac{① \times ②}{n}$$

$$= 20199.6 - \frac{590.8 \times 340.6}{10} = 76.952$$

そこで，

168   第4章 相関・回帰分析

$$\widehat{\beta}_1 = \frac{S_{xy}}{S_{xx}} = 0.376, \quad \widehat{\beta}_0 = \overline{y} - \widehat{\beta}_1\overline{x} = 11.85$$

である．また回帰式は $y - \overline{y} = \dfrac{S_{xy}}{S_{xx}}(x - \overline{x})(y = \widehat{\beta}_0 + \widehat{\beta}_1 x)$ より，$y - 34.06 = 0.376(x - 59.08)$，つまり

$$y = 0.376x + 11.85$$

と求まり，図 4.17 に回帰式の直線を記入する．□

| R（コマンダー）による解析 |

(0) 予備解析

手順 1   データの読み込み

【データ】▶【データのインポート】▶【テキストファイルまたはクリップボード，URLから...】を選択する．次に，図 4.18 のダイアログボックスでデータセット名で rei42 をキー入力し，フィールドの区切り記号でカンマをチェックし，OK をクリックし，図 4.19 のようにファイルのあるフォルダでファイルを指定し，開く(O) をクリックし，図 4.20 でデータセットを表示 をクリックして，データを表示（確認）する．

図 4.18 ダイアログボックス

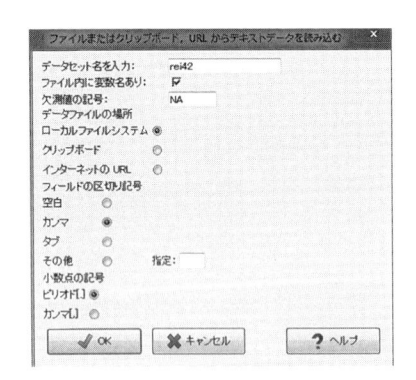

図 4.19 フォルダのファイル

図 4.20 データ表示の指定

4.2 回帰分析

出力ウィンドウ

```
> rei42 <- read.table("C:/data/4syo/rei4-2.csv", header=TRUE, sep=",",
   na.strings="NA", dec=".", strip.white=TRUE)
> showData(rei42, placement='-20+200', font=getRcmdr('logFont'),
 maxwidth=80,maxheight=30)
```

手順 2　基本統計量の計算

【統計量】▶【要約】▶【アクティブデータセット】を選択し，OK を左クリックすると，以下の出力結果が得られる．

出力ウィンドウ

```
> summary(rei42)
      ken        syunyu           syouhi
 愛媛   :1   Min.   :54.00    Min.   :31.40
 岡山   :1   1st Qu.:55.88    1st Qu.:32.38
 広島   :1   Median :58.00    Median :33.80
 香川   :1   Mean   :59.08    Mean   :34.06
 高知   :1   3rd Qu.:60.85    3rd Qu.:35.05
 山口   :1   Max.   :70.20    Max.   :38.30
 (Other):4
```

【統計量】▶【要約】▶【数値による要約...】を選択し，図 4.22 のようにすべてのチェック項目にチェックを入れ，OK をクリックすると以下の出力結果が得られる．

図 4.21　データ

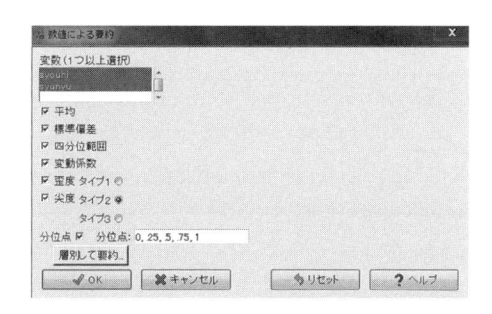

図 4.22　数値による要約ダイアログボックス

出力ウィンドウ

```
> numSummary(rei42[,c("syouhi", "syunyu")], statistics=c("mean",
+   "sd", "IQR", "quantiles", "cv", "skewness", "kurtosis"),
+   quantiles=c(0,.25,.5,.75,1), type="2")
         mean       sd    IQR          cv  skewness   kurtosis      0%
```

```
syouhi 34.06 2.265294 2.675 0.06650892 0.6389619 -0.5209245 31.4
syunyu 59.08 4.766970 4.975 0.08068669 1.4806333  2.6723880 54.0
           25%   50%   75% 100%  n
syouhi 32.375 33.8 35.05 38.3 10
syunyu 55.875 58.0 60.85 70.2 10
```

手順3　データのグラフ化

【グラフ】▶【散布図...】を選択し，図4.23のように，点を確認するにチェックを入れると，グラフ上の点を左クリックする度にその番号が表示され，右クリックし，停止を指定して左クリックすると表示が停止する．そして，OKをクリックして図4.24のような散布図が表示される．

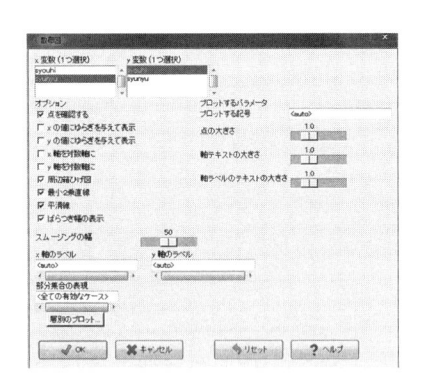

図 4.23　散布図のダイアログボックス

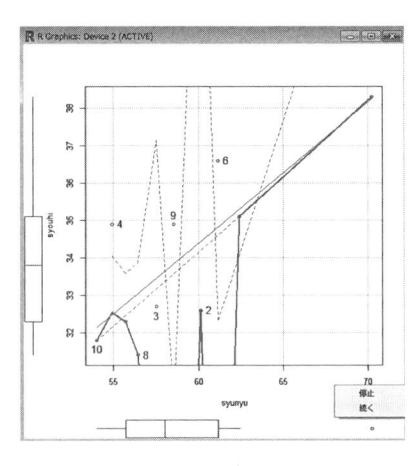

図 4.24　散布図

―　出力ウィンドウ　―
```
> scatterplot(syouhi~syunyu, reg.line=lm, smooth=TRUE, spread=TRUE,
+   id.method="identify", boxplots='xy', span=0.5, data=rei42)
```

(1) 検　定

仮説の設定から判定まで

【統計量】▶【モデルへの適合】▶【線形回帰...】を選択し，図4.25で目的変数にsyouhi，説明変数にsyunyuを指定し，OKをクリックすると，以下の回帰分析の出力結果が表示される．

4.2 回帰分析

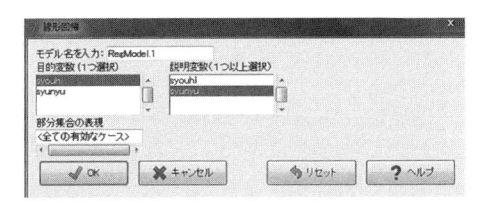

図 **4.25** 線形回帰のダイアログボックス

図 **4.26** 分散分析表のダイアログボックス

出力ウィンドウ

```
> RegModel.1 <- lm(syouhi~syunyu, data=rei42)
> summary(RegModel.1)
Call:
lm(formula = syouhi ~ syunyu, data = rei42)
Residuals:
    Min      1Q  Median      3Q     Max
-1.8438 -0.6962 -0.2789  0.8077  2.4128
Coefficients:
            Estimate Std. Error t value Pr(>|t|)   # 推定値 標準誤差 t値 p値
(Intercept)  11.8303     6.0805   1.946  0.08758 .
syunyu        0.3763     0.1026   3.667  0.00634 **
---
Signif. codes:  0 '***' 0.001 '**' 0.01 '*' 0.05 '.' 0.1 ' ' 1
Residual standard error: 1.468 on 8 degrees of freedom   # 誤差分散の平方根
Multiple R-squared: 0.6269,Adjusted R-squared: 0.5803    # 寄与率 調整済〃
F-statistic: 13.44 on 1 and 8 DF,  p-value: 0.006341     # F値
```

(2) 推　定

分析（検定）後の推定

【モデル】▶【仮説検定】▶【分散分析表】を選択し，図 4.26 で，"Type II" のところにチェックを入れて，OK をクリックすると，以下の分散分析の出力結果が得られる．

出力ウィンドウ

```
> Anova(RegModel.1, type="II")
Anova Table (Type II tests)
Response: syouhi
         Sum Sq Df F value   Pr(>F)     # 平方和 自由度 F値 p値
syunyu   28.954  1  13.444 0.006341 **  # 収入
Residuals 17.230 8                      # 残差（誤差）
```

```
---
Signif. codes:  0 '***' 0.001 '**' 0.01 '*' 0.05 '.' 0.1 ' ' 1
```

演習 4-1 以下に示す表 4.6 の小売店のいくつかの県で，年間の販売額 y（億円/年）を売り場面積 x（万 m^2）で説明するとき，回帰式を求めよ．

表 4.6 県別小売店の売場面積と販売高

県 No.	売り場面積（万 m^2） x	年間販売額（億円） y
1	69.9	6944
2	92.9	7935
3	235.2	21520
4	350.9	35451
5	168.3	16542
6	95.1	8248
7	119.0	13470
8	168.6	15100
9	111.4	8418
10	543.9	54553
11	87.9	8896
12	138.9	14395

演習 4-2 以下に示す表 4.7 の大学生の月平均支出額 y（万円）を，月平均収入額 x（万円）で回帰するときの回帰式を推定せよ．

表 4.7 大学生の月収入額と支出額

学生 No.	収入額（万円） x	支出額（万円） y
1	15	11
2	13	10
3	13	13
4	18.5	15.6
5	15	8
6	16	10
7	13	12
8	10.5	10
9	18	16
10	14.2	14.4
11	17	16
12	14	14
13	16	14.8
14	11	10
15	13	9.1
16	20	17
17	15	15
18	30	20
19	13.6	11.2
20	15	14

(2) あてはまりの良さ

予測値 $\widehat{y}_i = \widehat{\beta}_0 + \widehat{\beta}_1 x_i (i=1,\ldots,n)$ と実際のデータ y_i との離れ具合は，$y_i - \widehat{y}_i$ でこれを

4.2 回帰分析

残差 (residual) といい，e_i で表す．

そして，データと平均との差の分解をすると

(4.22) $$\underbrace{y_i - \overline{y}}_{\text{データと平均との差}} = y_i - \widehat{y}_i + \widehat{y}_i - \overline{y} = \underbrace{e_i}_{\text{残差}} + \underbrace{\widehat{y}_i - \overline{y}}_{\text{回帰による偏差}}$$

となる．

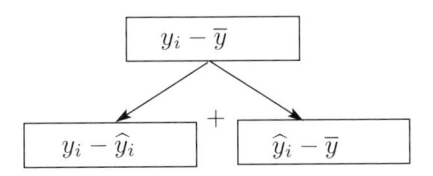

そこで，図 4.27 のように図示されることがわかる．

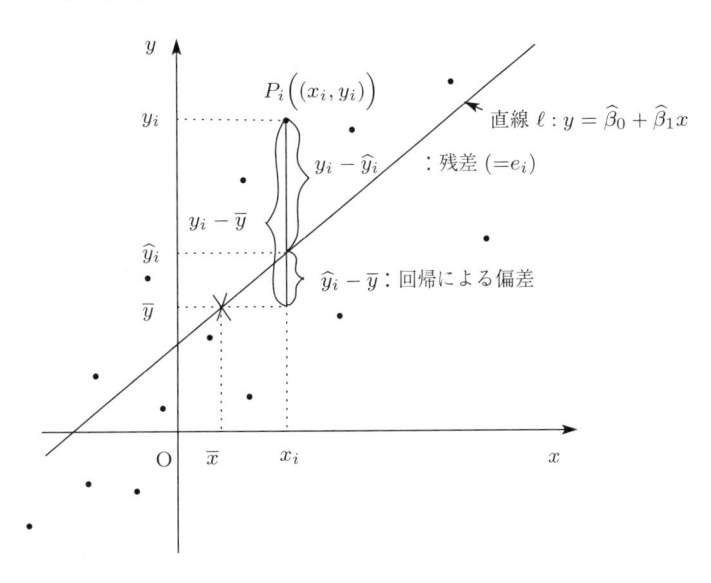

図 4.27 各データと平均との差の分解

そして，式 (4.22) の両辺を 2 乗して，i について 1 から n まで和をとると，次の全変動 (平方和) の分解の式が得られる．ただし，

$$\widehat{y}_i - \overline{y} = \widehat{\beta}_0 + \widehat{\beta}_1 x_i - \overline{y} = \overline{y} - \widehat{\beta}_1 \overline{x} + \widehat{\beta}_1 x_i - \overline{y} = \widehat{\beta}_1 (x_i - \overline{x})$$

より $\sum_{i=1}^{n} e_i(\widehat{y}_i - \overline{y}) = \widehat{\beta}_1 \sum_{i=1}^{n} e_i x_i - \widehat{\beta}_1 \overline{x} \sum_{i=1}^{n} e_i$ と変形され，式 (4.20) の下の式より $\sum_{i=1}^{n} e_i x_i = 0$ かつ式 (4.20) の上の式から $\sum_{i=1}^{n} e_i = 0$ が成立するので，積の項が消えることに注意して

(4.23) $$\underbrace{\sum_{i=1}^{n}(y_i - \overline{y})^2}_{\text{全変動}} = \sum_{i=1}^{n} e_i^2 + \sum_{i=1}^{n}(\widehat{y}_i - \overline{y})^2 + 2\underbrace{\sum_{i=1}^{n} e_i(\widehat{y}_i - \overline{y})}_{=0}$$

$$= \underbrace{\sum_{i=1}^{n} e_i^2}_{\text{残差変動}} + \underbrace{\sum_{i=1}^{n} (\widehat{y}_i - \overline{y})^2}_{\text{回帰による変動}} \quad (S_T = S_e + S_R)$$

が成立する．ここに，$S_T = S_{yy}$ であり，

$$S_R = \sum_{i=1}^{n} (\widehat{y}_i - \overline{y})^2 = \widehat{\beta}_1^2 \sum_{i=1}^{n} (x_i - \overline{x})^2 = \frac{S_{xy}^2}{S_{xx}^2} S_{xx} = \frac{S_{xy}^2}{S_{xx}} = \widehat{\beta}_1 S_{xy},$$

$$S_e = S_T - S_R = S_{yy} - \frac{S_{xy}^2}{S_{xx}}$$

である．以上のことをベクトルを使って書くと，$\boldsymbol{y} - \widehat{\boldsymbol{y}} \perp \widehat{\boldsymbol{y}} - \overline{\boldsymbol{y}}$（直交）より

(4.24)
$$\|\boldsymbol{y} - \overline{\boldsymbol{y}}\|^2 = \|\boldsymbol{y} - \widehat{\boldsymbol{y}}\|^2 + \|\widehat{\boldsymbol{y}} - \overline{\boldsymbol{y}}\|^2$$
$$= \|\boldsymbol{y} - X\widehat{\boldsymbol{\beta}}\|^2 + \|X\widehat{\boldsymbol{\beta}} - \overline{\boldsymbol{y}}\|^2$$

ここに，$\widehat{\boldsymbol{\beta}} = (X^{\mathrm{T}} X)^{-1} X^{\mathrm{T}} \boldsymbol{y}$ である．そこで，図 4.28 のように分解される．

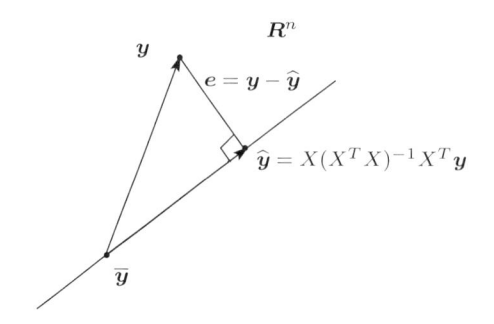

図 **4.28** 変動の分解

つまり，

$$\underbrace{\text{全変動（平方和）}}_{S_T} = \underbrace{\text{残差変動（平方和）}}_{S_e} + \underbrace{\text{回帰による変動（平方和）}}_{S_R}$$

と分解される．そこで，全変動のうちの回帰による変動の割合

(4.25)
$$\frac{S_R}{S_T} = 1 - \frac{S_e}{S_T} (= R^2)$$

は，回帰モデルのあてはまりの良さを表す尺度（x で，どれだけ（全）変動が説明できるか）とみられ，これを**寄与率** (proportion) または**決定係数** (coefficient of determination) といい，R^2 で表す．

また各平方和について，自由度 (degrees of freedom：DF) は次のようになる．

　　総平方和 $S_T (= S_{yy})$ の自由度　　$\phi_T = $ データ数 $- 1 = n - 1$，

回帰平方和 S_R の自由度　$\phi_R = 1$,

残差平方和 S_e の自由度　$\phi_e = \phi_T - \phi_R = n - 2$

そして，変動の分解を表 4.8 のようにまとめて，分散分析表に表す．

表 4.8　分散分析表

要因	平方和 S	自由度 ϕ	不偏分散 V	分散比 F 値 (F_0)	期待値 $E(V)$
回帰による (R)	S_R	ϕ_R	V_R	$\dfrac{V_R}{V_e}$	$\sigma^2 + \beta_1^2 S_{xx}$
回帰からの残差 (e)	S_e	ϕ_e	V_e		σ^2
全変動 (T)	S_T	ϕ_T			

$$S_R = S_{xy}^2/S_{xx},\ S_e = S_{yy} - S_R,\ S_T = S_{yy}$$
$$\phi_R = 1,\ \phi_e = n-2,\ \phi_T = n-1$$
$$V_R = S_R/\phi_R = S_R,\ V_e = S_e/\phi_e = S_e/(n-2)$$

(注 4-2)　期待値については，基礎的な確率・統計の本を参照されたい．◁

y と予測値 $\widehat{y}$ の相関係数を $r_{y\widehat{y}}$ で表し，これを特に**重相関係数** (multiple correlation coefficient) という．本によって R で表しているが，相関行列を表すのに同じ文字 R を用いているので，混同しないようにしていただきたい．

(4.26)
$$S_{y\widehat{y}} = \sum_{i=1}^n (y_i - \overline{y})(\widehat{y}_i - \overline{y}) = \sum_{i=1}^n (y_i - \widehat{y}_i + \widehat{y}_i - \overline{y})(\widehat{y}_i - \overline{y})$$
$$= \underbrace{\sum_{i=1}^n e_i(\widehat{y}_i - \overline{y})}_{=0} + \sum_{i=1}^n (\widehat{y}_i - \overline{y})^2 = S_R$$

だから，

(4.27)
$$r_{y\widehat{y}} = \frac{S_{y\widehat{y}}}{\sqrt{S_{yy}}\sqrt{S_{\widehat{y}\widehat{y}}}} = \frac{\sum_{i=1}^n (y_i - \overline{y})(\widehat{y}_i - \overset{=\overline{y}}{\overline{\widehat{y}}})}{\sqrt{\sum_{i=1}^n (y_i - \overline{y})^2}\sqrt{\sum_{i=1}^n (\widehat{y}_i - \overline{y})^2}}$$
$$= \frac{S_R}{\sqrt{S_T}\sqrt{S_R}} = \sqrt{\frac{S_R}{S_T}} = \sqrt{R^2}$$

であり，次の関係がある．

―――― 公式 ――――

(4.28)　　$r_{y\widehat{y}}^2 = \dfrac{S_R}{S_T}$ つまり，y と予測値 $\widehat{y}$ の相関係数の 2 乗 = 寄与率

(補 4-2)　式 (4.7)（160 ページ）にあるように，説明変数が $p\ (\geqq 2)$ である重回帰モデルの場合，モデ

ルのあてはまりの良さを表す決定係数(寄与率)である式 (4.25) の R^2 において, S_e を $V_e = \dfrac{S_e}{n-p-1}$, S_T を $V_T = \dfrac{S_T}{n-1}$ で置き換えた

$$(4.29) \qquad (R^*)^2 = 1 - \frac{V_e}{V_T} = 1 - \frac{\dfrac{S_e}{n-p-1}}{\dfrac{S_T}{n-1}} = 1 - \frac{n-1}{n-p-1}(1-R^2)$$

を**自由度調整済寄与率** (adjust propotion) または**自由度調整済決定係数**という.その正の平方根 R^* を**自由度調整済重相関係数** (adjusted multiple correlation coefficient) という.n が p よりかなり大きい場合は調整する必要はないが,$n-p-1$ があまり大きくないときは,回帰の寄与率を回帰変動と全変動を,それらの自由度で割った上記の $(R^*)^2$ を用いるのがよい.説明変数を増やせば,寄与率は単調に増えるので,説明変数が多い場合,単純な寄与率で見るのはよくない.◁

(補 4-3) 繰返しのある単回帰分析の解析について,以下にまとめておこう.目的変数 y_{ij} について,k 個の各水準 $x_i (i = 1 \sim k)$ で n_i 回繰返し実験してデータ y_{ij} が得られる場合を考える.

手順 1 データの構造式として

$$y_{ij} = \beta_0 + \beta_1 x_i + \gamma_i + \varepsilon_{ij} \ (i=1\sim k; j=1\sim n_i; N=\sum_{j=1}^{k}n_i)$$

$$(= \mu + a_i + \varepsilon_{ij})$$

が考えられる.ただし,γ_i は当てはまりの悪さ (lack of fit) で,誤差 ε_{ij} は誤差の 4 条件を満たすものとする.

手順 2 平方和の分解

$$\underbrace{\sum_{i=1}^{k}\sum_{j=1}^{n_i}(y_{ij}-\overline{\overline{y}})^2}_{=S_T} = \underbrace{\sum_{i=1}^{k}\sum_{j=1}^{n_i}(y_{ij}-\overline{y}_{i\cdot})^2}_{=S_E} + \underbrace{\sum_{i=1}^{k}\sum_{j=1}^{n_i}(\overline{y}_{i\cdot}-\overline{\overline{y}})^2}_{=S_A}$$

$$= \underbrace{\sum_{i=1}^{k}\sum_{j=1}^{n_i}(y_{ij}-\overline{y}_{i\cdot})^2}_{=S_E} + \underbrace{\sum_{i=1}^{k}n_i(\overline{y}_{i\cdot}-\widehat{\beta}_0-\widehat{\beta}_1 x_i)^2}_{=S_{lof}} + \underbrace{\sum_{i=1}^{k}n_i(\widehat{\beta}_0+\widehat{\beta}_1 x_i-\overline{\overline{y}})^2}_{=S_R}$$

$$= S_E + S_A = S_E + S_{lof} + S_R$$

$$= \sum_{i=1}^{k}\sum_{j=1}^{n_i}(y_{ij}-\widehat{\beta}_0-\widehat{\beta}_1 x_i)^2 + \sum_{i=1}^{k}\sum_{j=1}^{n_i}(\widehat{\beta}_0-\widehat{\beta}_1 x_i-\overline{\overline{y}})^2$$

$$= S_e + S_R = S_E + S_{lof} + S_R$$

そこで,$S_{lof} = S_A - S_R = S_e - S_E$ である.

手順 3 分散分析表の作成

このとき,分散分析表は表 4.9 のようになる.

表 4.9 分散分析表 (1)

要因	S	ϕ	V	F_0	$E(V)$
直線回帰 R	$S_R = S_{xy}^2/S_{xx}$	$\phi_R = 1$	V_R	V_R/V_E	$\sigma^2 + \beta_1^2 \sum n_i(x_i-\overline{x})^2$
当てはまりの悪さ lof	$S_{lof} = S_A - S_R$	$\phi_{lof} = k-2$	V_{lof}	V_{lof}/V_E	$\sigma^2 + \sum n_i \gamma_i^2/(k-2)$
級間 A	S_A	$\phi_A = k-1$	V_A	V_A/V_E	$\sigma^2 + \sum n_i a_i^2/(k-1)$
級内 E	$S_E = S_T - S_A$	$\phi_E = N-k$	V_E		σ^2
計	S_T	$N-1$			

また,各変動の関係を図に示すと図 4.29 のようである.

① 級内変動：S_E, ② 当てはまりの悪さ：S_{lof}, ③ 回帰による変動：S_R

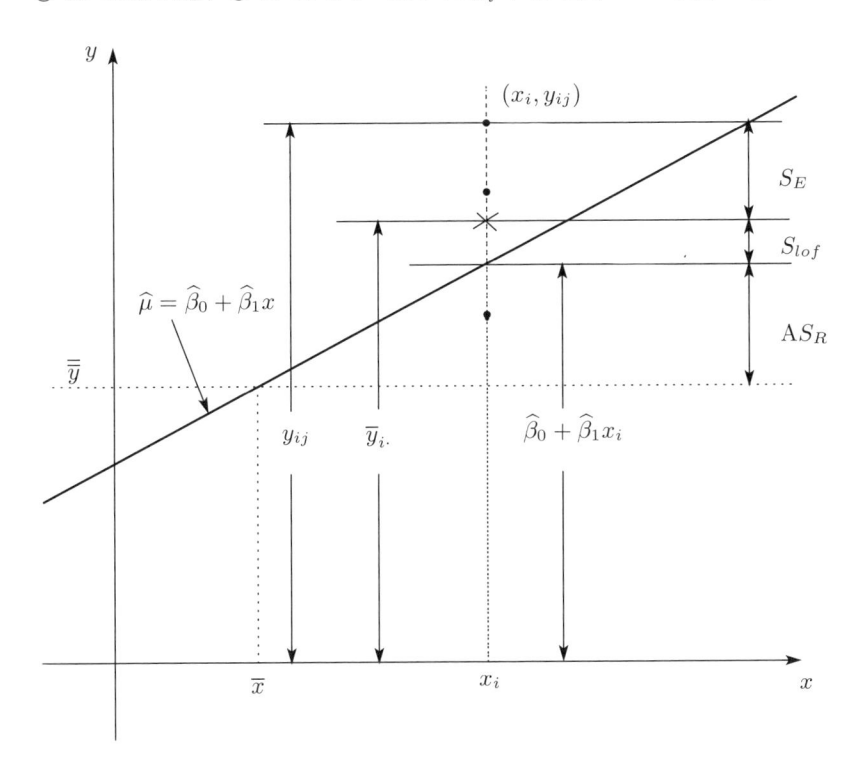

図 4.29 変動の分解（繰返しあり）

分散分析の結果, 回帰による変動は有意であり, 当てはまりの悪さは有意でない場合であれば誤差にプールして, プーリング後の分散分析表, 表 4.10 を作成する.

表 4.10 分散分析表 (2)

要因	S	ϕ	V	F_0	$E(V)$
回帰 R	S_R	$\phi_R = 1$	$V_R = S_R/\phi_R$	V_R/V_e	$\sigma^2 + \beta_1^2 \sum n_i (x_i - \overline{x})^2$
残差 e	$S_e = S_E + S_{lof}$	$\phi_e = \phi_E + \phi_{lof}$	$V_e = S_e/\phi_e$		σ^2
計	S_T	$N - 1$			

手順 4 分析後の推定

そこで, プーリング後のデータの構造式は,

$$y_{ij} = \beta_0 + \beta_1 x_i + \varepsilon_{ij}$$

となる。この構造式に基づいた推定・予測などをおこなう. ◁

第5章 分散分析

5.1 分散分析とは

　分散分析とは，実験配置において用いられるデータ解析の手法である．3つあるいはそれ以上の母集団について，それらの母平均の間に差があるかどうか，またどれくらいの差があるかを検討するためにフィッシャー (R. A. Fisher) が考案したのが**分散分析法** (ANalysis Of VAriance：ANOVA) である．2個の正規分布の平均値の差に関する検定では u 検定（分散既知），t 検定（分散未知）が使われたが，それを $k (\geqq 3)$ 個の正規分布の母平均が等しいかを検定する場合に広げた手法である．図 5.1 のように実際には特性値のばらつきを平方和として表し，その平方和を要因ごとに分けて誤差に比べて大きな影響を与えている要因を探し出し，推測に利用する方法である．

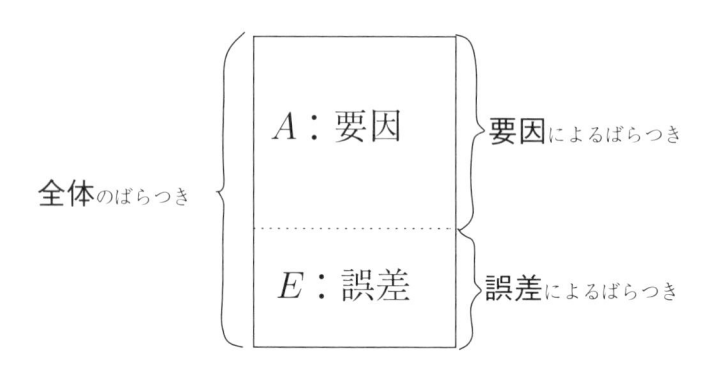

図 5.1　ばらつきの分解

　例えば複数のスーパーのそれぞれの1日の売上げ高を考えよう．まずスーパーの店を1号店から3号店を3店舗として考え，各店舗で平日の4日間の売上げ高のデータが得られたとする．要因として店の違いを A で表し，店舗を A_1, A_2, A_3 とする．ここで店の違い A が**因子** (factor) といわれ，各店舗 A_1, A_2, A_3 が**水準** (level) といわれる．そして A_i 店の j 日の売上げ高を x_{ij} ($i=1,2,3$; $j=1,2,3,4$) 万円とすると表 5.1 のようなデータが得られた．

　次に以下の式の分解のように，個々の売上げ高の全平均との違い（偏差）を，店舗による（要因 A による）違いと同じ店舗内（要因 A の同水準）での違いに分けて眺めることで店舗（要因 A）の影響を調べる．

まず，全（総）平均を $\overline{\overline{x}} = \dfrac{\sum_{i=1}^{3}\sum_{j=1}^{4} x_{ij}}{12}$，$i$ 店舗での平均を $\overline{x}_{i\cdot} = \dfrac{\sum_{j=1}^{4} x_{ij}}{4}$ とおき，

(5.1) $\quad \underbrace{x_{ij} - \overline{\overline{x}}}_{\text{データとの違い}} = \underbrace{x_{ij} - \overline{x}_{i\cdot}}_{i\text{ 店舗内での違い}} + \underbrace{\overline{x}_{i\cdot} - \overline{\overline{x}}}_{i\text{ 店舗による違い}}$

とする．グラフは以下の図 5.2 のように横軸に 3 店舗をとり，縦軸に売り上げ高を 4 日について打点する．そして全平均との違いを各店舗ごとの平均との違いと店舗内での違いに分けるのである．

表 5.1 売上げ高（単位：万円）

店舗＼日	1	2	3	4	計
A_1	8	10	8	6	32
A_2	10	12	13	11	46
A_3	5	6	4	7	22
計	23	28	25	24	100

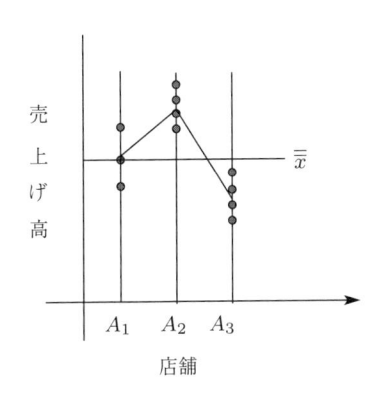

図 5.2 店舗の違いによる売上げ高

違い（偏差）は正負があるため，それらの全体をみるには普通 2 乗（平方）して総和をとった大きさで評価する．そこで以下のような平方和の分解を考え，要因の効果・影響を評価・分析するのである．

(5.2) $\quad \displaystyle\sum_{ij}(x_{ij}-\overline{\overline{x}})^2 = \underbrace{\sum_{i=1}^{3}\sum_{j=1}^{4}(x_{ij}-\overline{x}_{i\cdot})^2}_{\text{水準内}} + \underbrace{\sum_{i=1}^{3} 4(\overline{x}_{i\cdot}-\overline{\overline{x}})^2}_{\text{水準間}}$

実験を行う場合には，特性値に影響がある原因の中から実験に取り上げた要因を**因子** (factor) または要因とよび，その因子を量的・質的にかえる条件を**水準** (level) という．通常，因子はローマ字大文字 $A, B, C, \ldots$，水準は $A_1, A_2, \ldots$ のように添え字をつけて表す．そして，図 5.3 のように取り上げる因子の数が 1 個の場合，**1 元配置法** (one-way layout design) といい，因

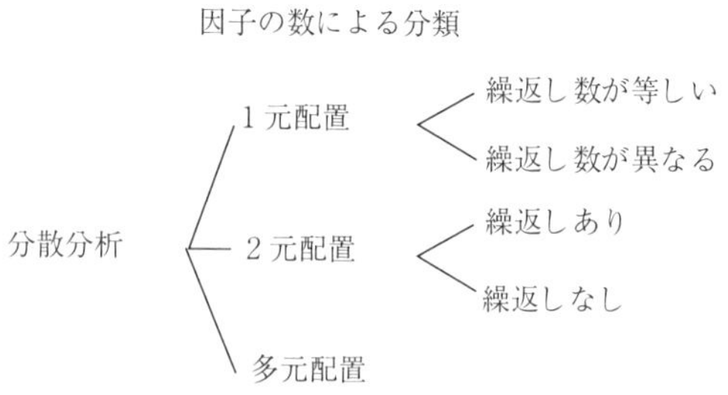

因子の数による分類

```
                     ┌ 繰返し数が等しい
            ┌ 1元配置 ┤
            │        └ 繰返し数が異なる
            │
分散分析 ────┤        ┌ 繰返しあり
            ├ 2元配置 ┤
            │        └ 繰返しなし
            │
            └ 多元配置
```

図 5.3　分散分析法の分類

子の数が2個の場合，**2元配置法** (two-way layout design)，因子の数が3個の場合，**3元配置法** (three-way layout design) という．そして因子が3個以上の場合には**多元配置法**という．また因子と水準の組合せごとに実験が繰返されてデータがとられる場合を，**繰返しのある2元配置法**，**繰返しのある多元配置法**のようにいう．

● 実験の順序　実験を行う順番はまず全実験の組合せに対して，1番から順に番号をつけておいてランダムにそれらの番号を，一様乱数（どの数も同じ割合で出るデタラメな数）などを用いて逐次選んで行う．

5.2　1元配置法

ある特性について効果を知ろうとする因子を1つ取り上げ，その因子の各水準で2回以上繰返す実験を**1元配置の実験**という．

5.2.1　繰返し数が等しい場合

表 5.2　1元配置法のデータ

因子の水準 \ 実験の繰返し	1	2	$\cdots$	j	$\cdots$	r	計
A_1	x_{11}	x_{12}	$\cdots$	x_{1j}	$\cdots$	x_{1r}	$x_{1\cdot} = T_{1\cdot}$
A_2	x_{21}	x_{22}	$\cdots$	x_{2j}	$\cdots$	x_{2r}	$x_{2\cdot} = T_{2\cdot}$
$\vdots$	$\vdots$	$\vdots$		$\vdots$		$\vdots$	$\vdots$
A_i	x_{i1}	x_{i2}	$\cdots$	x_{ij}	$\cdots$	x_{ir}	$x_{i\cdot} = T_{i\cdot}$
$\vdots$	$\vdots$	$\vdots$		$\vdots$		$\vdots$	$\vdots$
A_ℓ	$x_{\ell 1}$	$x_{\ell 2}$	$\cdots$	$x_{\ell j}$	$\cdots$	$x_{\ell r}$	$x_{\ell \cdot} = T_{\ell \cdot}$
計	$x_{\cdot 1} = T_{\cdot 1}$	$x_{\cdot 2} = T_{\cdot 2}$	$\cdots$	$x_{\cdot j} = T_{\cdot j}$	$\cdots$	$x_{\cdot r} = T_{\cdot r}$	T 総計

ある特性値に対して影響をもつと思われる1個の因子 A をとりあげ，その水準として $A_1, \ldots, A_\ell$ を選んで実験し，影響を調べるのが1元配置法での実験である．水準でなく，条件や処理方法として ℓ 通りを考えてもよい．そして各水準で繰返し r 回の実験をしたとする．このとき，A_i 水準での j 番目のデータ x_{ij} が得られるとすると表5.2のようにまとめられる．

ここで，添え字にあるドット ($\bullet$) はそのドットの位置にある添え字について足しあわせることを意味する．例えば $x_{i \cdot} = \sum_{j=1}^{r} x_{ij}$, $x_{\cdot j} = \sum_{i=1}^{\ell} x_{ij}$ のようにである．

(1) 分散分析

まず得られたデータについて分析をするため，モデル（データの構造式）を仮定する．

手順1 データの構造式

ここでは次のようにデータの構造を仮定する．

(5.3) $\qquad$ データ＝総平均＋A_iの主効果＋誤差

(5.4) $\qquad x_{ij} = \mu + a_i + \varepsilon_{ij} (i = 1, \ldots, \ell ; j = 1, \ldots, r)$

μ：一般平均（全平均）(grand mean)

a_i：要因 A の**主効果** (main effect)，$\sum_{i=1}^{\ell} a_i = 0$

ε_{ij}：誤差は互いに独立に正規分布 $N(0, \sigma^2)$ に従う．

そして誤差については以下の 4 個の仮定（4つのお願い）がされる．

不偏性，等分散性，独立性，正規性の不等独正

手順2 平方和の分解

一般に x_{ij} を要因 A について第 i 水準 $(i = 1, \ldots, \ell)$ の $j (j = 1, \ldots, r)$ 番目のデータとするとき，各データ x_{ij} と全平均 $\overline{\overline{x}}$ との偏差（deviation; 違い，かたより）を以下のように，要因の同じ水準内での偏差と A_i 水準と全平均との偏差に分ける（図 5.4 参照）．

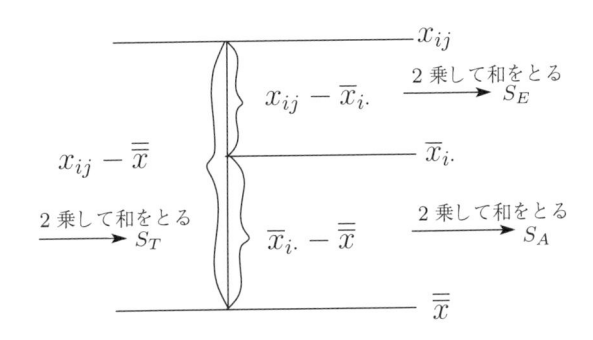

図 **5.4** 1 元配置におけるデータと平均の分解

(5.5) $\qquad \underbrace{x_{ij} - \overline{\overline{x}}}_{\text{各データと全平均との偏差}} = \underbrace{x_{ij} - \overline{x}_{i \cdot}}_{A_i\text{水準内での偏差}} + \underbrace{\overline{x}_{i \cdot} - \overline{\overline{x}}}_{A_i\text{水準との偏差}}$

この式の各項は正負をとりうるため 2 乗した量（平方和）を考える．両辺を 2 乗し，さらに i, j について足し合わせると

$$
\text{(5.6)} \quad \underbrace{\sum_{i=1}^{\ell}\sum_{j=1}^{r}(x_{ij}-\overline{\overline{x}})^2}_{S_T} = \sum_{i=1}^{\ell}\sum_{j=1}^{r}(x_{ij}-\overline{x}_{i\cdot})^2 + \sum_{i=1}^{\ell}\sum_{j=1}^{r}(\overline{x}_{i\cdot}-\overline{\overline{x}})^2
$$

$$
+ 2\underbrace{\sum_i\sum_j(x_{ij}-\overline{x}_{i\cdot})(\overline{x}_{i\cdot}-\overline{\overline{x}})}_{=0}
$$

$$
= \underbrace{\sum_{i=1}^{\ell}\sum_{j=1}^{r}(x_{ij}-\overline{x}_{i\cdot})^2}_{S_E} + \underbrace{\sum_{i=1}^{\ell}\sum_{j=1}^{r}(\overline{x}_{i\cdot}-\overline{\overline{x}})^2}_{S_A}
$$

つまり

$$
\text{(5.7)} \quad \underbrace{S_T}_{\text{全変動}} = \underbrace{S_E}_{\text{誤差変動}} + \underbrace{S_A}_{A\text{による変動}}
$$

と分解する．要因による変動（級間変動：between class）が誤差変動（級内変動：within class）に対して大きいかどうかによって要因間に差があるかどうかをみるのである．ただし，このままの平方和で比較するのでなく，各平方和をそれらの自由度で割った平均平方和（不偏分散）で比較する．後で比をとると分布がわかる意味でもよい．以下の図 5.5 のように平方和を分解して考える．

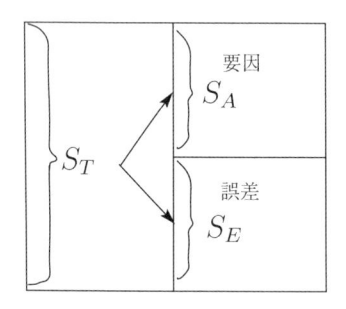

図 **5.5** 1 元配置における平方和の分解

以下に解析手順に沿って個々の分析法について考えよう．

手順 3 平方和の計算

● 総（全）平方和について

$$
\text{(5.8)} \quad S_T = \sum_{i=1}^{\ell}\sum_{j=1}^{r}\left(x_{ij}-\overline{\overline{x}}\right)^2 = \sum x_{ij}^2 - \frac{\left(\sum x_{ij}\right)^2}{\ell r} = \sum x_{ij}^2 - CT
$$
$$
= \text{個々のデータの 2 乗和} - \text{修正項}
$$

ただし，$T = \sum x_{ij}$（データの総和），$N = \ell \times r$（データの総数）とするとき，

5.2 1元配置法

$$CT = \frac{T^2}{N} = \frac{データの総和の2乗}{データの総数} : 修正項 (\underline{c}orrection \underline{t}erm) とする.$$

● 要因 A の平方和について

(5.9)
$$S_A = \sum_{i=1}^{\ell} \sum_{j=1}^{r} (\overline{x}_{i\cdot} - \overline{\overline{x}})^2 = r \sum_{i=1}^{\ell} (\overline{x}_{i\cdot} - \overline{\overline{x}})^2$$

$$= r \sum_{i=1}^{\ell} \Big(\frac{T_{i\cdot}}{r} - \frac{T}{N}\Big)^2 = \sum_{i=1}^{\ell} \frac{T_{i\cdot}^2}{r} - CT \quad (T_{i\cdot} = \sum_{j=1}^{r} x_{ij} = x_{i\cdot})$$

$$= \sum \frac{A_i 水準でのデータの和の 2 乗}{A_i 水準のデータ数} - 修正項 : 因子間平方和$$

（級間平方和，級間変動）

である．

● 誤差 E の平方和について

(5.10) $\quad S_E = \sum_{i,j} (x_{ij} - \overline{x}_{i\cdot})^2 = S_T - S_A$: 残差平方和 (級内平方和，級内変動)

手順 4　自由度の計算

そこで各要因の自由度は

● 総平方和 S_T について

変数 $x_{ij} - \overline{\overline{x}} (i = 1, \ldots, \ell ; j = 1, \ldots, r)$ の個数は $\ell \times r$ だが，それらを足すと 0 となり，自由度は 1 少ないので $\phi_T = \ell r - 1 = N - 1$ である．

● 因子間平方和 S_A について

変数 $\overline{x}_{i\cdot} - \overline{\overline{x}} (i = 1, \ldots, \ell)$ の個数は ℓ 個だが，それらを足すと 0 となるので自由度は $\phi_A = \ell - 1$ である．

● 残差平方和 S_E については全自由度から要因 A の自由度を引いて $\phi_E = \ell r - 1 - (\ell - 1) = \ell(r-1)$ である．または，変数 $x_{ij} - \overline{x}_{i\cdot}$ は各 i について $r - 1$ の自由度があるので ℓ 個については $\ell(r-1)$ の自由度があると考えられる．

手順 5　分散分析表の作成

次にこれまでの平方和，自由度を表 5.3 のような**分散分析表**にまとめる．

表 **5.3** 分散分析表

要因	平方和 (S)	自由度 (ϕ)	平均平方 (V)	F_0	$E(V)$
A	S_A	$\phi_A = \ell - 1$	$V_A = S_A/\phi_A$	V_A/V_E	$\sigma^2 + r\sigma_A^2$
E	S_E	$\phi_E = \ell(r-1)$	$V_E = S_E/\phi_E$		σ^2
計	S_T	$\phi_T = \ell r - 1$			

$F(\phi_A, \phi_E ; 0.05)$, $F(\phi_A, \phi_E ; 0.01)$ の値も記入しておけば検定との対応もつき便利である．

なお，$\sigma_A^2 = \dfrac{\sum_i^\ell a_i^2}{\ell-1}$ である．

手順 6 平均平方 (MS: <u>m</u>ean <u>s</u>quare)，不偏分散（V: unbiased <u>V</u>ariance）の期待値

(5.11) $$E(V_A) = \sigma^2 + r\sigma_A^2,\ E(V_E) = \sigma^2$$

（補 5-1） 以下に平均平方の期待値を計算してみよう．

- $E(V_A)$ に関して $x_{ij} = \mu + a_i + \varepsilon_{ij}$ から $\overline{x}_{i\cdot} = \mu + a_i + \overline{\varepsilon}_{i\cdot},\ \overline{\overline{x}} = \mu + \overline{\overline{\varepsilon}}$ より，$\overline{x}_{i\cdot} - \overline{\overline{x}} = a_i + \overline{\varepsilon}_{i\cdot} - \overline{\overline{\varepsilon}}$ だから $V_A = \dfrac{S_A}{\ell-1} = \dfrac{\sum_{i,j}(\overline{x}_{i\cdot} - \overline{\overline{x}})^2}{\ell-1} = \dfrac{r\sum_i (\overline{x}_{i\cdot} - \overline{\overline{x}})^2}{\ell-1}$ で $\sum_i (\overline{x}_{i\cdot} - \overline{\overline{x}})^2 = \sum_i (a_i + \overline{\varepsilon}_{i\cdot} - \overline{\overline{\varepsilon}})^2 = \sum a_i^2 + 2\sum_i a_i(\overline{\varepsilon}_{i\cdot} - \overline{\overline{\varepsilon}}) + \sum_i (\overline{\varepsilon}_{i\cdot} - \overline{\overline{\varepsilon}})^2$ なので

$$E\sum_i(\overline{x}_{i\cdot} - \overline{\overline{x}})^2 = \sum_i E(a_i^2) + 2\sum_i a_i \underbrace{E(\overline{\varepsilon}_{i\cdot} - \overline{\overline{\varepsilon}})}_{=0} + \underbrace{E\Big(\sum_{i=1}^\ell (\overline{\varepsilon}_{i\cdot} - \overline{\overline{\varepsilon}})^2\Big)}_{=(\ell-1)V(\overline{\varepsilon}_{i\cdot})}$$

$$= (\ell-1)\sigma_A^2 + (\ell-1)\sigma^2/r$$

である．そこで，$E(V_A) = \dfrac{E(S_A)}{\ell-1} = r\sigma_A^2 + \sigma^2$ である．

- $E(V_E)$ に関して $V_E = \dfrac{S_E}{\ell(r-1)} = \dfrac{\sum_{i,j}(x_{ij} - \overline{x}_{i\cdot})^2}{\ell(r-1)} = \dfrac{\sum_{i,j}(\varepsilon_{ij} - \overline{\varepsilon}_{i\cdot})^2}{\ell(r-1)}$ より $E(V_E) = \dfrac{\sum_{i,j} E(\varepsilon_{ij} - \overline{\varepsilon}_{i\cdot})^2}{\ell(r-1)}$ である．ここで

$$(\varepsilon_{ij} - \overline{\varepsilon}_{i\cdot})^2 = \varepsilon_{ij}^2 - 2\varepsilon_{ij}\overline{\varepsilon}_{i\cdot} + \overline{\varepsilon}_{i\cdot}^2 = \varepsilon_{ij}^2 - 2\varepsilon_{ij}\frac{\varepsilon_{i1} + \cdots + \varepsilon_{ir}}{r} + \overline{\varepsilon}_{i\cdot}^2$$

$$= \varepsilon_{ij}^2 - \frac{2}{r}(\varepsilon_{ij}^2 + \sum_{k\neq j}\varepsilon_{ij}\varepsilon_{ik})^2 + \frac{(\varepsilon_{i1} + \cdots + \varepsilon_{ir})^2}{r^2}$$

より

$$E(\varepsilon_{ij} - \overline{\varepsilon}_{i\cdot})^2 = E(\varepsilon_{ij}^2) - \frac{2}{r}\{E(\varepsilon_{ij}^2) + \sum_{k\neq j} E(\varepsilon_{ij})E(\varepsilon_{ik})\} + \frac{r}{r^2}E(\varepsilon_{ij}^2)$$

$$= \sigma^2 - \frac{2}{r}\sigma^2 + \frac{1}{r}\sigma^2 = \frac{r-1}{r}\sigma^2$$

なので，$E(V_E) = \dfrac{\sum_{i,j} E(\varepsilon_{ij} - \overline{\varepsilon}_{i\cdot})^2}{\ell(r-1)} = \sigma^2$． ◁

手順 7 要因効果の検定

このとき，要因 A による効果がないことは，要因 A の各水準間に差がないことである．そこで検定は以下のような式で表せる．

(5.12) $$\begin{cases} H_0: a_1 = a_2 = \cdots = a_\ell = 0 & \iff \ 差がない（帰無仮説）\\ H_1: いずれかの\ a_i\ が\ 0\ でない & \iff \ 差がある（対立仮説）\end{cases}$$

ここで，$\sigma_A^2 = \dfrac{\sum\limits_{i=1}^\ell a_i^2}{\ell-1}$ とおくと

(5.13) $$H_0: a_1 = a_2 = \cdots = a_\ell = 0 \iff H_0: \sigma_A^2 = 0$$

であるので，仮説は

(5.14) $$\begin{cases} H_0: \sigma_A^2 = 0 \\ H_1: \sigma_A^2 > 0 \end{cases}$$

対立仮説 H_1 は not H_0 で，平均平方の期待値から検定統計量は $F_0 = V_A/V_E$ を用いればよいとわかる．そこで棄却域 R は $R: F_0 \geqq F(\phi_A, \phi_E; \alpha)$ で与えられる．

(2) 分散分析後の推定

解析の結果得られたデータの構造式に基づいて，推定・予測を行う．例えば，因子の水準間に有意な差が認められる場合には各水準ごとに母平均の推定を行ったり，水準間の母平均の差の推定を行う．また最適条件を求める．

手順1　データの構造式

(5.15) $$x_{ij} = \mu + a_i + \varepsilon_{ij} \quad (i = 1, \ldots, \ell; \ j = 1, \ldots, r)$$

と因子 A の水準間に有意な差が認められる構造式が得られたとする．

手順2　誤差分散の推定

●点推定

(5.16) $$V_E = \frac{S_E}{\phi_E}$$

●区間推定：信頼度（信頼率）$1-\alpha$ の信頼限界

(5.17) $$\sigma_L^2 = \frac{S_E}{\chi(\phi_E, \alpha/2)}, \quad \sigma_U^2 = \frac{S_E}{\chi(\phi_E, 1-\alpha/2)}$$

手順3　A_i 水準での母平均 $\mu(A_i)$ の推定について

●点推定

(5.18) $$\widehat{\mu(A_i)} = \widehat{\mu + a_i} = \overline{x}_{i\cdot} = \frac{T_{i\cdot}}{r}$$

●区間推定：信頼度（信頼率）$1-\alpha$ の信頼限界

(5.19) $$\mu(A_i)_L, \mu(A_i)_U = \widehat{\mu}(A_i)(= \overline{x}_{i\cdot}) \pm t(\phi_E, \alpha)\sqrt{\frac{V_E}{r}}$$

これは，2元配置以降でも用いられる有効繰返し数 n_e を用いて次の式でも表される．

(5.20) $$\mu(A_i)_L, \mu(A_i)_U = \widehat{\mu}(A_i)(= \overline{x}_{i\cdot}) \pm t(\phi_E, \alpha)\sqrt{\frac{V_E}{n_e}}$$

ここで n_e は**有効反復数**といわれ，以下の**伊奈の式**または**田口の式**からも求まる．

(5.21) $\quad \dfrac{1}{n_e} =$ (母平均の推定においてデータの合計にかかる係数の和)

$$= \dfrac{1}{r} \quad (\text{伊奈の式})$$

(5.22) $\quad \dfrac{1}{n_e} = \dfrac{\text{無視しない要因の自由度の和} + 1}{\text{実験総数}} = \dfrac{\ell - 1 + 1}{\ell r} = \dfrac{1}{r} \quad (\text{田口の式})$

― 公式 ―

母平均の推定

- 点推定値 $\quad \widehat{\mu(A_i)} = \widehat{\mu + a_i} = \overline{x}_{i\cdot} = \dfrac{T_{i\cdot}}{r}$

- 信頼区間 $\quad \mu(A_i)_L, \mu(A_i)_U = \widehat{\mu(A_i)}(= \overline{x}_{i\cdot}) \pm t(\phi_E, \alpha)\sqrt{\dfrac{V_E}{r}}$

手順4 2つの水準 A_i と $A_{i'}$ の間の母平均の差 $\mu(A_i) - \mu(A_{i'})$ の推定について

● 点推定

(5.23) $\quad \widehat{\mu(A_i) - \mu(A_{i'})} = \widehat{\mu(A_i)} - \widehat{\mu(A_{i'})} = \overline{x}_{i\cdot} - \overline{x}_{i'\cdot} = \dfrac{T_{i\cdot}}{r} - \dfrac{T_{i'\cdot}}{r} \quad (i \neq i')$

● 区間推定：信頼度（信頼率）$1 - \alpha$ の信頼限界

(5.24) $\quad \{\mu(A_i) - \mu(A_{i'})\}_L, \{\mu(A_i) - \mu(A_{i'})\}_U = \overline{x}_{i\cdot} - \overline{x}_{i'\cdot} \pm t(\phi_E, \alpha)\sqrt{\dfrac{2V_E}{r}}$

である．ここで，有意水準 α に対しての

$$t(\phi_E, \alpha)\sqrt{\dfrac{2V_E}{r}}$$

は，**最小有意差** (least significant difference) と呼ばれ，**lsd** で表す．

　手順として母平均の差の推定式について，共通の項を消去する．それぞれの式において残った項について，伊奈の式を適用して，有効反復数 n_{e_1}, n_{e_2} を求める．n_d を次式より求める．

(5.25) $\quad \dfrac{1}{n_d} = \dfrac{1}{n_{e_1}} + \dfrac{1}{n_{e_2}}$

― 公式 ―

母平均の差の推定

- 点推定値 $\quad \widehat{\mu(A_i) - \mu(A_{i'})} = \widehat{\mu(A_i)} - \widehat{\mu(A_{i'})} = \overline{x}_{i\cdot} - \overline{x}_{i'\cdot}$

- 信頼区間 $\quad \widehat{\mu(A_i) - \mu(A_{i'})} \pm t(\phi_E, \alpha)\sqrt{\dfrac{V_E}{n_d}}$

差をとる2つの母平均の推定量に共通項があれば差をとることで消去できれば，独立にな

る．この場合には共通項がないため，それぞれに伊奈の式を適用して

$$\frac{1}{n_d} = \frac{1}{n_{e_1}} + \frac{1}{n_{e_2}} \tag{5.26}$$

で，

$$\frac{1}{n_{e_1}} = (点推定の式に用いられている係数の和) = \frac{1}{r} \tag{5.27}$$

$$\frac{1}{n_{e_2}} = (点推定の式に用いられている係数の和) = \frac{1}{r} \tag{5.28}$$

より，

$$\frac{1}{n_d} = \frac{2}{r} \tag{5.29}$$

となり，同じ式になる．

手順5　データの予測

新たにデータをとるとき，そのデータの値を指定することを**予測**という．予測する場合にはデータ x の構造式を以下のような構造式に基づいて，誤差も含めて推定する．推定と同様に1点で予測する点予測と区間で予測する予測区間の2通りがある．

$$x_{ij} = \mu(A_i) + \varepsilon_{ij} \tag{5.30}$$

● 点予測：A_i 水準におけるデータ

$$\widehat{x} = \widehat{x}(A_i) = \widehat{\mu}(A_i) = \widehat{\mu + a_i} = \overline{x}_{i\cdot} = \frac{T_{i\cdot}}{r} \tag{5.31}$$

● 予測区間：信頼度（信頼率）$1 - \alpha$ の信頼限界

$$x_L, x_U = \overline{x}_{i\cdot} \pm t(\phi_E, \alpha)\sqrt{\left(1 + \frac{1}{r}\right)V_E} \tag{5.32}$$

─────────── 公式 ───────────

データの予測

● 点予測　$\widehat{x}(A_i) = \widehat{\mu}(A_i) = \overline{x}_{i\cdot}$

● 予測区間　$\widehat{x}(A_i) \pm t(\phi_E, \alpha)\sqrt{\left(1 + \frac{1}{r}\right)V_E}$

(3)　解析結果のまとめ

分散分析の結果，推定の結果をもとに技術的・経済的な面も加味して結果をまとめる．

（補 5-2）　構造式での変動の分解との対応を以下にみてみよう．

① $x_{ij} = \mu + a_i + \varepsilon_{ij}$ から $\overline{x}_{i\cdot} = \mu + a_i + \overline{\varepsilon}_{i\cdot}$, $\overline{\overline{x}} = \mu + \overline{\overline{\varepsilon}}$ より, $x_{ij} - \overline{x}_{i\cdot} = \varepsilon_{ij} - \overline{\varepsilon}_{i\cdot}$, $\overline{x}_{i\cdot} - \overline{\overline{x}} = a_i + \overline{\varepsilon}_{i\cdot} - \overline{\overline{\varepsilon}}$ だから $x_{ij} - \overline{\overline{x}} = x_{ij} - \overline{x}_{i\cdot} + \overline{x}_{i\cdot} - \overline{\overline{x}} = \underbrace{\varepsilon_{ij} - \overline{\varepsilon}_{i\cdot}}_{\text{誤差}} + \underbrace{a_i}_{A \text{ の効果}} + \underbrace{\overline{\varepsilon}_{i\cdot} - \overline{\overline{\varepsilon}}}_{\text{誤差}}$ と母数の分解にも対応している.

② 同時にどの因子間で差があるかなどを検討することを **多重比較** (multiple comparison) という. また母数の線形結合したものについての検定・推定を **線形対比** (linear contrast) といい, Scheffé の方法がある. ◁

例題 5-1

表 5.4 にある 3 店舗の 4 日間の日ごとの売上高のデータに関して, 店によって売上げ高に差 (違い) があるかどうか検討し, 最適条件 (特性値の売上げ高が最も高い水準) での推定も行え.

表 5.4 売上げ高 (単位: 万円)

店舗＼日	1	2	3	4
A_1	8	10	8	6
A_2	10	12	13	11
A_3	5	6	4	7

R (コマンダー) による解析

(0) 予備解析

手順 1 データの読み込み

【データ】▶【データのインポート】▶【テキストファイルまたはクリップボード, URL から…】を選択し, 図 5.6 のダイアログボックスで, フィールドの区切り記号としてカンマにチェックをいれて, OK を左クリックする. 図 5.7 のようにフォルダからファイルを指定後, 開く(O) を左クリックする.

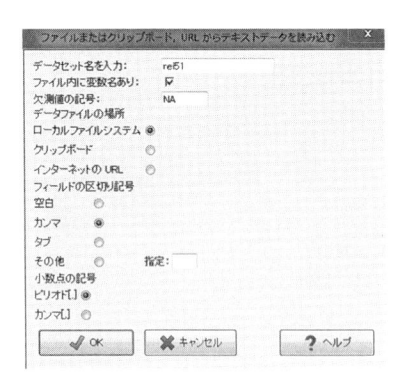

図 5.6 ダイアログボックス

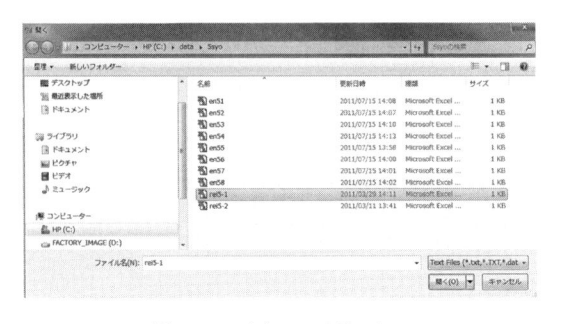

図 5.7 ダイアログボックス

▶ 図 5.8 で データセットを表示 をクリックすると, 図 5.9 のようにデータが表示される.

5.2 1元配置法

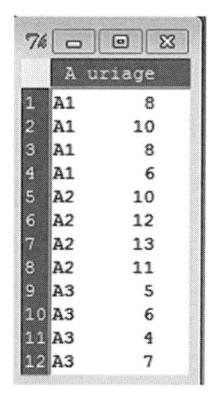

図 5.8 データ表示の指定

図 5.9 データの表示

```
─ 出力ウィンドウ ─────────────────────────
> rei51 <- read.table("C:/data/5syo/rei5-1.csv", header=TRUE, sep=",",
+    na.strings="NA", dec=".", strip.white=TRUE)
> showData(rei51, placement='-20+200', font=getRcmdr('logFont'),
 maxwidth=80, maxheight=30)
```

手順 2 基本統計量の計算

【統計量】▶【要約】▶【アクティブデータセット】と選択すると，次の出力結果が表示される．

```
─ 出力ウィンドウ ─────────────────────────
> summary(rei51)
  A        uriage
 A1:4   Min.   : 4.000
 A2:4   1st Qu.: 6.000
 A3:4   Median : 8.000
        Mean   : 8.333
        3rd Qu.:10.250
        Max.   :13.000
```

【統計量】▶【要約】▶【数値による要約】と選択し，図 5.9 で 層別して要約... をクリックする．さらに，図 5.10 のダイアログボックス 1 の右側で層別変数に A を指定し，OK を左クリックする．次に，図 5.11 のダイアログボックス 2 が表示され，OK を左クリックすると，次の出力結果が表示される．

```
出力ウィンドウ
>numSummary(rei51[,"uriage"], groups=rei51$A, statistics=c("mean", "sd",
 "IQR", "quantiles", "kurtosis"), quantiles=c(0,.25,.5,.75,1), type="2")
    mean       sd  IQR kurtosis   0%    25%   50%    75% 100% data:n
A1   8.0 1.632993 1.0      1.5    6    7.50   8.0   8.50   10      4
A2  11.5 1.290994 1.5     -1.2   10   10.75  11.5  12.25   13      4
A3   5.5 1.290994 1.5     -1.2    4    4.75   5.5   6.25    7      4
```

図 5.10 ダイアログボックス 1

図 5.11 ダイアログボックス 2

手順 3 データのグラフ化

【グラフ】▶【箱ひげ図】を選択し，図 5.12 のダイアログボックスの左側で 層別して要約... をクリックする．さらに，図 5.12 のダイアログボックスの右側で層別変数に A を指定し， OK を左クリックする．

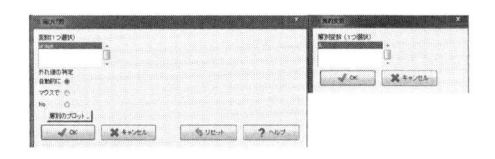

図 5.12 ダイアログボックス

次に，図 5.13 のダイアログボックスが表示され， OK を左クリックすると，図 5.14 の箱ひげ図が表示される．A による効果がありそうである．

```
出力ウィンドウ
> Boxplot(uriage~A, data=rei51, id.method="y")
```

【グラフ】▶【ドットチャート...】を選択し，図 5.15 のダイアログボックスで， OK を左クリックすると，図 5.16 のドットチャートが表示される．この図からも，A による効果がありそうとわかる．

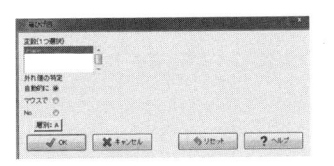

図 5.13　ダイアログボックス

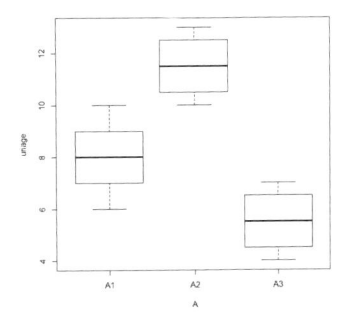

図 5.14　箱ひげ図

図 5.15　ダイアログボックス

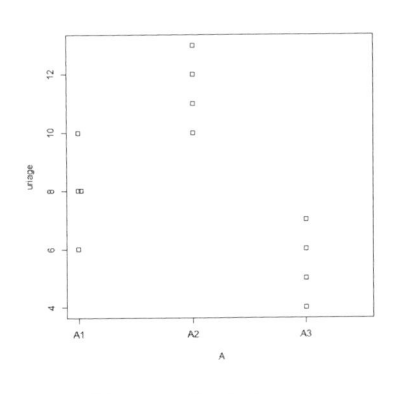

図 5.16　ドットチャート

```
出力ウィンドウ
> stripchart(uriage ~ A, vertical=TRUE, method="stack", xlab="A",
+     ylab="uriage", data=rei51)
```

【グラフ】▶【平均のプロット...】を選択し，図 5.17 のダイアログボックスで，OK を左クリックすると，図 5.18 の平均のプロットが表示される．この図からも，A による効果がありそうとわかる．

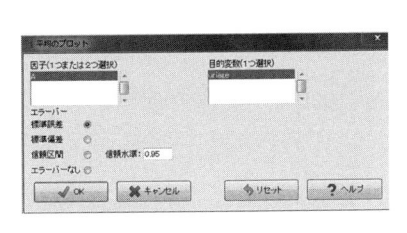

図 5.17　ダイアログボックス

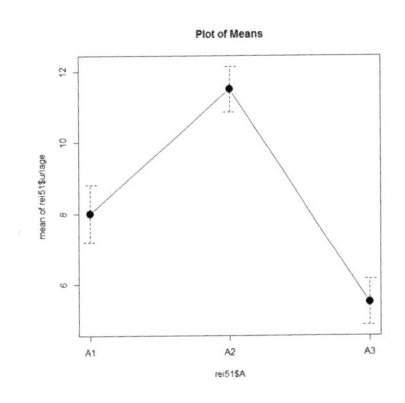

図 5.18　平均のプロット

```
> plotMeans(rei51$uriage, rei51$A, error.bars="se")
```

(1) 分散分析

手順1 モデル化：線形モデル（データの構造）

【統計量】▶【モデルへの適合】▶【線形モデル...】を選択し，図 5.19 のダイアログボックスで，モデル式：左側のボックスに上のボックスより uriage を選択しダブルクリックにより代入し，右側のボックスに上側のボックスより A を選択しダブルクリックにより A を代入する．そして，OK を左クリックすると，次の出力結果が表示される．

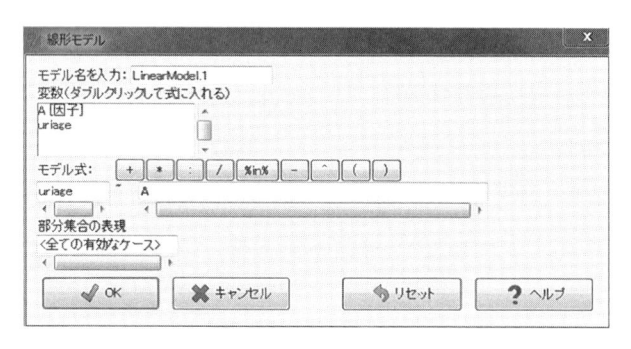

図 5.19 ダイアログボックス

```
> LinearModel.1 <- lm(uriage ~ A, data=rei51)
> summary(LinearModel.1)
Call:
lm(formula = uriage ~ A, data = rei51)
Residuals:
   Min    1Q Median    3Q   Max
 -2.00 -0.75   0.00  0.75  2.00
Coefficients:
            Estimate Std. Error t value Pr(>|t|)
(Intercept)   8.0000     0.7071   11.31 1.27e-06 ***
A[T.A2]       3.5000     1.0000    3.50  0.00672 **
A[T.A3]      -2.5000     1.0000   -2.50  0.03386 *
---
Signif. codes:  0 '***' 0.001 '**' 0.01 '*' 0.05 '.' 0.1 ' ' 1
Residual standard error: 1.414 on 9 degrees of freedom
Multiple R-squared: 0.8015, Adjusted R-squared: 0.7574
F-statistic: 18.17 on 2 and 9 DF,  p-value: 0.0006922
```

手順 2　モデルの検討：分散分析表の作成と要因効果の検定

【モデル】▶【仮説検定】▶【分散分析表...】と選択後，図 5.20 のダイアログボックスで，OK を左クリックすると，次の出力結果が表示される．

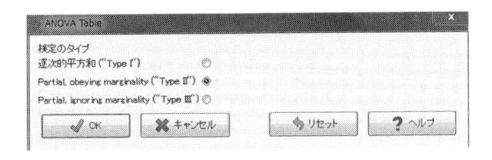

図 5.20　ダイアログボックス

```
出力ウィンドウ
> Anova(LinearModel.1, type="II")
Anova Table (Type II tests)
Response: uriage
          Sum Sq Df F value   Pr(>F)
A         72.667  2  18.167 0.0006922 ***
Residuals 18.000  9
---
Signif. codes:  0 '***' 0.001 '**' 0.01 '*' 0.05 '.' 0.1 ' ' 1
```

(2) 分散分析後の推定

データの構造式として，以下を考える．

$$x_{ij} = \mu + a_i + \varepsilon_{ij}$$

手順 1　基本的診断

【モデル】▶【グラフ】▶【基本的診断プロット...】と選択すると，図 5.21 の診断プロットが表示される．大体，問題なさそうである．

```
出力ウィンドウ
> oldpar <- par(oma=c(0,0,3,0), mfrow=c(2,2))
> plot(LinearModel.1)
> par(oldpar)
```

手順 2　効果プロット

【モデル】▶【グラフ】▶【効果プロット】と選択すると図 5.22 の効果プロットが表示される．A による効果が見られる．

lm(uriage ~ A)

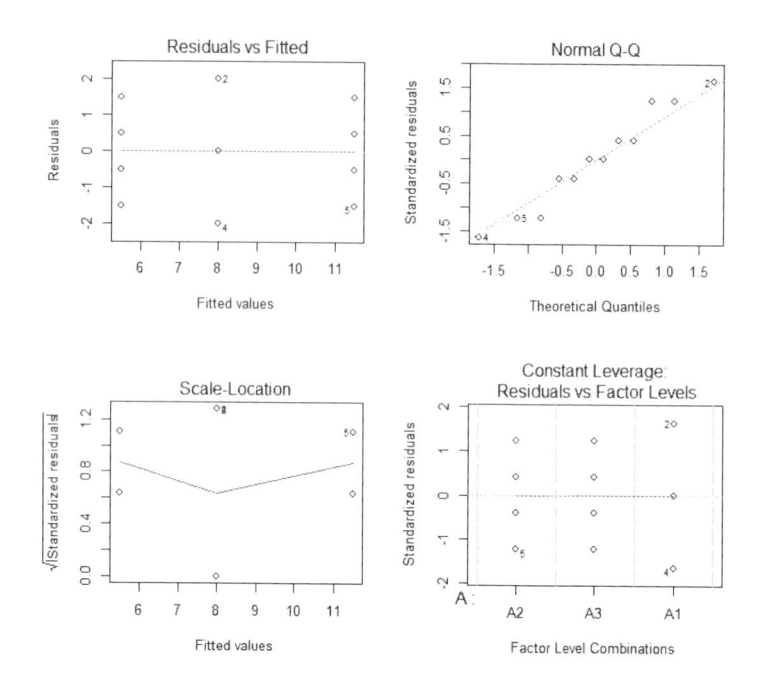

図 5.21　基本的診断プロット

```
> library(effects, pos=4)
> trellis.device(theme="col.whitebg")
> plot(allEffects(LinearModel.1), ask=FALSE)
```

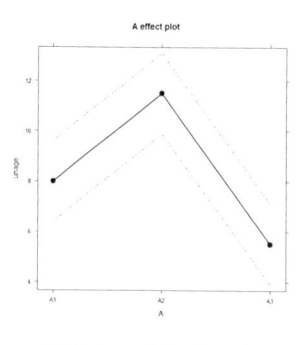

図 5.22　効果プロット

(参考)　以下のような他の選択による解析もある．

図 5.23 のように，【統計量】▶【平均】▶【1元配置分散分析...】と選択すると，図 5.24 のようなダイアログボックスが現れる．多重比較にチェックを入れて OK をクリックすると，

5.2 1元配置法

以下の出力結果が得られる．

図 5.23 1元配置分散分析の選択

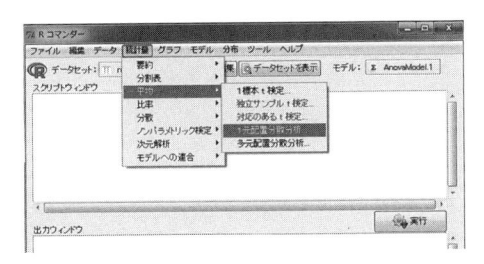

図 5.24 ダイアログボックス

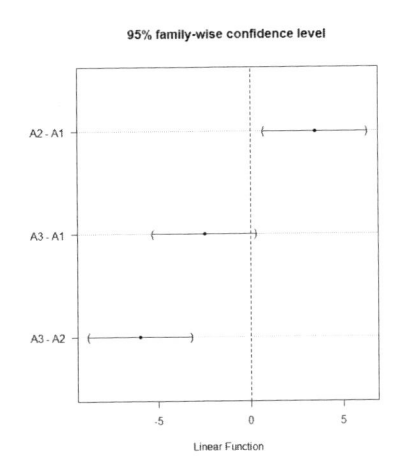

図 5.25 対ごとの比較 (多重比較)

```
─ 出力ウィンドウ ─
rei51 <- read.table("C:/data/5syo/rei5-1.csv", header=TRUE,
+   sep=",", na.strings="NA", dec=".", strip.white=TRUE)
> AnovaModel.1 <- aov(uriage ~ A, data=rei51)
> summary(AnovaModel.1)
          Df Sum Sq Mean Sq F value   Pr(>F)
A          2  72.67   36.33   18.17 0.000692 ***
Residuals  9  18.00    2.00
---
Signif. codes:  0 '***' 0.001 '**' 0.01 '*' 0.05 '.' 0.1 ' ' 1
> numSummary(rei51$uriage , groups=rei51$A, statistics=c("mean", "sd"))
    mean       sd data:n
A1   8.0 1.632993      4
A2  11.5 1.290994      4
A3   5.5 1.290994      4
```

```
> .Pairs <- glht(AnovaModel.1, linfct = mcp(A = "Tukey"))
> summary(.Pairs) # pairwise tests
 Simultaneous Tests for General Linear Hypotheses
Multiple Comparisons of Means: Tukey Contrasts
Fit: aov(formula = uriage ~ A, data = rei51)
Linear Hypotheses:
             Estimate Std. Error t value Pr(>|t|)
A2 - A1 == 0     3.5        1.0     3.5   0.0166 *
A3 - A1 == 0    -2.5        1.0    -2.5   0.0789 .
A3 - A2 == 0    -6.0        1.0    -6.0   <0.001 ***
---
Signif. codes:  0 '***' 0.001 '**' 0.01 '*' 0.05 '.' 0.1 ' ' 1
(Adjusted p values reported -- single-step method)
> confint(.Pairs) # confidence intervals
 Simultaneous Confidence Intervals
Multiple Comparisons of Means: Tukey Contrasts
Fit: aov(formula = uriage ~ A, data = rei51)
Quantile = 2.7907
95% family-wise confidence level
Linear Hypotheses:
             Estimate lwr      upr
A2 - A1 == 0  3.5000   0.7093   6.2907
A3 - A1 == 0 -2.5000  -5.2907   0.2907
A3 - A2 == 0 -6.0000  -8.7907  -3.2093
> cld(.Pairs) # compact letter display
  A2  A3  A1
 "a" "b" "b"
> old.oma <- par(oma=c(0,5,0,0))
> plot(confint(.Pairs))
> par(old.oma)
> remove(.Pairs)
```

ノンパラメトリック（ここでは順位データに変換した検定統計量：クラスカル・ワリスの順位和検定）法による場合は，図 5.26 のように選択すると，図 5.27 のようなダイアログボックスが現れ，OK をクリックすると以下の出力結果が得られる．

5.2 1元配置法

図 **5.26** 選択ダイアログボックス

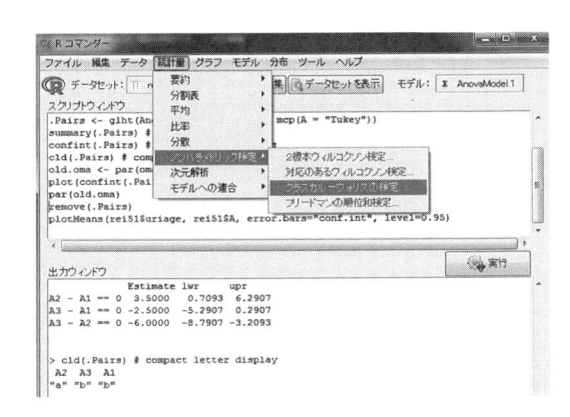

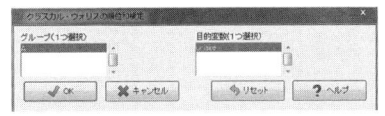

図 **5.27** ダイアログボックス

出力ウィンドウ

```
> tapply(rei51$uriage, rei51$A, median, na.rm=TRUE)
  A1   A2   A3
 8.0 11.5  5.5
> kruskal.test(uriage ~ A, data=rei51)
Kruskal-Wallis rank sum test
data:  uriage by A
Kruskal-Wallis chi-squared = 8.7747, df = 2, p-value = 0.01243
```

演習 5-1 小学校1年生から6年生まで，各学年からランダムに5人ずつ選び，50メートル走のタイムをとったところ以下の表5.5のデータが得られた．学年による違いがあるか検討せよ．

表 **5.5** 50メートル走のタイム（単位：秒）

学年＼人	1	2	3	4	5
1年生	11.3	12.4	15.5	13.6	12.4
2年生	12.3	13.4	11.5	11.6	10.8
3年生	9.2	10.4	8.6	9.8	10.7
4年生	9.5	8.4	9.8	10.4	7.8
5年生	8.4	7.5	8.6	7.9	8.3
6年生	7.8	8.5	7.6	7.2	7.5

演習 5-2 以下の表5.6は3種類の1500 ccの乗用車を繰返し4回走行し，その1ℓあたりの走行距離（燃費）を計測したものである．車種による違いがあるか分散分析せよ．

表 **5.6** 走行距離（燃費）（単位：km/ℓ）

車種＼繰返し	1	2	3	4
A	8	9	7	6
B	12	11	13	12
C	9	10	9	8

5.2.2 繰返し数が異なる場合

次に，実際のモデルは各水準での繰返し数が異なるだけなので，以下のように添え字 j の範囲と要因の制約条件を変更するだけでよい．まず，データの構造式は以下のようになる．

(1) 分散分析

手順 1　データの構造式

(5.33) $$\text{データ} = \text{総平均} + A_i \text{の主効果} + \text{誤差}$$

(5.34) $$x_{ij} = \mu + a_i + \varepsilon_{ij} \quad (i = 1, \ldots, \ell\,;\, j = 1, \ldots, r_i)$$

μ：一般平均（全平均）(grand mean),

a_i：要因 A の主効果 (main effect), $\sum_{i=1}^{\ell} r_i a_i = 0$

ε_{ij}：誤差は互いに独立に正規分布 $N(0, \sigma^2)$ に従う．

$$\mu = \frac{\sum r_i a_i^2}{\sum r_i},\ a_i = \mu_i - \mu, \quad N = r_1 + \cdots + r_\ell\text{：総データ数}$$

手順 2　平方和の分解

- 平方和　$S_T = \sum_{i=1}^{\ell} \sum_{j=1}^{r_i} x_{ij}^2 - CT,\ S_A = \sum_{i=1}^{\ell} \frac{T_{i\cdot}^2}{r_i} - CT,\ S_E = S_T - S_A$

- 自由度　$\phi_T = N - 1,\ \phi_A = \ell - 1,\ \phi_E = N - 1 - (\ell - 1) = N - \ell$

手順 3　分散分析表の作成

表 5.7　分散分析表（繰返し数が異なる場合）

要因	平方和 (S)	自由度 (ϕ)	平均平方 (V)	F_0	$E(V)$
A	S_A	$\phi_A = \ell - 1$	$V_A = S_A/\phi_A$	V_A/V_E	$\sigma^2 + \dfrac{1}{\ell-1}\sum_{i=1}^{\ell} r_i a_i^2$
E	S_E	$\phi_E = N - \ell$	$V_E = S_E/\phi_E$		σ^2
計	S_T	$\phi_T = N - 1$			

(2) 分散分析後の推定

手順 1　データの構造式

(5.35) $$x_{ij} = \mu + a_i + \varepsilon_{ij} \quad (i = 1, \ldots, \ell\,;\, j = 1, \ldots, r_i)$$

手順 2　誤差分散の推定

- 点推定

(5.36) $$V_E = \frac{S_E}{\phi_E}$$

手順 3　母平均の推定

- A_i 水準の母平均 $\mu(A_i)$ の点推定　$\widehat{\mu}(A_i) = \widehat{\mu + a_i} = \overline{x}_{i\cdot} = \dfrac{T_{i\cdot}}{r_i}$

- 区間推定　$\mu(A_i)_L, \mu(A_i)_U = \widehat{\mu}(A_i) \pm t(\phi_E, \alpha)\sqrt{\dfrac{V_E}{r_i}}$

公式

母平均の推定
- 点推定値　$\widehat{\mu}(A_i) = \widehat{\mu + a_i} = \overline{x}_{i\cdot} = \dfrac{T_{i\cdot}}{r_i}$

- 信頼区間　$\mu(A_i)_L, \mu(A_i)_U = \widehat{\mu}(A_i)(=\overline{x}_{i\cdot}) \pm t(\phi_E, \alpha)\sqrt{\dfrac{V_E}{r_i}}$

手順4　2つの母平均の差の推定

- 点推定

(5.37) $\qquad \widehat{\mu(A_i) - \mu(A_{i'})} = \widehat{\mu}(A_i) - \widehat{\mu}(A_{i'}) = \overline{x}_{i\cdot} - \overline{x}_{i'\cdot} = \dfrac{T_{i\cdot}}{r_i} - \dfrac{T_{i'\cdot}}{r_{i'}} \quad (i \neq i')$

- 区間推定：信頼度（信頼率）$1-\alpha$ の信頼限界

(5.38) $\quad \{\mu(A_i) - \mu(A_{i'})\}_L, \{\mu(A_i) - \mu(A_{i'})\}_U = \overline{x}_{i\cdot} - \overline{x}_{i'\cdot} \pm t(\phi_E, \alpha)\sqrt{\left(\dfrac{1}{r_i} + \dfrac{1}{r_{i'}}\right)V_E}$

公式

母平均の差の推定
- 点推定値　$\widehat{\mu(A_i) - \mu(A_{i'})} = \widehat{\mu}(A_i) - \widehat{\mu}(A_{i'}) = \overline{x}_{i\cdot} - \overline{x}_{i'\cdot} = \dfrac{T_{i\cdot}}{r_i} - \dfrac{T_{i'\cdot}}{r_{i'}}$

- 信頼区間　$\widehat{\mu(A_i) - \mu(A_{i'})} \pm t(\phi_E, \alpha)\sqrt{\left(\dfrac{1}{r_i} + \dfrac{1}{r_{i'}}\right)V_E}$

手順5　データの予測

(5.39) $\qquad\qquad\qquad\qquad x_{ij} = \mu(A_i) + \varepsilon_{ij}$

- 点予測：A_i 水準におけるデータ

(5.40) $\qquad\qquad\qquad \widehat{x} = \widehat{x}(A_i) = \widehat{\mu}(A_i) = \widehat{\mu + a_i} = \overline{x}_{i\cdot} = \dfrac{T_{i\cdot}}{r_i}$

- 予測区間：信頼度（信頼率）$1-\alpha$ の信頼限界

(5.41) $\qquad\qquad\qquad x_L, x_U = \overline{x}_{i\cdot} \pm t(\phi_E, \alpha)\sqrt{\left(1 + \dfrac{1}{r_i}\right)V_E}$

―― 公式 ――

データの予測

- 点予測　$\widehat{x}(A_i) = \widehat{\mu}(A_i) = \overline{x}_{i\cdot}$
- 予測区間　$\widehat{x}(A_i) \pm t(\phi_E, \alpha)\sqrt{\left(1 + \dfrac{1}{r}\right)V_E}$

演習 5-3　以下の表 5.8 は子供を 3 通りの教授法 A, B, C で授業し，その結果の成績（10 点満点）である．分散分析せよ．

表 5.8　成績（単位：点）

教授法＼子供	1	2	3	4	5
A	8	6	5	6	4
B	3	3	5	8	
C	9	10	8	8	7

演習 5-4　以下の表 5.9 は各水準での繰返し数が異なる実験で温度を 4 水準としたときの収率データである．分散分析せよ．

表 5.9　収率（単位：％）

温度＼繰返し	1	2	3	4	5
A	68	70	65	66	64
B	77	83	75	78	
C	89	91	88	86	87
D	79	80	81	78	82

5.3　2 元配置法

ある特性値に対して影響をもつと思われる 2 個の因子 A, B をとりあげ，その水準として $A_1, \ldots, A_\ell$；$B_1, \ldots, B_m$ を選んで実験し，影響を調べるのが 2 元配置法での実験である．水準でなく，条件や処理方法を考えてもよい．スーパーの売上げ高を売り場面積と場所による条件で調べる場合，子供の成績を教授法と学年で調べる場合，人の物への反応時間を色と形の違いで調べる場合，ある化学反応の量を温度と圧力で調べる場合といった様々な状況が考えられる．このように，2 つの因子の影響を同時に調べたいときに用いられる手法である．そして，各水準で繰返しがある場合とない場合で，**交互作用** (interaction) が検討できる場合とできない場合に分かれる．以下では繰返しのある場合とない場合に分けて考察を進めよう．なお繰返し数は各水準で等しいとする．その場合，実験の順序は各因子および繰返しも含めて完全にランダムに行う．もし繰返し数が異なると，この分析手順が適用できない．また，交互作用とは 2 因子以上の特定の水準の組合せで生じる効果である．そこで因子 A の効果が因子 B の水準によって異なる場合やその逆の場合には交互作用が存在する．

5.3 2元配置法

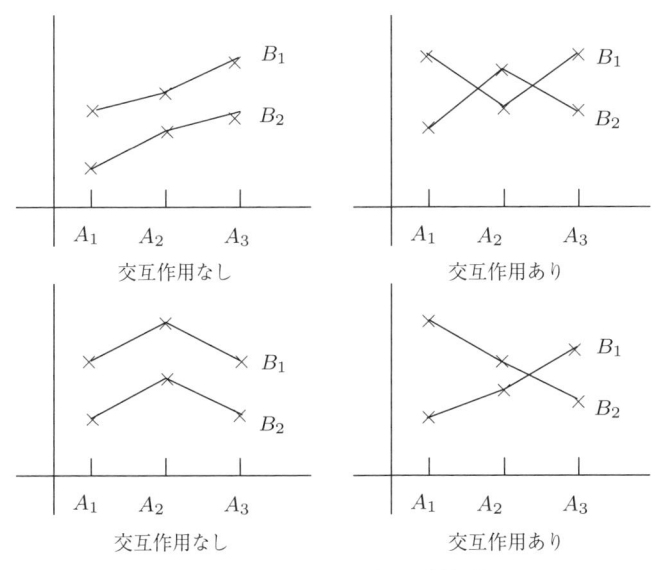

図 5.28 2元配置での効果確認のグラフ

主効果,交互作用効果のいろいろな組合せについて特性値のグラフを描くことにより,効果の有無の目安となる.図 5.28 のようにいくつかの代表的なグラフがあり,その見方として,以下のような場合に着目するとよい.

① グラフが上下平行なら,交互作用はない.

② グラフが交差したり,平行でないときには交互作用が存在する.

5.3.1 繰返しありの場合

表 5.10 2元配置法のデータ(繰返しあり)

B の水準 A の水準	B_1	B_2	$\cdots$	B_m	計	平均
A_1	x_{111} $\vdots$ x_{11r}	x_{121} $\vdots$ x_{12r}	$\cdots$ $\ddots$ $\cdots$	x_{1m1} $\vdots$ x_{1mr}	$x_{1..}$	$\overline{x}_{1..} = T_{1..}$
A_2	x_{211} $\vdots$ x_{21r}	x_{221} $\vdots$ x_{22r}	$\cdots$ $\ddots$ $\cdots$	x_{2m1} $\vdots$ x_{2mr}	$x_{2..}$	$\overline{x}_{2..} = T_{2..}$
$\vdots$	$\vdots$	$\vdots$	$\ddots$	$\vdots$	$\vdots$	$\vdots$
A_ℓ	$x_{\ell 11}$ $\vdots$ $x_{\ell 1r}$	$x_{\ell 21}$ $\vdots$ $x_{\ell 2r}$	$\cdots$ $\ddots$ $\cdots$	$x_{\ell m1}$ $\vdots$ $x_{\ell mr}$	$x_{\ell..}$	$\overline{x}_{\ell..} = T_{\ell..}$
計	$x_{.1.}$	$x_{.2.}$	$\cdots$	$x_{.m.}$	$x_{...} = T$	
平均	$\overline{x}_{.1.}$	$\overline{x}_{.2.}$	$\cdots$	$\overline{x}_{.m.}$		$\overline{x}_{...} = \overline{\overline{x}}$

次に,実際のモデルは以下のように仮定する.

手順1　データの構造式

(5.42)　　データ＝総平均＋A_iの主効果＋B_jの主効果＋A_iとB_jの交互作用＋誤差

(5.43)　　$x_{ijk} = \mu + a_i + b_j + (ab)_{ij} + \varepsilon_{ijk} \ (i=1,\ldots,\ell; j=1,\ldots,m; k=1,\cdots,r)$

μ：一般平均（全平均）(grand mean)

a_i：要因 A の**主効果** (main effect)，$\sum_{i=1}^{\ell} a_i = 0$

b_j：要因 B の**主効果** (main effect)，$\sum_{j=1}^{m} b_j = 0$

$(ab)_{ij}$：要因 A と要因 B の**交互作用** (interaction)（因子の組合せの効果），
$\sum_{i=1}^{\ell}(ab)_{ij} = \sum_{j=1}^{m}(ab)_{ij} = 0,$

ε_{ijk}：誤差は互いに独立に正規分布 $N(0,\sigma^2)$ に従う．

手順2　平方和の分解

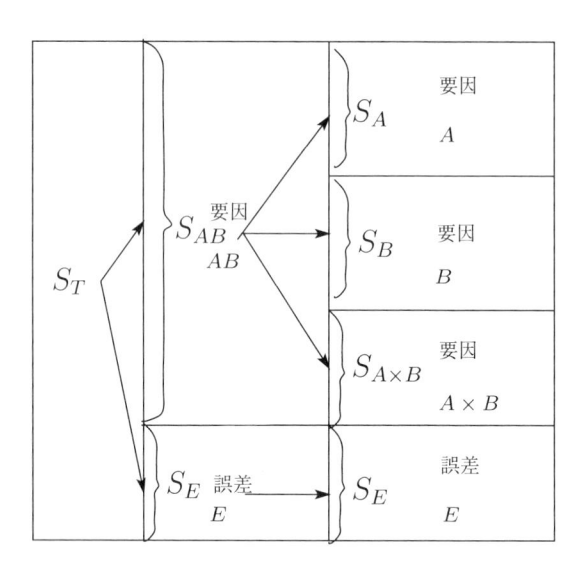

図 **5.29**　平方和の分解

一般に x_{ijk} を要因 A について第 i 水準 $(i=1,\ldots,\ell)$，要因 B について第 j の水準 $(j=1,\ldots,m)$ の $k\,(k=1,\ldots,r)$ 番目のデータとするとき，以下のようにデータの偏差（全平均との違い）を分解する．

(5.44)
$$\underbrace{x_{ijk} - \overline{\overline{x}}}_{\text{データの偏差}} = \underbrace{x_{ijk} - \overline{x}_{ij\cdot}}_{A_iB_j\text{水準内での偏差}} + \underbrace{\overline{x}_{ij\cdot} - \overline{x}_{i\cdot\cdot} - \overline{x}_{\cdot j\cdot} + \overline{\overline{x}}}_{A_iB_j\text{水準での組合せによる偏差}} + \underbrace{\overline{x}_{i\cdot\cdot} - \overline{\overline{x}}}_{A_i\text{水準との偏差}} + \underbrace{\overline{x}_{\cdot j\cdot} - \overline{\overline{x}}}_{B_j\text{水準との偏差}}$$

次に両辺を2乗して総和をとると全変動 S_T は

(5.45)
$$\underbrace{\sum_{ijk}(x_{ijk}-\overline{\overline{x}})^2}_{S_T} = \underbrace{\sum_{i=1}^{\ell}\sum_{j=1}^{m}\sum_{k=1}^{r}(x_{ijk}-\overline{x}_{ij\cdot})^2}_{S_E} + \underbrace{\sum_{i=1}^{\ell}\sum_{j=1}^{m}\sum_{k=1}^{r}(\overline{x}_{ij\cdot}-\overline{\overline{x}})^2}_{S_{AB}}$$

さらに右辺第2項は

(5.46)
$$S_{AB} = \underbrace{\sum_i\sum_j\sum_k(\overline{x}_{i\cdot\cdot}-\overline{\overline{x}})^2}_{S_A} + \underbrace{\sum_i\sum_j\sum_k(\overline{x}_{\cdot j\cdot}-\overline{\overline{x}})^2}_{S_B} + \underbrace{\sum_i\sum_j\sum_k(\overline{x}_{ij\cdot}-\overline{x}_{i\cdot\cdot}-\overline{x}_{\cdot j\cdot}+\overline{\overline{x}})^2}_{S_{A\times B}}$$

と分解される．つまり

(5.47)
$$\underbrace{S_T}_{\text{全変動}} = \underbrace{S_A}_{A\text{による変動}} + \underbrace{S_B}_{B\text{による変動}} + \underbrace{S_{A\times B}}_{A\times B\text{による変動}} + \underbrace{S_E}_{\text{誤差変動}}$$

と分解する．要因による変動（級間変動：between class）が誤差変動（級内変動：within class）に対して大きいかどうかによって要因間に差があるかどうかをみるのである．ただし，このままの平方和で比較するのでなく，各平方和をそれらの自由度で割った平均平方和（不偏分散）で比較するほうが分布がわかる意味でもよい．図5.29のように平方和を分解して考える．

以下に解析手順に沿って個々の分析法について考えよう．

手順3 平方和の計算

● 総（全）平方和について

(5.48)
$$S_T = \sum_{i=1}^{\ell}\sum_{j=1}^{m}\sum_{k=1}^{r}\left(x_{ijk}-\overline{\overline{x}}\right)^2 = \sum x_{ijk}^2 - \frac{\left(\sum x_{ijk}\right)^2}{\ell mr} = \sum x_{ijk}^2 - CT$$
$$= \text{個々のデータの2乗和} - \text{修正項}$$

ただし，$T = \sum x_{ijk}$（データの総和），$N = \ell \times m \times r$（データの総数），

$$CT = \frac{T^2}{N} = \frac{\text{データの総和の2乗}}{\text{データの総数}} : \text{修正項 (correction term)}$$

である．

● 要因 AB の平方和（AB 間平方和）について

(5.49)
$$S_{AB} = \sum_{i=1}^{\ell}\sum_{j=1}^{m}\sum_{k=1}^{r}\left(\overline{x}_{ij\cdot}-\overline{\overline{x}}\right)^2 = r\sum_{i=1}^{\ell}\sum_{j=1}^{m}\left(\frac{x_{ij\cdot}}{r}-\frac{T}{N}\right)^2 = \sum_{i=1}^{\ell}\sum_{j=1}^{m}\frac{x_{ij\cdot}^2}{r} - CT$$
$$= \sum_{i=1}^{\ell}\sum_{j=1}^{m}\frac{A_iB_j\text{水準でのデータの和の2乗}}{A_iB_j\text{水準のデータ数}} - CT$$

と変形される.

- 要因 A の平方和について

$$
\begin{aligned}
S_A &= \sum_{i=1}^{\ell}\sum_{j=1}^{m}\sum_{k=1}^{r}(\overline{x}_{i\cdot\cdot} - \overline{\overline{x}})^2 = mr\sum_{i=1}^{\ell}(\overline{x}_{i\cdot\cdot} - \overline{\overline{x}})^2 \\
&= mr\sum_{i=1}^{\ell}\bigl(\frac{x_{i\cdot\cdot}}{mr} - \frac{T}{N}\bigr)^2 = \sum_{i=1}^{\ell}\frac{x_{i\cdot\cdot}^2}{mr} - CT \quad (T_i = \sum_{j=1}^{r}x_{ij} = x_{i\cdot}) \\
&= \sum_{i=1}^{\ell}\frac{A_i\text{水準でのデータの和の 2 乗}}{A_i\text{水準のデータ数}} - \text{修正項}
\end{aligned} \tag{5.50}
$$

である.

- 要因 B の平方和について

$$
\begin{aligned}
S_B &= \sum_{i=1}^{\ell}\sum_{j=1}^{m}\sum_{k=1}^{r}(\overline{x}_{\cdot j\cdot} - \overline{\overline{x}})^2 = \ell r\sum_{j=1}^{m}(\overline{x}_{\cdot j\cdot} - \overline{\overline{x}})^2 = \ell r\sum_{j=1}^{m}\bigl(\frac{x_{\cdot j\cdot}}{\ell r} - \frac{T}{N}\bigr)^2 \\
&= \sum_{j=1}^{m}\frac{x_{\cdot j\cdot}^2}{\ell r} - CT \\
&= \sum_{j=1}^{m}\frac{B_j\text{水準でのデータの和の 2 乗}}{B_j\text{水準のデータ数}} - \text{修正項}
\end{aligned} \tag{5.51}
$$

である.

- 交互作用 $A\times B$ の平方和について

$$S_{A\times B} = S_{AB} - S_A - S_B \tag{5.52}$$

- 誤差 E の平方和について

$$S_E = \sum_{i,j,k}(x_{ijk} - \overline{x}_{ij\cdot})^2 = S_T - S_{AB} \tag{5.53}$$

: 残差平方和(同一水準内平方和)から求める.

手順 4　自由度の計算

そこで各要因の自由度は

- 総平方和 S_T について

　変数 $x_{ijk} - \overline{\overline{x}}$ ($i=1,\ldots,\ell$; $j=1,\ldots,m$; $k=1,\ldots,r$) の個数は $\ell\times m\times r$ だが, それらを足すと 0 となり, 自由度は 1 少ないので $\phi_T = \ell mr - 1 = N - 1$ である.

- 因子間平方和 S_A について

　変数 $\overline{x}_{i\cdot\cdot} - \overline{\overline{x}}$ ($i=1,\ldots,\ell$) の個数は ℓ 個だが, それらを足すと 0 となるので自由度は $\phi_A = \ell - 1$ である.

- 因子間平方和 S_B について

変数 $\overline{x}_{\cdot j \cdot} - \overline{x}$ $(j = 1, \ldots, m)$ の個数は m 個だが，それらを足すと 0 となるので自由度は $\phi_B = m - 1$ である．

- 交互作用の平方和 $S_{A \times B}$ について

変数 $\overline{x}_{ij\cdot} - \overline{x}_{i\cdot\cdot} - \overline{x}_{\cdot j\cdot} + \overline{x}$ の個数は ℓm 個あるが，各 i, j について制約があり $\ell - 1, m - 1$ だけ自由度が減る．ここで同じ制約が1つ重複しているので，$\ell m - (\ell - 1) - (m - 1) + 1 = (\ell - 1)(m - 1)$ が求める自由度となる．これは $\phi_{A \times B} = \phi_A \times \phi_B$ であるので，各因子の**自由度の積**と覚えればよい．

- 残差平方和 S_E については全自由度から各要因 $A, B, A \times B$ の自由度を引けば求まる．つまり，$\phi_E = \ell m r - 1 - (\ell - 1) - (m - 1) - (\ell - 1)(m - 1) = \ell m(r - 1)$ である．または，変数 $x_{ijk} - \overline{x}_{ij\cdot}$ は各 i, j について $r - 1$ の自由度があるので ℓm 個については $\ell m(r - 1)$ の自由度があると考えてもよい．

手順 5 分散分析表の作成

次にこれまでの平方和，自由度を表 5.11 のような**分散分析表**にまとめる．

$F(\phi_A, \phi_E; 0.05)$，$F(\phi_A, \phi_E; 0.01)$ の値も記入しておけば検定との対応もつき便利である．

なお，$\sigma_A^2 = \dfrac{\sum_{i=1}^{\ell} a_i^2}{\ell - 1}$，$\sigma_B^2 = \dfrac{\sum_{j=1}^{m} b_j^2}{m - 1}$，および $\sigma_{A \times B}^2 = \dfrac{\sum_{i=1}^{\ell} \sum_{j=1}^{m} (ab)_{ij}^2}{(\ell - 1)(m - 1)}$ である．

表 5.11 分散分析表（繰返しあり）

要因	平方和 (S)	自由度 (ϕ)	平均平方 (V)	F_0	$E(V)$
A	S_A	$\phi_A = \ell - 1$	$V_A = \dfrac{S_A}{\phi_A}$	$\dfrac{V_A}{V_E}$	$\sigma^2 + mr\sigma_A^2$
B	S_B	$\phi_B = m - 1$	$V_B = \dfrac{S_B}{\phi_B}$	$\dfrac{V_B}{V_E}$	$\sigma^2 + \ell r \sigma_B^2$
$A \times B$	$S_{A \times B}$	$\phi_{A \times B} = (\ell - 1)(m - 1)$	$V_{A \times B} = \dfrac{S_{A \times B}}{\phi_{A \times B}}$	$\dfrac{V_{A \times B}}{V_E}$	$\sigma^2 + r\sigma_{A \times B}^2$
E	S_E	$\phi_E = \ell m(r - 1)$	$V_E = \dfrac{S_E}{\phi_E}$		σ^2
計	S_T	$\phi_T = \ell m r - 1$			

手順 6 平均平方 (MS: <u>m</u>ean <u>s</u>quare)，不偏分散 (V: <u>u</u>nbiased <u>V</u>ariance) の期待値

各因子を固定したときの実験回数が分散にかかってくる．つまり，

(5.54) $\quad E(V_A) = \sigma^2 + mr\sigma_A^2, \ E(V_B) = \sigma^2 + \ell r \sigma_B^2, \ E(V_{A \times B}) = \sigma^2 + r\sigma_{A \times B}^2,$
$\quad E(V_E) = \sigma^2$

である．

（補 5-3） モデルのもとで V_A の期待値の計算を考えよう．これは（補 5-1）と同様に計算され以

下のようになる．

$$E(V_A) = \frac{1}{\ell-1}E(S_A) = E\left(\sum(\overline{x}_{i\cdot\cdot} - \overline{\overline{x}})^2\right) = \sigma^2 + mr\sigma_A^2$$

各対応する因子（ここでは A）の水準を固定したときのデータ数（ここでは mr）が係数になると覚えればよいだろう．◁

手順7　要因効果の検定

要因として3つあるので，対応して検定（仮説）も考えられる．

- このとき，A と B の交互作用 $A \times B$ の水準間の差の有無の検定は以下のような式で表せる．

(5.55) $$\begin{cases} H_0 : (ab)_{11} = (ab)_{12} = \cdots = (ab)_{\ell m} = 0 & \Longleftrightarrow \quad \text{差がない（帰無仮説）} \\ H_1 : \text{少なくとも1つの } (ab)_{ij} \neq 0 & \Longleftrightarrow \quad \text{差がある（対立仮説）} \end{cases}$$

ここで，$\sigma_{A \times B}^2 = \dfrac{\sum_{i=1}^{\ell}\sum_{j=1}^{m}(ab)_{ij}^2}{(\ell-1)(m-1)}$ とおくと

(5.56) $\quad H_0 : (ab)_{11} = (ab)_{12} = \cdots = (ab)_{\ell m} = 0 \quad \Longleftrightarrow \quad H_0 : \sigma_{A \times B}^2 = 0$

である．

次に，要因 A の各水準間の差の有無の検定は以下のように式で表せる．

(5.57) $$\begin{cases} H_0 : a_1 = a_2 = \cdots = a_\ell = 0 & \Longleftrightarrow \quad \text{差がない（帰無仮説）} \\ H_1 : \text{いずれかの } a_i \text{ が 0 でない} & \Longleftrightarrow \quad \text{差がある（対立仮説）} \end{cases}$$

ここで，$\sigma_A^2 = \dfrac{\sum_{i=1}^{\ell} a_i^2}{\ell-1}$ とおくと

(5.58) $\quad H_0 : a_1 = a_2 = \cdots = a_\ell = 0 \quad \Longleftrightarrow \quad H_0 : \sigma_A^2 = 0$

- また要因 B の効果があるかについても同様な式で表せる．

そこで以下の検定方式がある．

検定方式

交互作用に関する検定は，有意水準 α に対し，

$$F_0 = \frac{V_{A \times B}}{V_E} \geq F(\phi_{A \times B}, \phi_E; \alpha) \implies H_0 \text{ を棄却する}$$

- 要因 A による効果がないことは，帰無仮説 H_0 では $a_1 = a_2 = \cdots = a_\ell = 0$ であることである．これは $\sigma_A^2 = 0$ と同値である．対立仮説 H_1 は not H_0 である．このときの検定方式は以下のようになる．

---- 検定方式 ----

要因 A に関する検定は，有意水準 α に対し，

$$F_0 = \frac{V_A}{V_E} \geqq F(\phi_A, \phi_E; \alpha) \implies H_0 \text{ を棄却する}$$

同様に

---- 検定方式 ----

要因 B に関する検定は，有意水準 α に対し，

$$F_0 = \frac{V_B}{V_E} \geqq F(\phi_B, \phi_E; \alpha) \implies H_0 \text{ を棄却する}$$

である．

手順 8　プーリング

例えば，交互作用 $A \times B$ が効果がないか，または無視できると考えられるとき，要因を誤差とみなして，その平方和と自由度を誤差平方和と誤差自由度に加えこむことを**プーリング** (pooling) という．そして新しい誤差平方和と誤差自由度を用いて分散分析表を作り直す．なお，プーリングの目安として F_0 値が 2 以下であるか，有意水準が 20 % のときに有意でない場合にその要因をプールする．因子を絞り込もうとする実験では主効果をプールすることもある．ただし，交互作用をプールしない場合は，含まれる主効果はプールしない．

（2）　分散分析後の推定

分析によってデータの構造式がわかるとその構造式に基づいて，推定・予測などが行われる．

手順 1　データの構造式

因子の水準間に有意な差が認められる場合には各水準ごとに母平均の推定を行ったり，水準間の母平均の差の推定を行う．また最適条件を求める．交互作用があると考えられる場合とそうでない場合で異なるため，場合分けして行う．

① 主効果 A, B があり，交互作用 $A \times B$ が存在しないと考えられる場合

手順 1　データの構造式

(5.59) $$x_{ijk} = \mu + a_i + b_j + \varepsilon_{ijk}$$

がデータの構造式と考えられる．そこで，A, B 別々に最適水準を求めてよい．

手順 2　誤差分散の推定

● 点推定

(5.60) $$V_{E'} = \frac{S_E + S_{A \times B}}{\phi_E + \phi_{A \times B}} = \frac{S_{E'}}{\phi_{E'}}$$

なお，E'：プール後の誤差，$A \times B$：無視できる要因である．

手順 3 水準の組合せ A_iB_j の母平均 $\mu(A_iB_j)$ の推定について

● 点推定

(5.61) $\widehat{\mu}(A_iB_j) = \widehat{\mu + a_i + b_j} = \widehat{\mu + a_i} + \widehat{\mu + b_j} - \widehat{\mu} = \overline{x}_{i..} + \overline{x}_{.j.} - \overline{\overline{x}} = \dfrac{T_{i..}}{mr} + \dfrac{T_{.j.}}{\ell r} - \dfrac{T_{...}}{\ell mr}$

● 区間推定

(5.62) $\mu(A_iB_j)_L, \mu(A_iB_j)_U = \widehat{\mu}(A_iB_j) \pm t(\phi_{E'}, \alpha)\sqrt{\dfrac{V_{E'}}{n_e}}$

ただし，n_e は**有効反復数**といわれ，以下の**伊奈の式**または**田口の式**から求める．

(5.63) $\dfrac{1}{n_e} = $ (母平均の推定においてデータの合計にかかる係数の和)

$= \dfrac{1}{mr} + \dfrac{1}{\ell r} - \dfrac{1}{\ell mr}$ （伊奈の式）

(5.64) $\dfrac{1}{n_e} = \dfrac{無視しない要因の自由度の和 + 1}{実験総数} = \dfrac{\ell - 1 + m - 1 + 1}{\ell mr}$ （田口の式）

公式

母平均の推定

● 点推定値　$\widehat{\mu}(A_iB_j) = \overline{x}_{i..} + \overline{x}_{.j.} - \overline{\overline{x}} = \dfrac{T_{i..}}{mr} + \dfrac{T_{.j.}}{\ell r} - \dfrac{T_{...}}{\ell mr}$

● 信頼区間　$\widehat{\mu}(A_iB_j) \pm t(\phi_{E'}, \alpha)\sqrt{\dfrac{V_{E'}}{n_e}}$

（参考）

実際に推定量の分散を計算することで，伊奈の式（田口の式）が利用できることを確認しておこう．データの構造式が以下で与えられる．

$$x_{ijk} = \mu + a_i + b_j + \varepsilon_{ijk} (i = 1 \sim \ell; j = 1 \sim m; k = 1 \sim r)$$

そこで，推定量は次のようになる．

$$\begin{aligned}
\widehat{\mu}(A_iB_j) &= \widehat{\mu + a_i + b_j} = \widehat{\mu + a_i} + \widehat{\mu + b_j} - \widehat{\mu} \\
&= \overline{x}_{i..} + \overline{x}_{.j.} - \overline{\overline{x}} = \dfrac{T_{i..}}{mr} + \dfrac{T_{.j.}}{\ell r} - \dfrac{T_{...}}{\ell mr} \\
&= \underbrace{\mu + a_i + \overline{\varepsilon}_{i..}}_{=\overline{x}_{i..}} + \underbrace{\mu + b_j + \overline{\varepsilon}_{.j.}}_{=\overline{x}_{.j.}} - \underbrace{(\mu + \overline{\overline{\varepsilon}})}_{=\overline{\overline{x}}} \\
&= \mu + a_i + b_j + (\overline{\varepsilon}_{i..} + \overline{\varepsilon}_{.j.} - \overline{\overline{\varepsilon}})
\end{aligned}$$

ここで，

$$
\begin{aligned}
V(\widehat{\mu}(A_iB_j)) &= V(\bar{\varepsilon}_{i..} + \bar{\varepsilon}_{.j.} - \bar{\bar{\varepsilon}}) \\
&= V(\bar{\varepsilon}_{i..}) + V(\bar{\varepsilon}_{.j.}) + V(\bar{\bar{\varepsilon}}) + 2Cov(\bar{\varepsilon}_{i..}, \bar{\varepsilon}_{.j.}) - 2Cov(\bar{\varepsilon}_{.j.}, \bar{\bar{\varepsilon}}) - 2Cov(\bar{\varepsilon}_{i..}, \bar{\bar{\varepsilon}}) \\
&= \frac{\sigma^2}{mr} + \frac{\sigma^2}{\ell r} + \frac{\sigma^2}{\ell mr} + \frac{2\sigma^2}{\ell mr} - \frac{2\sigma^2}{\ell mr} - \frac{2\sigma^2}{\ell mr} \\
&= \left(\frac{1}{mr} + \frac{1}{\ell r} - \frac{1}{\ell mr}\right)\sigma^2 \quad (\text{伊奈の式}) \\
&= \frac{\ell + m - 1}{\ell mr}\sigma^2 = \frac{\ell - 1 + m - 1 + 1}{\ell mr}\sigma^2 \quad (\text{田口の式})
\end{aligned}
$$

なお，

$$
\begin{aligned}
Cov(\bar{\varepsilon}_{i..}, \bar{\varepsilon}_{.j'.}) &= Cov\left(\frac{1}{mr}\sum_{j,k}\varepsilon_{ijk}, \frac{1}{\ell r}\sum_{i',k'}\varepsilon_{i'j'k'}\right) \\
&= \frac{1}{m\ell r^2}\sum_{j,k}\sum_{i',k'}Cov(\varepsilon_{ijk}, \varepsilon_{i'j'k'}) \\
&= \frac{1}{m\ell r^2}\sum_{i'=i}\sum_{j=j'}\sum_{k=k'}Cov(\varepsilon_{ijk}, \varepsilon_{i'j'k'}) = \frac{1}{m\ell r^2}r\sigma^2 = \frac{\sigma^2}{m\ell r}
\end{aligned}
$$

同様に，

$$
Cov(\bar{\varepsilon}_{.j.}, \bar{\bar{\varepsilon}}) = \frac{\sigma^2}{m\ell r}
$$

$$
Cov(\bar{\varepsilon}_{i..}, \bar{\bar{\varepsilon}}) = \frac{\sigma^2}{m\ell r}
$$

である． □

手順4 2つの水準組合せ A_iB_j と $A_{i'}B_{j'}$ の間の母平均の差 $\mu(A_iB_j) - \mu(A_{i'}B_{j'})$ の推定について

● 点推定

$$
\begin{aligned}
(5.65) \quad \widehat{\mu(A_iB_j) - \mu(A_{i'}B_{j'})} &= \widehat{\mu}(A_iB_j) - \widehat{\mu}(A_{i'}B_{j'}) \\
&= \widehat{\mu + a_i + b_j} - \widehat{\mu + a_{i'} + b_{j'}} \\
&= (\bar{x}_{i..} + \bar{x}_{.j.} - \bar{\bar{x}}) - (\bar{x}_{i'..} + \bar{x}_{.j'.} - \bar{\bar{x}}) \\
&= \bar{x}_{i..} + \bar{x}_{.j.} - (\bar{x}_{i'..} + \bar{x}_{.j'.}) \quad (i \neq i', j \neq j') \\
&= \frac{x_{i..}}{mr} + \frac{x_{.j.}}{\ell r} - \left(\frac{x_{i'..}}{mr} + \frac{x_{.j'.}}{\ell r}\right)
\end{aligned}
$$

● 信頼度 $1 - \alpha$ の信頼限界

(5.66)
$$\{\mu(A_iB_j)-\mu(A_{i'}B_{j'})\}_L, \{\mu(A_iB_j)-\mu(A_{i'}B_{j'})\}_U = \widehat{\mu}(A_iB_j)-\widehat{\mu}(A_{i'}B_{j'}) \pm t(\phi_{E'},\alpha)\sqrt{\frac{V_{E'}}{n_d}}$$

である．

　手順として母平均の差の推定式について，共通の項を消去する．それぞれの式において残った項について，伊奈の式を適用して，有効反復数 n_{e_1}, n_{e_2} を求める．n_d を次式より求める．

(5.67)
$$\frac{1}{n_d} = \frac{1}{n_{e_1}} + \frac{1}{n_{e_2}}$$

---- 公式 ----

母平均の差の推定

- 点推定値　$\widehat{\mu(A_iB_j)-\mu(A_{i'}B_{j'})} = \overline{x}_{i..}+\overline{x}_{.j.}-(\overline{x}_{i'..}+\overline{x}_{.j'.})(i\neq i', j\neq j')$

- 信頼区間　$\widehat{\mu(A_iB_j)-\mu(A_{i'}B_{j'})} \pm t(\phi_{E'},\alpha)\sqrt{\dfrac{V_{E'}}{n_d}}$

　差をとる2つの母平均の推定量に共通項がある場合，差をとることで消去できれば，独立になる．この場合には共通項がないため，それぞれに伊奈の式を適用して

(5.68)
$$\frac{1}{n_d} = \frac{1}{n_{e_1}} + \frac{1}{n_{e_2}}$$

で，

(5.69)
$$\frac{1}{n_{e_1}} = (\text{点推定の式に用いられている係数の和}) = \frac{1}{mr} + \frac{1}{\ell r} = \frac{\ell+m}{\ell mr}$$

(5.70)
$$\frac{1}{n_{e_2}} = (\text{点推定の式に用いられている係数の和}) = \frac{1}{mr} + \frac{1}{\ell r} = \frac{\ell+m}{\ell mr}$$

より，

(5.71)
$$\frac{1}{n_d} = \frac{2(\ell+m)}{\ell mr}$$

となり，同じ式になる．

手順5　データの予測

● 点予測

(5.72)　$\widehat{x} = \widehat{x}(A_iB_j) = \widehat{\mu}(A_iB_j) = \widehat{\mu+a_i+b_j} = \widehat{\mu+a_i}+\widehat{\mu+b_j}-\widehat{\mu} = \overline{x}_{i..}+\overline{x}_{.j.}-\overline{\overline{x}}$

● 信頼度 $1-\alpha$ の信頼限界

(5.73)
$$x_L, x_U = \overline{x}_{ij.} \pm t(\phi_{E'},\alpha)\sqrt{\left(1+\frac{1}{n_e}\right)V_{E'}}$$

―― 公式 ――

データの予測
- 点予測　$\widehat{x}(A_iB_j) = \widehat{\mu}(A_iB_j) = \overline{x}_{i..} + \overline{x}_{.j.} - \overline{\overline{x}}$
- 予測区間　$\widehat{x}(A_iB_j) \pm t(\phi_{E'}, \alpha)\sqrt{\left(1 + \dfrac{1}{n_e}\right)V_{E'}}$

（補 5-4）　1) A_i 水準での母平均 $\mu(A_i)$ を推定する場合

$$\overline{x}_{i..} = \mu + a_i + \underbrace{\sum_{j=1}^{m} b_j}_{=0} + \underbrace{\sum_{j=1}^{m}\sum_{k=1}^{r}(ab)_{jk}}_{=0} + \overline{\varepsilon}_{i..} = \mu + a_i + \overline{\varepsilon}_{i..} \tag{5.74}$$

- 点推定

$$\widehat{\mu}(A_i) = \widehat{\mu + a_i} = \overline{x}_{i..} = \frac{x_{i..}}{mr} \tag{5.75}$$

- 信頼度 $1-\alpha$ の信頼限界

$$\mu(A_i)_L, \mu(A_i)_U = \overline{x}_{i..} \pm t(\phi_{E'}, \alpha)\sqrt{\frac{V_{E'}}{mr}} \tag{5.76}$$

2) 2つの水準 A_i と $A_{i'}$ の間の母平均の差 $\mu(A_i) - \mu(A_{i'})$ を推定する場合

- 点推定

$$\widehat{\mu(A_i) - \mu(A_{i'})} = \widehat{\mu}(A_i) - \widehat{\mu}(A_{i'}) = \widehat{\mu+a_i} - \widehat{\mu+a_{i'}} = \overline{x}_{i..} - \overline{x}_{i'..} = \frac{T_{i..}}{r} - \frac{T_{i'..}}{r} \tag{5.77}$$

- 区間推定：信頼度（信頼率）$1-\alpha$ の信頼限界

$$\{\mu(A_i) - \mu(A_{i'})\}_L, \{\mu(A_i) - \mu(A_{i'})\}_U = \overline{x}_{i..} - \overline{x}_{i'..} \pm t(\phi_{E'}, \alpha)\sqrt{\frac{2V_{E'}}{r}} \tag{5.78}$$

B_j 水準に関する母平均，2つの水準の間の母平均の差も同様に推定される．

② 交互作用 $A \times B$ が存在すると考えられる場合

$$x_{ijk} = \mu + a_i + b_j + (ab)_{ij} + \varepsilon_{ijk} \tag{5.79}$$

がデータの構造式と考えられる場合．

手順 2　誤差分散の推定

- 点推定

(5.80)
$$V_E = \frac{S_E}{\phi_E}$$

手順3 水準組合せ A_iB_j の母平均 $\mu(A_iB_j)$ の推定について

● 点推定

(5.81)
$$\widehat{\mu}(A_iB_j) = \widehat{\mu + a_i + b_j + (ab)_{ij}} = \overline{x}_{ij\cdot} = \frac{x_{ij\cdot}}{r}$$

● 信頼度 $1-\alpha$ の信頼限界

(5.82)
$$\mu(A_iB_j)_L, \mu(A_iB_j)_U = \overline{x}_{ij\cdot} \pm t(\phi_E, \alpha)\sqrt{\frac{V_E}{r}}$$

──────── 公式 ────────

母平均の推定

● 点推定値　$\widehat{\mu}(A_iB_j) = \overline{x}_{ij\cdot} = \dfrac{x_{ij\cdot}}{r}$

● 信頼区間　$\widehat{\mu}(A_iB_j) \pm t(\phi_E, \alpha)\sqrt{\dfrac{V_E}{r}}$

手順4 2つの水準 A_iB_j と $A_{i'}B_{j'}$ の間の母平均の差の推定について

● 点推定

(5.83)
$$\widehat{\mu(A_iB_j) - \mu(A_{i'}B_{j'})} = \widehat{\mu}(A_iB_j) - \widehat{\mu}(A_{i'}B_{j'}) = \overline{x}_{ij\cdot} - \overline{x}_{i'j'\cdot} = \frac{x_{ij\cdot}}{r} - \frac{x_{i'j'\cdot}}{r}$$

● 信頼度(信頼率) $1-\alpha$ の信頼限界

(5.84)
$$\{\mu(A_iB_j) - \mu(A_{i'}B_{j'})\}_L, \{\mu(A_iB_j) - \mu(A_{i'}B_{j'})\}_U = \overline{x}_{ij\cdot} - \overline{x}_{i'j'\cdot} \pm t(\phi_E, \alpha)\sqrt{\frac{2V_E}{r}}$$

手順として，母平均の差の推定式について，共通の項を消去する．それぞれの式において残った項について，伊奈の式を適用して，有効反復数 n_{e_1}, n_{e_2} を求める．n_d を次式より求める．

(5.85)
$$\frac{1}{n_d} = \frac{1}{n_{e_1}} + \frac{1}{n_{e_2}}$$

──────── 公式 ────────

母平均の差の推定

● 点推定値　$\widehat{\mu(A_iB_j) - \mu(A_{i'}B_{j'})} = \overline{x}_{ij\cdot} - \overline{x}_{i'j'\cdot} = \dfrac{x_{ij\cdot}}{r} - \dfrac{x_{i'j'\cdot}}{r}$

● 信頼区間　$\widehat{\mu(A_iB_j) - \mu(A_{i'}B_{j'})} \pm t(\phi_E, \alpha)\sqrt{\dfrac{2V_E}{r}}$

差をとる2つの母平均の推定量に共通項があれば差をとることで消去できれば，独立にな

る．この場合には共通項がないため，それぞれに伊奈の式を適用して

$$\frac{1}{n_d} = \frac{1}{n_{e_1}} + \frac{1}{n_{e_2}} \tag{5.86}$$

で，

$$\frac{1}{n_{e_1}} = (\text{点推定の式に用いられている係数の和}) = \frac{1}{r} \tag{5.87}$$

$$\frac{1}{n_{e_2}} = (\text{点推定の式に用いられている係数の和}) = \frac{1}{r} \tag{5.88}$$

より，

$$\frac{1}{n_d} = \frac{2}{r} \tag{5.89}$$

となり，同じ式になる．

手順5 データの予測

● 点予測

$$\widehat{x} = \widehat{x}(A_i B_j) = \widehat{\mu}(A_i B_j) = \overline{x}_{ij\cdot} = \frac{x_{ij\cdot}}{r} \tag{5.90}$$

● 信頼度 $1-\alpha$ の信頼限界

$$x_L, x_U = \widehat{x}(A_i B_j)(= \overline{x}_{ij\cdot}) \pm t(\phi_E, \alpha)\sqrt{\left(1 + \frac{1}{n_e}\right)V_E} \tag{5.91}$$

公式

データの予測

● 点予測　$\widehat{x}(A_i B_j) = \widehat{\mu}(A_i B_j) = \overline{x}_{ij\cdot}$

● 予測区間　$\widehat{x}(A_i B_j) \pm t(\phi_E, \alpha)\sqrt{\left(1 + \frac{1}{n_e}\right)V_E}$

（3）解析結果のまとめ

分散分析の結果，推定の結果をもとに技術的・経済的な面も加味して結果をまとめる．

（補 5-3）　$x_{ijk} = \mu + a_i + b_j + (ab)_{ij} + \varepsilon_{ijk}$ から $\overline{x}_{i\cdot\cdot} = \mu + a_i + \overline{\varepsilon}_{i\cdot\cdot}$, $\overline{x}_{\cdot j\cdot} = \mu + b_j + \overline{\varepsilon}_{\cdot j\cdot}$, $\overline{\overline{x}} = \mu + \overline{\overline{\varepsilon}}$ より $x_{ijk} - \overline{x}_{i\cdot\cdot} = \varepsilon_{ij} - \overline{\varepsilon}_{i\cdot\cdot}$, $\overline{x}_{i\cdot\cdot} - \overline{\overline{x}} = a_i + \overline{\varepsilon}_{i\cdot\cdot} - \overline{\overline{\varepsilon}}$ だから

$$x_{ijk} - \overline{\overline{x}} = x_{ijk} - \overline{x}_{ij\cdot} + \overline{x}_{i\cdot\cdot} - \overline{\overline{x}} + \overline{x}_{\cdot j\cdot} - \overline{\overline{x}} + \overline{x}_{ij\cdot} - \overline{x}_{i\cdot\cdot} - \overline{x}_{\cdot j\cdot} + \overline{\overline{x}}$$
$$= \underbrace{\varepsilon_{ijk} - \overline{\varepsilon}_{ij\cdot}}_{\text{誤差}} + \underbrace{a_i}_{A\text{の効果}} + \underbrace{\overline{\varepsilon}_{i\cdot\cdot} - \overline{\overline{\varepsilon}}}_{\text{誤差}} + \underbrace{b_j}_{B\text{の効果}} + \underbrace{\overline{\varepsilon}_{\cdot j\cdot} - \overline{\overline{\varepsilon}}}_{\text{誤差}} + \underbrace{(ab)_{ij}}_{A\times B\text{の効果}} + \underbrace{\overline{\varepsilon}_{ij\cdot} - \overline{\varepsilon}_{i\cdot\cdot} - \overline{\varepsilon}_{\cdot j\cdot} + \overline{\overline{\varepsilon}}}_{\text{誤差}}$$

と母数の分解にも対応している．◁

例題 5-2

以下の表 5.12 の売り場の単位面積 (m^2) 当たりの売上げ高の上期と下期の 2 回のデータから，スーパー 3 店 (A, B, C) の違いと地区（東京，名古屋，大阪，福岡）による違いの売上げ高への影響について検討し，最適条件（特性値の売上げ高が最も高い水準）での推定を行え．

表 5.12 売上げ高（単位：万円 /m^2）

地区 スーパー	東京		名古屋		大阪		福岡	
	上期	下期	上期	下期	上期	下期	上期	下期
A	9	12	5	4	12	11	6	7
B	8	9	6	5	9	10	7	8
C	11	10	7	8	10	11	9	8

R コマンダーによる解析

(0) 予備解析

手順 1 データの読み込み

【データ】▶【データのインポート】▶【テキストファイルまたはクリップボード，URL から...】と選択し，図 5.30 のダイアログボックスで，フィールドの区切り記号としてカンマにチェックを入れて，OK を左クリックする．図 5.31 のようにフォルダからファイルを指定後，開く(O) を左クリックする．図 5.32 でデータセットを表示をクリックすると，図 5.33 のようにデータが表示される．

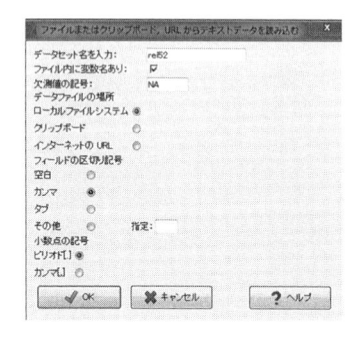

図 5.30 データの読み込み形式

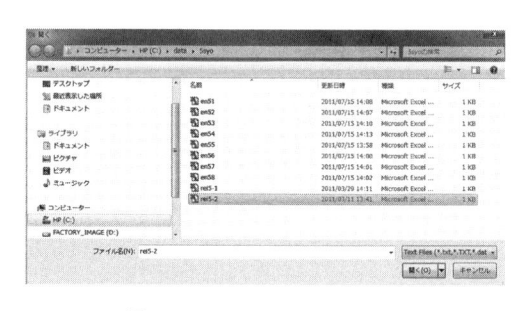

図 5.31 フォルダのファイル

出力ウィンドウ

```
> setwd("C:/data/5syo")
> rei52 <- read.table("C:/data/5syo/rei5-2.csv", header=TRUE, sep=",",
+   na.strings="NA", dec=".", strip.white=TRUE)
> showData(rei52, placement='-20+200', font=getRcmdr('logFont'),
 maxwidth=80, maxheight=30)
```

5.3 2元配置法

図 5.32 データ表示の指定

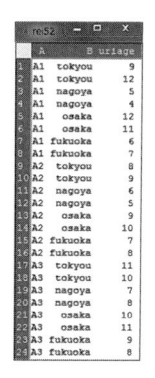

図 5.33 データの表示（確認）

手順 2　基本統計量の計算

【統計量】▶【要約】▶【アクティブデータセット】と選択すると，次の出力結果が表示される．

```
出力ウィンドウ

> summary(rei52)
  A         B         uriage
 A1:8   fukuoka:6   Min.   : 4.000
 A2:8   nagoya :6   1st Qu.: 7.000
 A3:8   osaka  :6   Median : 8.500
        tokyou :6   Mean   : 8.417
                    3rd Qu.:10.000
                    Max.   :12.000
```

【統計量】▶【要約】▶【数値による要約】と選択後，図 5.34 で 層別して要約... をクリックする．さらに，図 5.34 のダイアログボックス 1 の右側で層別変数に A を指定し，OK を左クリックする．次に，図 5.35 のダイアログボックス 2 が表示され，OK を左クリックすると，次の出力結果が表示される．

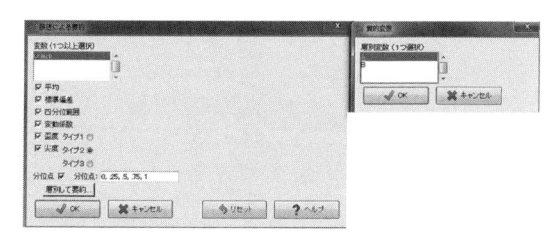

図 5.34 ダイアログボックス 1

図 5.35 ダイアログボックス 2

```
出力ウィンドウ
>numSummary(rei52[,"uriage"], groups=rei52$A, statistics=c("mean","sd",
+   "IQR", "quantiles", "cv", "skewness", "kurtosis"),
quantiles=c(0,.25,.5,.75,1), type="2")
   mean       sd  IQR       cv    skewness    kurtosis 0%  25%  50%   75%
A1 8.25 3.195980 5.50 0.3873915  0.01312838 -1.8802680  4 5.75 8.0 11.25
A2 7.75 1.669046 2.25 0.2153608 -0.46088053 -0.5964497  5 6.75 8.0  9.00
A3 9.25 1.488048 2.25 0.1608700 -0.21678113 -1.4101977  7 8.00 9.5 10.25
   100% data:n
A1 12    8
A2 10    8
A3 11    8
```

手順3 データのグラフ化

- 主効果に関して,【グラフ】▶【平均のプロット...】と選択し,図5.36のダイアログボックスで, OK を左クリックすると,図5.37の平均のプロットが表示される. A による効果がありそうである.

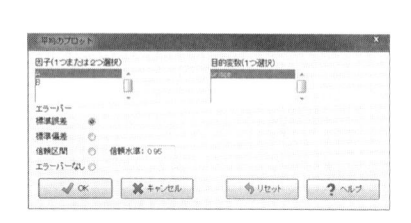

図 5.36 ダイアログボックス

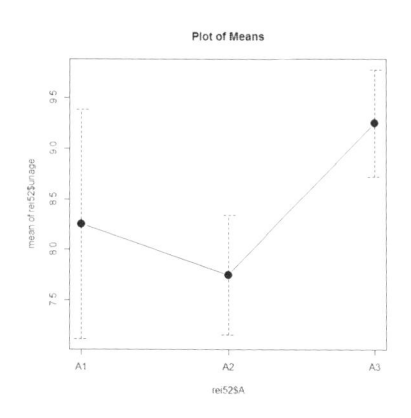

図 5.37 平均のプロット

```
出力ウィンドウ
> plotMeans(rei52$uriage, rei52$A, error.bars="se")
```

同様に,【グラフ】▶【平均のプロット...】を選択し,図5.38のダイアログボックスで, OK を左クリックすると,図5.39の平均のプロットが表示される.地区による効果がありそうである.

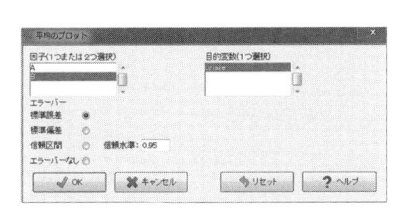

図 5.38　ダイアログボックス

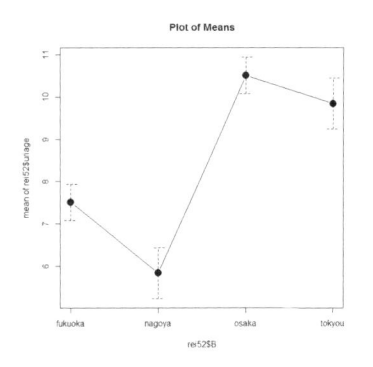

図 5.39　平均のプロット

```
出力ウィンドウ
> plotMeans(rei52$uriage, rei52$B, error.bars="se")
```

● 交互作用に関して，【グラフ】▶【平均のプロット...】を選択し，図 5.40 のダイアログボックスで，OK を左クリックすると，図 5.41 の平均のプロットが表示される．A と地区の交互作用はあまりなさそうである．

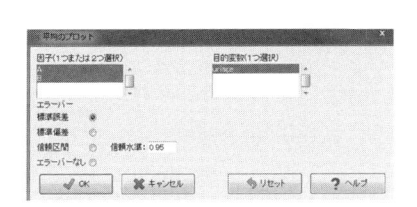

図 5.40　ダイアログボックス

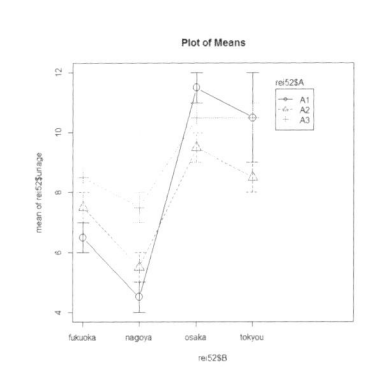

図 5.41　平均のプロット

```
出力ウィンドウ
> plotMeans(rei52$uriage, rei52$B, rei52$A, error.bars="se")
```

(1) 分散分析

手順 1　モデル化：線形モデル（データの構造）

【統計量】▶【モデルへの適合】▶【線形モデル...】を選択し，図 5.42 のダイアログボックスで，モデル式：左側のボックスに上のボックスより uriage を選択しダブルクリックにより代入し，右側のボックスに上側のボックスより A を選択しダブルクリックにより A を代入する．同様にして右側のボックスに A+B+A:B を入力する．そして，OK を左クリックする

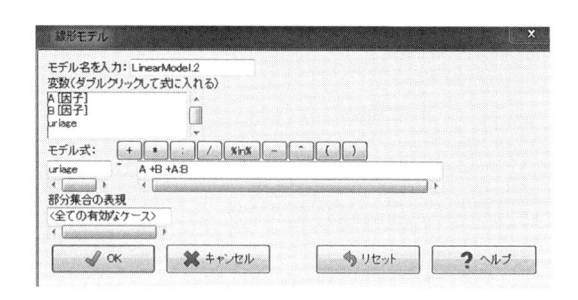

図 5.42　ダイアログボックス

```
─ 出力ウィンドウ ─
> LinearModel.2 <- lm(uriage ~ A +B +A:B, data=rei52)
> summary(LinearModel.2)
Call:
lm(formula = uriage ~ A + B + A:B, data = rei52)
Residuals:
   Min    1Q Median    3Q   Max
  -1.5  -0.5   0.0    0.5   1.5
Coefficients:
                     Estimate Std. Error t value Pr(>|t|)
(Intercept)          6.500e+00  6.455e-01  10.070 3.32e-07 ***
A[T.A2]              1.000e+00  9.129e-01   1.095 0.294821
A[T.A3]              2.000e+00  9.129e-01   2.191 0.048930 *
B[T.nagoya]         -2.000e+00  9.129e-01  -2.191 0.048930 *
B[T.osaka]           5.000e+00  9.129e-01   5.477 0.000141 ***
B[T.tokyou]          4.000e+00  9.129e-01   4.382 0.000894 ***
A[T.A2]:B[T.nagoya]  1.665e-15  1.291e+00   0.000 1.000000
A[T.A3]:B[T.nagoya]  1.000e+00  1.291e+00   0.775 0.453571
A[T.A2]:B[T.osaka]  -3.000e+00  1.291e+00  -2.324 0.038502 *
A[T.A3]:B[T.osaka]  -3.000e+00  1.291e+00  -2.324 0.038502 *
A[T.A2]:B[T.tokyou] -3.000e+00  1.291e+00  -2.324 0.038502 *
A[T.A3]:B[T.tokyou] -2.000e+00  1.291e+00  -1.549 0.147294
---
Signif. codes:  0 '***' 0.001 '**' 0.01 '*' 0.05 '.' 0.1 ' ' 1
Residual standard error: 0.9129 on 12 degrees of freedom
Multiple R-squared: 0.9137,Adjusted R-squared: 0.8345
F-statistic: 11.55 on 11 and 12 DF,  p-value: 9.259e-05
```

手順2 モデルの検討：分散分析表の作成と要因効果の検定

【モデル】▶【仮説検定】▶【分散分析表...】を選択し，図 5.43 のダイアログボックスで，OK を左クリックすると，次の出力結果が表示される．

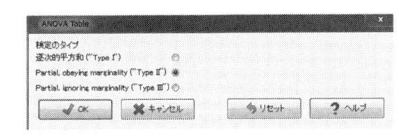

図 **5.43** ダイアログボックス

```
> Anova(LinearModel.2, type="II")
Anova Table (Type II tests)
Response: uriage
          Sum Sq Df F value    Pr(>F)
A          9.333  2  5.6000   0.01915 *
B         83.167  3 33.2667 4.273e-06 ***
A:B       13.333  6  2.6667   0.06993 .
Residuals 10.000 12
---
Signif. codes:  0 '***' 0.001 '**' 0.01 '*' 0.05 '.' 0.1 ' ' 1
```

交互作用 A:B について，p 値は 0.07 でやや小さいが，5%で有意でないため，検討のため誤差項にプールしてみよう．

手順3 再モデル化：線形モデル（データの構造）

【統計量】▶【モデルへの適合】▶【線形モデル...】を選択し，図 5.44 のダイアログボックスで，モデル式：の右側のボックスで A:B を削除し，A+B とする．そして，OK を左クリックすると，次の出力結果が表示される．

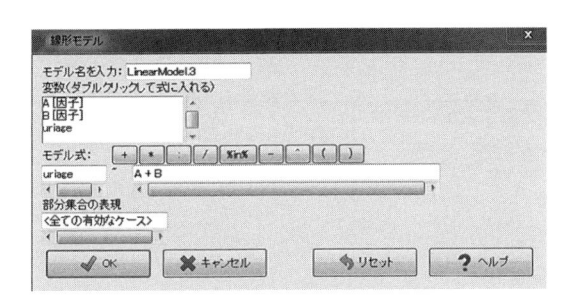

図 **5.44** ダイアログボックス

220   第 5 章 分散分析

――― 出力ウィンドウ ―――
```
> LinearModel.3 <- lm(uriage ~ A + B, data=rei52)
> summary(LinearModel.3)
Call:
lm(formula = uriage ~ A + B, data = rei52)
Residuals:
    Min      1Q  Median      3Q     Max
-1.6667 -0.6667 -0.1667  0.6667  2.3333
Coefficients:
            Estimate Std. Error t value Pr(>|t|)
(Intercept)   7.3333     0.5693  12.882  1.6e-10 ***
A[T.A2]      -0.5000     0.5693  -0.878 0.391349
A[T.A3]       1.0000     0.5693   1.757 0.095981 .
B[T.nagoya]  -1.6667     0.6573  -2.535 0.020720 *
B[T.osaka]    3.0000     0.6573   4.564 0.000241 ***
B[T.tokyou]   2.3333     0.6573   3.550 0.002290 **
---
Signif. codes:  0 '***' 0.001 '**' 0.01 '*' 0.05 '.' 0.1 ' ' 1
Residual standard error: 1.139 on 18 degrees of freedom
Multiple R-squared: 0.7986, Adjusted R-squared: 0.7426
F-statistic: 14.27 on 5 and 18 DF,  p-value: 9.981e-06
```

手順 4 モデルの再検討：分散分析表の作成と要因効果の検定

【モデル】▶【仮説検定】▶【分散分析表...】を選択し，図 5.45 のダイアログボックスで，OK を左クリックすると，次の出力結果が表示される．

図 5.45 ダイアログボックス

――― 出力ウィンドウ ―――
```
> Anova(LinearModel.3, type="II")
Anova Table (Type II tests)
Response: uriage
          Sum Sq Df F value   Pr(>F)
A          9.333  2   3.600   0.0484 *
```

```
B            83.167  3  21.386 3.672e-06 ***
Residuals 23.333 18
---
Signif. codes:  0 '***' 0.001 '**' 0.01 '*' 0.05 '.' 0.1 ' ' 1
```

(2) 分散分析後の推定

データの構造式として

$$x_{ijk} = \mu + a_i + b_j + \varepsilon_{ijk}$$

を考える．

手順 1　基本的診断

【モデル】▶【グラフ】▶【基本的診断プロット…】と選択すると，図 5.46 の診断プロットが表示される．大体，問題なさそうである．

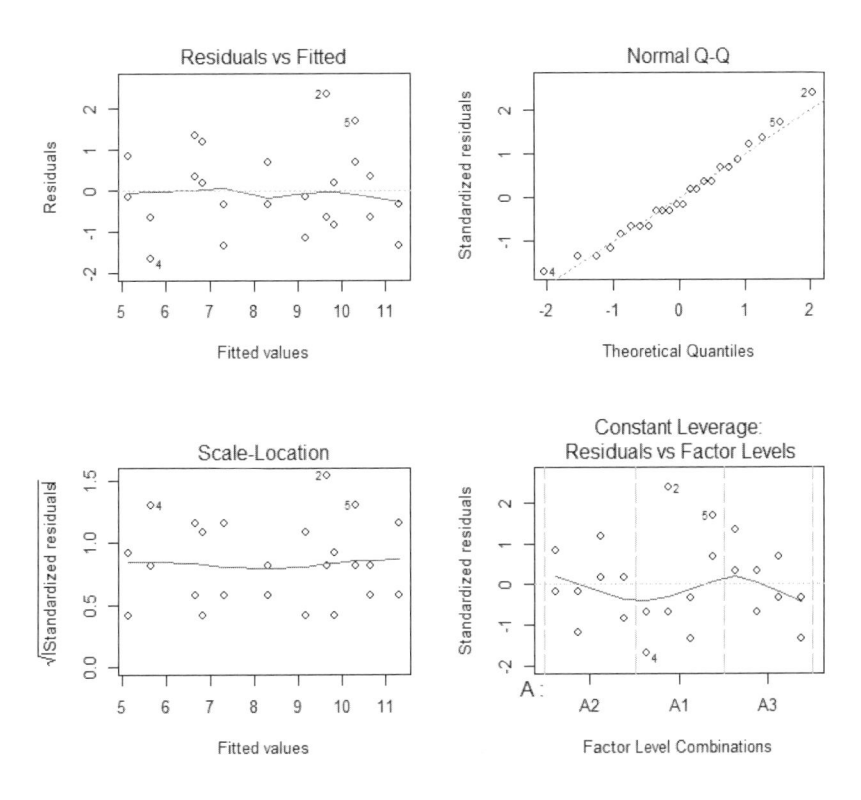

図 5.46　基本的診断プロット

```
── 出力ウィンドウ ──
> oldpar <- par(oma=c(0,0,3,0), mfrow=c(2,2))
```

```
> plot(LinearModel.3)
> par(oldpar)
```

手順 2　効果プロット

【モデル】▶【グラフ】▶【効果プロット...】と選択すると図 5.47 の効果プロットが表示される．A, B ともに効果がありそうである．

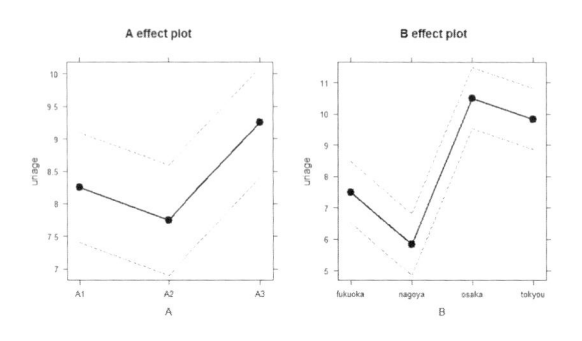

図 **5.47**　効果プロット

出力ウィンドウ
```
> trellis.device(theme="col.whitebg")
> plot(allEffects(LinearModel.3), ask=FALSE)
```

（参考）　以下のような多元配置分散分析を選択して解析する仕方もある．

図 5.48 のように，【統計量】▶【平均】▶【多元配置分散分析...】と選択すると，図 5.49 のようなダイアログボックスが現れる．図 5.49 のように因子として A と B を選択し，目的変数として uriage を選択して，OK を左クリックすると，次の出力結果が表示される．

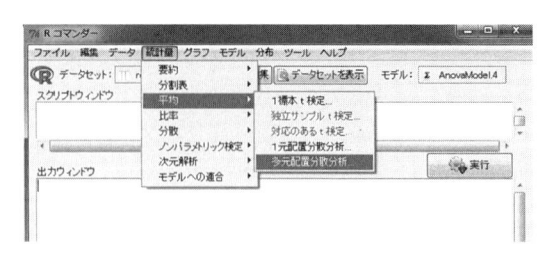

図 **5.48**　多元配置分散分析の選択

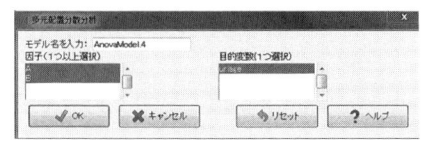

図 **5.49**　ダイアログボックス

5.3 2元配置法

```
─ 出力ウィンドウ ─────────────────────
> rei52 <- read.table("C:/data/5syo/rei5-2.csv", header=TRUE, sep=",",
+   na.strings="NA", dec=".", strip.white=TRUE)
> AnovaModel.4 <- (lm(uriage ~ A*B, data=rei52))
> Anova(AnovaModel.4)
Anova Table (Type II tests)
Response: uriage
          Sum Sq Df F value    Pr(>F)
A          9.333  2  5.6000   0.01915 *
B         83.167  3 33.2667 4.273e-06 ***
A:B       13.333  6  2.6667   0.06993 .
Residuals 10.000 12
---
Signif. codes:  0 '***' 0.001 '**' 0.01 '*' 0.05 '.' 0.1 ' ' 1
> tapply(rei52$uriage, list(A=rei52$A, B=rei52$B), mean, na.rm=TRUE)
 # means
   B
A    fukuoka nagoya osaka tokyou
  A1     6.5    4.5  11.5   10.5
  A2     7.5    5.5   9.5    8.5
  A3     8.5    7.5  10.5   10.5
> tapply(rei52$uriage, list(A=rei52$A, B=rei52$B), sd, na.rm=TRUE)
+   # std. deviations
   B
A      fukuoka    nagoya     osaka    tokyou
  A1 0.7071068 0.7071068 0.7071068 2.1213203
  A2 0.7071068 0.7071068 0.7071068 0.7071068
  A3 0.7071068 0.7071068 0.7071068 0.7071068
> tapply(rei52$uriage, list(A=rei52$A, B=rei52$B), function(x)
+   sum(!is.na(x))) # counts
   B
A    fukuoka nagoya osaka tokyou
  A1       2      2     2      2
  A2       2      2     2      2
  A3       2      2     2      2
```

演習 5-5 以下の表 5.13 は，反応率を圧力（3 水準）と温度（4 水準）によって 3 回ずつ測定した

結果である．分散分析により要因の効果を検討せよ．なお反応率は大きいほどよいとする．

表 5.13　反応率（単位：％）

圧力＼温度	B_1			B_2			B_3			B_4		
A_1	80	70	75	65	54	62	58	57	63	68	75	74
A_2	76	68	70	63	64	66	55	57	53	65	68	62
A_3	86	85	84	61	74	72	65	67	61	56	65	66

演習 5-6　以下の表 5.14 は，色（赤，青，黒）と形（円，四角，星型，バツ印）を変えて繰返し 2 回，ランダムにコンピュータに表示させたときの反応時間（ミリ秒）のデータから色，形によって反応時間に差があるかどうか分散分析せよ．

表 5.14　反応時間（単位：ミリ秒）

色＼形	円		四角		星型		バツ印	
赤	45	43	44	43	52	50	35	37
青	65	63	64	68	57	55	45	40
黒	55	52	58	59	50	52	43	42

5.3.2　繰返しなしの場合

繰返しがない場合，データの構造式は以下のようになり，添え字 k は 1 以外を取らない．

$$(5.92) \qquad x_{ijk} = \mu + a_i + b_j + (ab)_{ijk} + \varepsilon_{ijk} \quad (i=1,\ldots,\ell; j=1,\ldots,m; k=1)$$

そこで $(ab)_{ijk}, \varepsilon_{ijk}$ の添え字は全く同じとなり，データの交互作用 (ab) による部分と誤差 ε による部分を分離することができない．このように 2 つ以上の要因が分離できない形になっているとき，それら 2 つの要因は**交絡** (confound) しているという．よって，繰返しのない 2 元配置法では，すべての i, j に対して，$(ab)_{ij} = 0$ とみなされる場合なので，データの構造式は次のようになる．

手順 1　データの構造式

$$(5.93) \qquad \text{データ} = \text{総平均} + A_i \text{の主効果} + B_j \text{の主効果} + \text{誤差}$$

$$(5.94) \qquad x_{ij} = \mu + a_i + b_j + \varepsilon_{ij} \quad (i=1,\ldots,\ell; j=1,\ldots,m)$$

　μ：一般平均（全平均）(grand mean)

　a_i：要因 A の主効果 (main effect)，$\sum_{i=1}^{\ell} a_i = 0$

　b_j：要因 B の主効果 (main effect)，$\sum_{j=1}^{m} b_j = 0$

　ε_{ij}：誤差は互いに独立に正規分布 $N(0, \sigma^2)$ に従う．

手順 2　平方和の分解

$$(5.95) \qquad \underbrace{x_{ij} - \overline{\overline{x}}}_{\text{データの偏差}} = \underbrace{x_{ij} - \overline{x}_{i\cdot} - \overline{x}_{\cdot j} + \overline{\overline{x}}}_{\text{誤差による偏差}} + \underbrace{\overline{x}_{i\cdot} - \overline{\overline{x}}}_{A_i \text{水準との偏差}} + \underbrace{\overline{x}_{\cdot j} - \overline{\overline{x}}}_{B_j \text{水準との偏差}}$$

次に両辺を2乗して総和をとると全変動 S_T は

$$
(5.96) \quad \underbrace{\sum_{i=1}^{\ell}\sum_{j=1}^{m}(x_{ij}-\overline{\overline{x}})^2}_{S_T} = \underbrace{\sum_{i=1}^{\ell}\sum_{j=1}^{m}(x_{ij}-\overline{x}_{i\cdot}-\overline{x}_{\cdot j}+\overline{\overline{x}})^2}_{S_E} + \underbrace{\sum_{i}\sum_{j}(\overline{x}_{i\cdot}-\overline{\overline{x}})^2}_{S_A} + \underbrace{\sum_{i}\sum_{j}(\overline{x}_{\cdot j}-\overline{\overline{x}})^2}_{S_B}
$$

と分解される．つまり

$$
(5.97) \quad \underbrace{S_T}_{\text{全変動}} = \underbrace{S_A}_{A \text{による変動}} + \underbrace{S_B}_{B \text{による変動}} + \underbrace{S_E}_{\text{誤差変動}}
$$

と分解する．要因による変動（級間変動：between class）が誤差変動（級内変動：within class）に対して大きいかどうかによって要因間に差があるかどうかをみるのである．ただし，このままの平方和で比較するのでなく，各平方和をそれらの自由度で割った平均平方和（不偏分散）で比較するほうが分布がわかる意味でもよい．

手順3 平方和・自由度の計算

● 総（全）平方和について

$$
(5.98) \quad S_T = \sum_{i=1}^{\ell}\sum_{j=1}^{m}\left(x_{ij}-\overline{\overline{x}}\right)^2 = \sum x_{ij}^2 - \frac{\left(\sum x_{ij}\right)^2}{\ell m} = \sum x_{ij}^2 - CT
$$

$$
= \text{個々のデータの2乗和} - \text{修正項}
$$

ただし，$T=\sum x_{ij}$（データの総和），$N=\ell\times m$（データの総数），

$$
CT = \frac{T^2}{N} = \frac{\text{データの総和の2乗}}{\text{データの総数}} : \textbf{修正項}\,(correction\,term)
$$

である．

● 要因 A の平方和について

$$
(5.99) \quad S_A = \sum_{i=1}^{\ell}\sum_{j=1}^{m}\left(\overline{x}_{i\cdot}-\overline{\overline{x}}\right)^2 = m\sum_{i=1}^{\ell}\left(\overline{x}_{i\cdot}-\overline{\overline{x}}\right)^2
$$

$$
= m\sum_{i=1}^{\ell}\left(\frac{x_{i\cdot}}{m}-\frac{T}{N}\right)^2 = \sum_{i=1}^{\ell}\frac{x_{i\cdot}^2}{m} - CT \quad (T_i = \sum_{j=1}^{r}x_{ij} = x_{i\cdot})
$$

$$
= \sum_{i=1}^{\ell}\frac{A_i\text{水準でのデータの和の2乗}}{A_i\text{水準のデータ数}} - \text{修正項}
$$

である．

● 要因 B の平方和について

$$
(5.100) \quad S_B = \sum_{i=1}^{\ell}\sum_{j=1}^{m}\left(\overline{x}_{\cdot j}-\overline{\overline{x}}\right)^2 = \ell\sum_{j=1}^{m}\left(\overline{x}_{\cdot j}-\overline{\overline{x}}\right)^2 = \ell\sum_{j=1}^{m}\left(\frac{x_{\cdot j}}{\ell}-\frac{T}{N}\right)^2
$$

$$= \sum_{j=1}^{m} \frac{x_{\cdot j}^2}{\ell} - CT$$

$$= \sum_{j=1}^{m} \frac{B_j 水準でのデータの和の 2 乗}{B_j 水準のデータ数} - 修正項$$

である．

- 誤差 E の平方和について

(5.101) $$S_E = \sum_{i,j}(x_{ij} - \overline{x}_{i\cdot} - \overline{x}_{\cdot j} + \overline{\overline{x}})^2 = S_T - S_A - S_B$$
: 残差平方和（同一水準内平方和）から求める．

そこで各要因の自由度は

- 総平方和 S_T について

 変数 $x_{ij} - \overline{\overline{x}}$ $(i=1,\ldots,\ell\,;\,j=1,\ldots,m)$ の個数は $\ell \times m$ だが，それらを足すと 0 となり，自由度は 1 少ないので $\phi_T = \ell m - 1 = N - 1$ である．

- 因子間平方和 S_A について

 変数 $\overline{x}_{i\cdot} - \overline{\overline{x}}$ $(i=1,\ldots,\ell)$ の個数は ℓ 個だが，それらを足すと 0 となるので自由度は $\phi_A = \ell - 1$ である．

- 因子間平方和 S_B について

 変数 $\overline{x}_{\cdot j} - \overline{\overline{x}}$ $(j=1,\ldots,m)$ の個数は m 個だが，それらを足すと 0 となるので自由度は $\phi_B = m - 1$ である．

- 残差平方和 S_E については全自由度から各要因 A, B の自由度を引けば求まる．つまり，$\phi_E = \ell m - 1 - (\ell - 1) - (m - 1) = (\ell - 1)(m - 1)$ である．

手順 4　分散分析表の作成

表 **5.15**　分散分析表（繰返しなし）

要因	平方和 (S)	自由度 (ϕ)	平均平方 (V)	F_0	$E(V)$
A	S_A	$\phi_A = \ell - 1$	$V_A = \dfrac{S_A}{\phi_A}$	$\dfrac{V_A}{V_E}$	$\sigma^2 + m\sigma_A^2$
B	S_B	$\phi_B = m - 1$	$V_B = \dfrac{S_B}{\phi_B}$	$\dfrac{V_B}{V_E}$	$\sigma^2 + \ell\sigma_B^2$
E	S_E	$\phi_E = (\ell-1)(m-1)$	$V_E = \dfrac{S_E}{\phi_E}$		σ^2
計	S_T	$\phi_T = \ell m - 1$			

手順 5　平均平方の期待値

(5.102) $$E(S_A) = (\ell - 1)\sigma^2 + m(\ell - 1)\sigma_A^2$$
$$E(S_B) = (m - 1)\sigma^2 + \ell(m - 1)\sigma_B^2$$

$$E(S_E) = (\ell-1)(m-1)\sigma_E^2$$

手順6 要因効果の検定

次に，要因 A の各水準間の差の有無の検定は以下のように式で表せる．

(5.103)
$$\begin{cases} H_0: a_1 = a_2 = \cdots = a_\ell = 0 & \iff \quad \text{差がない（帰無仮説）} \\ H_1: \text{いずれかの } a_i \text{ が } 0 \text{ でない} & \iff \quad \text{差がある（対立仮説）} \end{cases}$$

ここで，$\sigma_A^2 = \dfrac{\sum_{i=1}^{\ell} a_i^2}{\ell - 1}$ とおくと

(5.104) $\quad H_0: a_1 = a_2 = \cdots = a_\ell = 0 \iff H_0: \sigma_A^2 = 0$

要因 A による効果がないことは，帰無仮説 H_0 では $a_1 = a_2 = \cdots = a_\ell = 0$ であることである．これは $\sigma_A^2 = 0$ と同値である．対立仮説 H_1 は not H_0 である．このときの検定方式は以下のようになる．

検定方式

要因 A に関する検定は，有意水準 α に対し，

$$F_0 = \frac{V_A}{V_E} \geqq F(\phi_A, \phi_E; \alpha) \implies H_0 \text{ を棄却する}$$

同様に

検定方式

要因 B に関する検定は，有意水準 α に対し，

$$F_0 = \frac{V_B}{V_E} \geqq F(\phi_B, \phi_E; \alpha) \implies H_0 \text{ を棄却する}$$

である．

(2) 分散分析後の推定

① 2つの主効果が存在する場合

手順1 データの構造式

(5.105) $\quad x_{ij} = \mu + a_i + b_j + \varepsilon_{ij} \quad (i=1,\ldots,\ell;\ j=1,\ldots,m)$

と考えられる場合

手順2 誤差分散の推定

● 点推定

$$(5.106) \quad V_E = \frac{S_E}{\phi_E}$$

手順3 水準組合せ $A_i B_j$ 水準での母平均 $\mu(A_i B_j)$ の推定

● 点推定

$$(5.107) \quad \mu(A_i B_j) = \widehat{\mu}(A_i B_j) = \widehat{\mu + a_i + b_j} = \widehat{\mu + a_i} + \widehat{\mu + b_j} - \widehat{\mu} = \overline{x}_{i\cdot} + \overline{x}_{\cdot j} - \overline{\overline{x}}$$

● 区間推定

$$(5.108) \quad \mu(A_i)_L, \mu(A_i)_U = \widehat{\mu}(A_i B_j) \pm t(\phi_E, \alpha)\sqrt{\frac{V_E}{n_e}}$$

ただし, n_e は**有効反復数**といわれ, 以下の**伊奈の式**または**田口の式**から求める.

$$(5.109) \quad \frac{1}{n_e} = (点推定の式に用いられている係数の和) = \frac{1}{m} + \frac{1}{\ell} - \frac{1}{\ell m} \quad (伊奈の式)$$

$$(5.110) \quad \frac{1}{n_e} = \frac{1 + (無視しない要因の自由度の和)}{実験総数} = \frac{\ell - 1 + m - 1 + 1}{\ell m} \quad (田口の式)$$

───── 公式 ─────

母平均の推定

● 点推定値　$\widehat{\mu}(A_i B_j) = \overline{x}_{i\cdot} + \overline{x}_{\cdot j} - \overline{\overline{x}}$

● 信頼区間　$\widehat{\mu}(A_i B_j) \pm t(\phi_E, \alpha)\sqrt{\dfrac{V_E}{n_e}}$

手順4 2つの水準組合せ $A_i B_j$ と $A_{i'} B_{j'}$ の間の母平均の差 $\mu(A_i B_j) - \mu(A_{i'} B_{j'})$ の推定

● 点推定

$$
\begin{aligned}
(5.111) \quad \widehat{\mu(A_i B_j) - \mu(A_{i'} B_{j'})} &= \widehat{\mu}(A_i B_j) - \widehat{\mu}(A_{i'} B_{j'}) \\
&= \widehat{\mu + a_i + b_j} - \widehat{\mu + a_{i'} + b_{j'}} \\
&= (\overline{x}_{i\cdot} + \overline{x}_{\cdot j} - \overline{\overline{x}}) - (\overline{x}_{i'\cdot} + \overline{x}_{\cdot j'} - \overline{\overline{x}}) \\
&= \overline{x}_{i\cdot} + \overline{x}_{\cdot j} - (\overline{x}_{i'\cdot} + \overline{x}_{\cdot j'}) \quad (i \neq i', j \neq j') \\
&= \frac{x_{i\cdot}}{m} + \frac{x_{\cdot j}}{\ell} - \left(\frac{x_{i'\cdot}}{m} + \frac{x_{\cdot j'}}{\ell}\right)
\end{aligned}
$$

● 信頼度 $1 - \alpha$ の信頼限界

(5.112)
$$\{\mu(A_i B_j) - \mu(A_{i'} B_{j'})\}_L, \{\mu(A_i B_j) - \mu(A_{i'} B_{j'})\}_U = \widehat{\mu}(A_i B_j) - \widehat{\mu}(A_{i'} B_{j'}) \pm t(\phi_{E'}, \alpha)\sqrt{\frac{V_{E'}}{n_d}}$$

である.

手順として母平均の差の推定式について，共通の項を消去する．それぞれの式において残った項について，伊奈の式を適用して，有効反復数 n_{e_1}, n_{e_2} を求める．n_d を次式より求める．

$$\frac{1}{n_d} = \frac{1}{n_{e_1}} + \frac{1}{n_{e_2}} \tag{5.113}$$

--- 公式 ---

母平均の差の推定

- 点推定値　　$\widehat{\mu(A_i B_j) - \mu(A_{i'} B_{j'})} = \bar{x}_{i\cdot} + \bar{x}_{\cdot j} - (\bar{x}_{i'\cdot} + \bar{x}_{\cdot j'}) (i \neq i', j \neq j')$

- 信頼区間　　$\widehat{\mu(A_i B_j) - \mu(A_{i'} B_{j'})} \pm t(\phi_{E'}, \alpha)\sqrt{\dfrac{V_{E'}}{n_d}}$

差をとる 2 つの母平均の推定量に共通項がある場合，差をとることで消去できれば，独立になる．この場合には共通項がないため，それぞれに伊奈の式を適用して

$$\frac{1}{n_d} = \frac{1}{n_{e_1}} + \frac{1}{n_{e_2}} \tag{5.114}$$

で，

$$\frac{1}{n_{e_1}} = (点推定の式に用いられている係数の和) = \frac{1}{m} + \frac{1}{\ell} = \frac{\ell + m}{\ell m} \tag{5.115}$$

$$\frac{1}{n_{e_2}} = (点推定の式に用いられている係数の和) = \frac{1}{m} + \frac{1}{\ell} = \frac{\ell + m}{\ell m} \tag{5.116}$$

より，

$$\frac{1}{n_d} = \frac{2(\ell + m)}{\ell m} \tag{5.117}$$

となり，同じ式になる．

手順 5　データの予測

● 点予測

$$\hat{x} = \hat{x}(A_i B_j) = \hat{\mu}(A_i B_j) = \widehat{\mu + a_i + b_j} = \widehat{\mu + a_i} + \widehat{\mu + b_j} - \hat{\mu} = \bar{x}_{i\cdot\cdot} + \bar{x}_{\cdot j\cdot} - \bar{\bar{x}} \tag{5.118}$$

● 信頼度 $1 - \alpha$ の信頼限界

$$x_L, x_U = \bar{x}_{ij\cdot} \pm t(\phi_E, \alpha)\sqrt{\left(1 + \frac{1}{n_e}\right)V_E} \tag{5.119}$$

―――――― 公式 ――――――

データの予測
- 点予測　　$\widehat{x}(A_iB_j) = \widehat{\mu}(A_iB_j) = \overline{x}_{i..} + \overline{x}_{.j.} - \overline{\overline{x}}$
- 予測区間　$\widehat{x}(A_iB_j) \pm t(\phi_E, \alpha)\sqrt{\left(1 + \dfrac{1}{n_e}\right)V_E}$

② 1つの主効果のみ存在する場合

手順1　データの構造式

(5.120) $$x_{ij} = \mu + a_i + \varepsilon_{ij}$$

のように主効果 A が存在するデータの構造式を考えよう．そこで，誤差分散は，

手順2　誤差分散の推定

- 点推定

(5.121) $$V_{E'} = \frac{S_E + S_B}{\phi_E + \phi_B} = \frac{S_{E'}}{\phi_{E'}}$$

で推定する．なお，E'：プール後の誤差，B：無視できる要因である．

手順3　A_i 水準での母平均 $\mu(A_i)$ の推定について

- 点推定

(5.122) $$\widehat{\mu}(A_i) = \widehat{\mu + a_i} = \overline{x}_{i.}$$

- 信頼度 $1 - \alpha$ の信頼限界

(5.123) $$\mu(A_iB_j)_L, \mu(A_iB_j)_U = \widehat{\mu}(A_i) \pm t(\phi_{E'}, \alpha)\sqrt{\frac{V_{E'}}{n_e}} \quad (n_e = m)$$

ただし，n_e は**有効反復数**といわれ，以下の**伊奈の式**または**田口の式**から求める．

(5.124) $\dfrac{1}{n_e} = (\text{点推定の式に用いられている係数の和}) = \dfrac{1}{m} + \dfrac{1}{\ell} - \dfrac{1}{\ell m}$ 　（伊奈の式）

(5.125) $\dfrac{1}{n_e} = \dfrac{1 + (\text{点推定に用いた要因の自由度の和})}{\text{実験総数}} = \dfrac{\ell - 1 + m - 1 + 1}{\ell m}$ 　（田口の式）

―――――― 公式 ――――――

母平均の推定
- 点推定値　　$\widehat{\mu}(A_i) = \overline{x}_{i.}$
- 信頼区間　　$\widehat{\mu}(A_i) \pm t(\phi_{E'}, \alpha)\sqrt{\dfrac{V_{E'}}{n_e}}$

- B についても同様である．

手順 4 2 つの水準 A_i と $A_{i'}$ の間の母平均の差 $\mu(A_i) - \mu(A_{i'})$ の推定について

- 点推定

(5.126) $\widehat{\mu(A_i) - \mu(A_{i'})} = \widehat{\mu(A_i)} - \widehat{\mu(A_{i'})} = \widehat{\mu + a_i} - \widehat{\mu + a_{i'}} = \overline{x}_{i\cdot} - \overline{x}_{i'\cdot}$ $(i \neq i')$

- 区間推定

(5.127)
$$\{\mu(A_iB_j) - \mu(A_{i'}B_{j'})\}_L, \{\mu(A_iB_j) - \mu(A_{i'}B_{j'})\}_U = \widehat{\mu(A_i) - \mu(A_{i'})} \pm t(\phi_{E'}, \alpha)\sqrt{\frac{V_{E'}}{n_d}}$$

公式

母平均の差の推定

- 点推定値　$\widehat{\mu(A_i) - \mu(A_{i'})} = \overline{x}_{i\cdot} - \overline{x}_{i'\cdot}$

- 信頼区間　$\widehat{\mu(A_i) - \mu(A_{i'})} \pm t(\phi_{E'}, \alpha)\sqrt{\dfrac{V_{E'}}{n_d}}$

手順 5　データの予測

- 点予測

(5.128) $\qquad\qquad \widehat{x} = \widehat{x}(A_i) = \widehat{\mu}(A_i) = \widehat{\mu + a_i} = \overline{x}_{i\cdot}$

- 信頼度 $1 - \alpha$ の信頼限界

(5.129) $\qquad\qquad x_L, x_U = \overline{x}_{i\cdot} \pm t(\phi_{E'}, \alpha)\sqrt{\left(1 + \dfrac{1}{n_e}\right)V_{E'}}$

公式

データの予測

- 点予測　$\widehat{x}(A_i) = \widehat{\mu}(A_i) = \overline{x}_{i\cdot}$

- 予測区間　$\widehat{x}(A_i) \pm t(\phi_{E'}, \alpha)\sqrt{\left(1 + \dfrac{1}{n_e}\right)V_{E'}}$

演習 5-7　以下の表 5.16 は，学部（工学，経済，教育）と曜日（月〜金）による出席率（%）のデータである．学部，曜日による出席率に差があるかどうか分散分析せよ．

表 5.16　出席率（単位：%）

学部＼曜日	月	火	水	木	金
工学部	85	81	88	90	85
経済学部	75	64	87	75	82
教育学部	82	74	85	90	88

演習 5-8 地域と通勤方法によって通勤時間が異なるか検討することになり，調査したところ以下の表 5.17 のデータが得られた．分散分析せよ．

表 5.17　通勤時間（単位：分）

地区＼方法	電車	バス	自家用車	自転車
A	80	55	45	25
B	40	35	55	20
C	80	60	50	15

参 考 文 献

　本書を著すにあたっては，多くの書籍・事典などを参考にさせていただきました．また，一部を引用させていただきました．引用にあたっては本文中に明記させていただいております．ここに心から感謝いたします．以下に，その中のRに関連した文献を中心にいくつかの文献をあげさせていただきます．なお，統計学の数学的面について知りたい方は[A9], [A22]を参照してください．

◆和書

[A1]　青木繁伸 (2009)『Rによる統計解析』オーム社

[A2]　荒木孝治編著 (2007)『RとRコマンダーではじめる多変量解析』日科技連

[A3]　荒木孝治編著 (2009)『フリーソフトウェアRによる統計的品質管理入門　第2版』日科技連

[A4]　荒木孝治編著 (2010)『RとRコマンダーではじめる実験計画法』日科技連

[A5]　大森崇・阪田真己子・宿久洋 (2011)『RCommanderによるデータ解析』共立出版

[A6]　金明哲 (2007)『Rによるデータサイエンス―データ解析の基礎から最新手法まで』森北出版

[A7]　熊谷悦生・舟尾暢男 (2007)『Rで学ぶデータマイニング〈1〉データ解析の視点から』九天社

[A8]　熊谷悦生・舟尾暢男 (2008)『Rで学ぶデータマイニング〈2〉シミュレーション編』九天社

[A9]　白石高章 (2012)『統計科学の基礎』日本評論社

[A10]　杉山高一・藤越康悦編著 (2009)『統計データ解析入門』みみずく舎

[A11]　中澤港 (2003)『Rによる統計解析の基礎』ピアソンエデュケーション

[A12]　長畑秀和 (2000)『統計学へのステップ』共立出版

[A13]　長畑秀和 (2009)『Rで学ぶ統計学』共立出版

[A14]　野間口謙太郎・菊池泰樹（訳），Michael J. Crawley（著）(2008)『統計学：Rを用いた入門書』共立出版

[A15]　伏見正則・逆瀬川浩孝 (2012)『Rで学ぶ統計解析』朝倉書店

[A16]　舟尾暢男 (2005)『The R Tips―データ解析環境Rの基本技・グラフィックス活用集』九天社

[A17]　舟尾暢男 (2006)『データ解析環境「R」』工学社

[A18] 舟尾暢男 (2007)『R Commander　ハンドブック』九天社

[A19] 間瀬茂・神保雅一・鎌倉稔成・金藤浩司 (2004)『工学のためのデータサイエンス入門』数理工学社

[A20] 山田剛史・杉澤武俊・村井潤一郎 (2008)『R によるやさしい統計学』オーム社

[A21] 柳川堯 (1990)『統計数学』近代科学社

[A22] 柳川堯他 (2011)『看護・リハビリ・福祉のための統計学』近代科学社

◆洋書

[B1] Crawley, M. J.(2005) *Statistics:An Introduction using R*. John Wiley & Sons, England

[B2] Dalgaard, P. (2002) *Introductory Statistics with R*. Springer-Verlag, New York

[B3] Fox, J. (2006) Getting started with the R Commander, パッケージ Rcmdr に付属

[B4] Maindonald, J. and Braun, J. (2003) *Data Analysis and Graphics Using R–an Example-based Approach*. Cambridge University Press, United Kingdom

◆ウェブページ

[C1] CRAN (The Comprehensive R Archive Network) http://www.R-project.org/

[C2] RjpWiki http://www.okada.jp.org/RWiki/

演習 解答

第 1 章

演習 1-1

───── Rによる実行結果 ─────
```
> setwd("C:/data/1syo")
> en11 <- read.table("C:/data/1syo/en1-1.csv", header=TRUE, sep=",",
 na.strings="NA", dec=".", strip.white=TRUE)
> summary(en11)
      年度         A社の売上高      B社の売上高
 Min.   :2005   Min.   :65.00   Min.   : 35.00
 1st Qu.:2006   1st Qu.:74.50   1st Qu.: 59.50
 Median :2008   Median :79.00   Median : 75.00
 Mean   :2008   Mean   :76.57   Mean   : 72.29
 3rd Qu.:2010   3rd Qu.:80.50   3rd Qu.: 88.00
 Max.   :2011   Max.   :82.00   Max.   :101.00
> numSummary(en11[,c("A社の売上高", "B社の売上高")], statistics=c("mean", "sd",
  "IQR", "quantiles", "cv", "skewness", "kurtosis"), quantiles=c(0,.25,.5,.75,1),
+   type="2")
              mean       sd    IQR        cv   skewness   kurtosis  0%   25%
A社の売上高 76.57143  6.078847  6.0 0.07938793 -1.3954508  1.3639454  65  74.5
B社の売上高 72.28571 23.549340 28.5 0.32578139 -0.3282485 -0.5584042  35  59.5
             50%  75% 100% n
A社の売上高   79 80.5   82 7
B社の売上高   75 88.0  101 7
```

演習 1-2

───── Rによる実行結果 ─────
```
> en12 <- read.table("C:/data/1syo/en1-2.csv", header=TRUE, sep=",",
 na.strings="NA", dec=".", strip.white=TRUE)
> summary(en12)
      年度         ファーストリテイリング    良品計画         しまむら
 Min.   :2005   Min.   :448819         Min.   :140185   Min.   :361989
 1st Qu.:2006   1st Qu.:555827         1st Qu.:159132   1st Qu.:401022
 Median :2008   Median :685043         Median :162814   Median :410970
 Mean   :2008   Mean   :687049         Mean   :161666   Mean   :415880
 3rd Qu.:2010   3rd Qu.:817580         3rd Qu.:166435   3rd Qu.:434876
 Max.   :2011   Max.   :928669         Max.   :177532   Max.   :466405
> numSummary(en12[,c("しまむら", "ファーストリテイリング", "良品計画")],
+   statistics=c("mean", "sd", "IQR", "quantiles", "cv", "skewness",
+   "kurtosis"), quantiles=c(0,.25,.5,.75,1), type="2")
                      mean        sd       IQR         cv
```

```
しまむら                 415879.7  33889.58  33854 0.08148890
ファーストリテイリング    687049.3 175852.16 261753 0.25595275
良品計画                 161666.4  11579.85   7303 0.07162807
                           skewness    kurtosis       0%      25%     50%
しまむら                -0.155568593  0.1552699   361989 401021.5 410970
ファーストリテイリング   -0.009359214 -1.4960646   448819 555827.0 685043
良品計画                -0.849719541  1.8753585   140185 159132.0 162814
                           75%     100% n
しまむら                434875.5  466405 7
ファーストリテイリング   817580.0  928669 7
良品計画                166435.0  177532 7
```

演習 1-3

――― R による実行結果 ―――
```
> en13 <- read.table("C:/data/1syo/en1-3.csv", header=TRUE, sep=",",
na.strings="NA", dec=".", strip.white=TRUE)
> summary(en13)
      店舗         売上高         広告宣伝費     ネット販売の有無
 A店    :1    Min.   :135.0   Min.   :15.0   N:3
 B店    :1    1st Qu.:171.5   1st Qu.:17.5   Y:5
 C店    :1    Median :231.5   Median :35.5
 D店    :1    Mean   :248.9   Mean   :43.5
 E店    :1    3rd Qu.:313.8   3rd Qu.:69.0
 F店    :1    Max.   :398.0   Max.   :88.0
 (Other):2
> numSummary(en13[,c("広告宣伝費", "売上高")], statistics=c("mean", "sd",
+   "IQR", "quantiles", "cv", "skewness", "kurtosis"), quantiles=c(0,
+   .25,.5,.75,1), type="2")
             mean       sd     IQR        cv skewness  kurtosis  0%
広告宣伝費  43.500  29.66479  51.50 0.6819493 0.3964427 -1.865465  15
売上高    248.875  95.28219 142.25 0.3828516 0.4622102 -1.247058 135
             25%    50%    75% 100% n
広告宣伝費  17.5   35.5  69.00   88 8
売上高    171.5  231.5 313.75  398 8
```

演習 1-4

――― R による実行結果 ―――
```
> en14 <- read.table("C:/data/1syo/en1-4.csv", header=TRUE, sep=",",
 na.strings="NA",dec=".", strip.white=TRUE)
> summary(en14)
         企業名         売上高        研究開発費         設備投資
 アステラス製薬:1   Min.   : 9387   Min.   : 328.0   Min.   : 333.0
 いすゞ        :1   1st Qu.:10771   1st Qu.: 715.5   1st Qu.: 494.8
 スズキ        :1   Median :14545   Median :1474.5   Median : 643.5
 ダイハツ      :1   Mean   :14934   Mean   :1430.3   Mean   : 671.7
```

```
    第一三共   :1   3rd Qu.:16007   3rd Qu.:1886.2   3rd Qu.: 684.2
    武田薬品工業 :1   Max.   :25122   Max.   :2819.0   Max.   :1267.0
      業種
 医薬品:3
 自動車:3
>numSummary(en14[,c("研究開発費", "設備投資", "売上高")], statistics=c("mean","sd",
+   "IQR", "quantiles", "cv", "skewness", "kurtosis"), quantiles=c(0,.25,.5,.75,
+   1), type="2")
                mean        sd       IQR        cv   skewness   kurtosis      0%
研究開発費   1430.3333   933.7213  1170.75  0.6527998  0.3245892 -0.9177454   328
設備投資     671.6667    322.7120   189.50  0.4804646  1.4388741  2.8624281   333
売上高     14934.3333  5741.3989  5236.25  0.3844429  1.1802354  1.7881368  9387
                 25%       50%       75%   100%  n
研究開発費    715.50    1474.5   1886.25   2819  6
設備投資      494.75     643.5    684.25   1267  6
売上高     10770.75   14545.0  16007.00  25122  6
> barplot(table(en14$業種), xlab="業種", ylab="Frequency")
```

演習 1-3

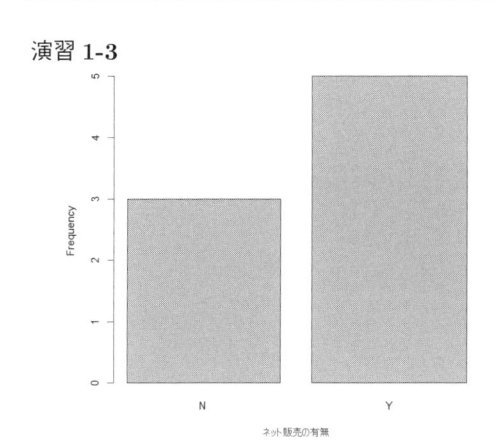

図演解 1.1　棒グラフ

演習 1-4

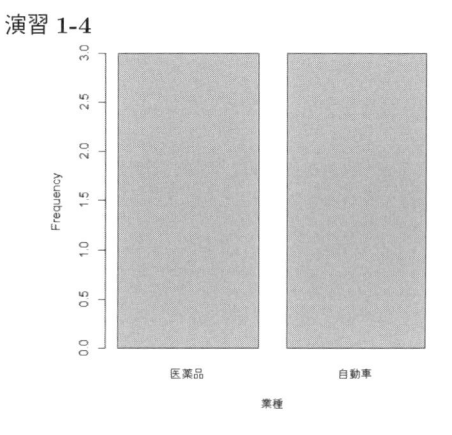

図演解 1.2　棒グラフ

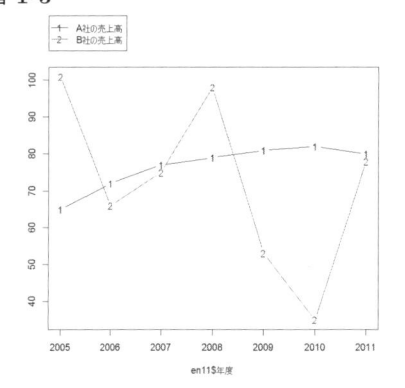

演習 1-5

図演解 1.3　折れ線グラフ

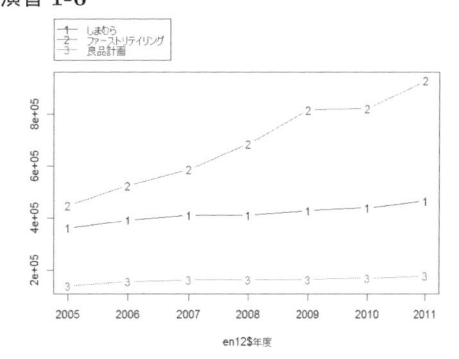

演習 1-6

図演解 1.4　折れ線グラフ

演習 1-7

ネット販売の有無

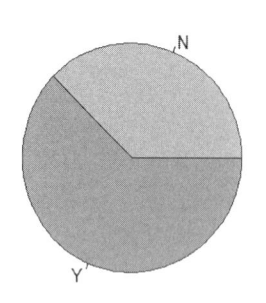

図演解 1.5 円グラフ

演習 1-8

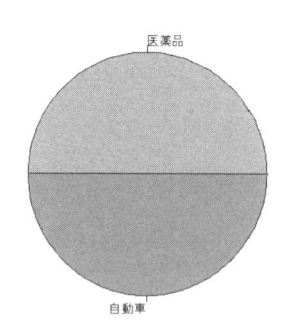

業種

図演解 1.6 円グラフ

演習 1-9

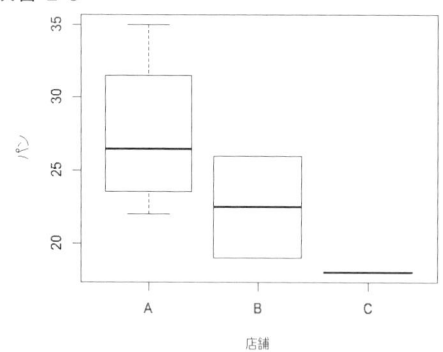

図演解 1.7 箱ひげ図

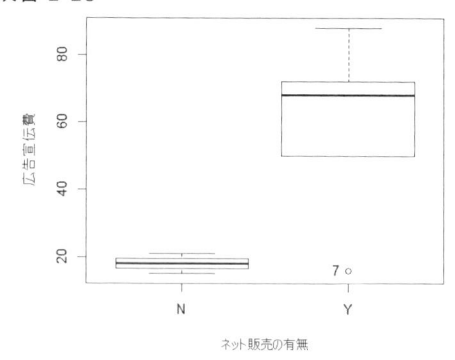

演習 1-10

図演解 1.8 箱ひげ図

演習 1-11

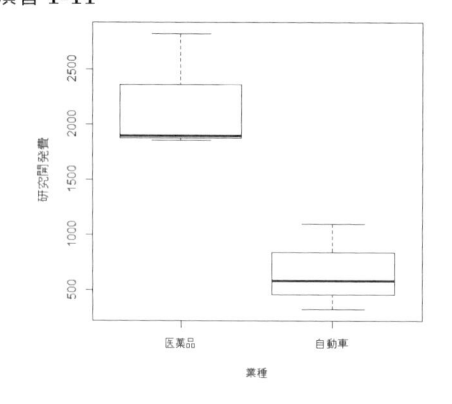

図演解 1.9 箱ひげ図

演習 1-15

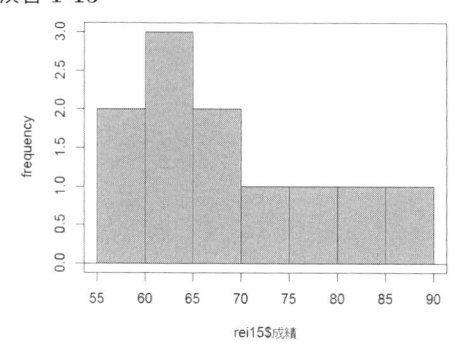

図演解 1.10 ヒストグラム

演習 **1-12**

─────────── R による実行結果 ───────────
```
> stem.leaf(rei15$成績, na.rm=TRUE)
1 | 2: represents 12
 leaf unit: 1
            n: 11
   2    5. | 68
   5    6* | 234
  (1)   6. | 9
   5    7* | 0
   4    7. | 58
   2    8* | 1
   1    8. | 6
```

演習 **1-13**

─────────── R による実行結果 ───────────
```
> stem.leaf(en13$広告宣伝費, na.rm=TRUE)
1 | 2: represents 12
 leaf unit: 1
            n: 8
   3    1 | 568
   4    2 | 1
        3 |
        4 |
   4    5 | 0
   3    6 | 8
   2    7 | 2
   1    8 | 8
> stem.leaf(en13$売上高, unit=1, na.rm=TRUE)
1 | 2: represents 12
 leaf unit: 1
            n: 8
   1    13 | 5
        14 |
        15 |
   2    16 | 7
   3    17 | 3
        18 |
        19 |
   4    20 | 5
        21 |
        22 |
        23 |
        24 |
   4    25 | 8
```

```
           26 |
           27 |
           28 |
           29 |
    3      30 | 0
           31 |
           32 |
           33 |
           34 |
    2      35 | 5
           36 |
           37 |
           38 |
    1      39 | 8
```

演習 **1-14**

───── Rによる実行結果 ─────
```
> stem.leaf(en14$売上高, na.rm=TRUE)
1 | 2: represents 12000
 leaf unit: 1000
            n: 6
    2     0. | 99
   (1)    1* | 4
    3     1. | 56
          2* |
    1     2. | 5
> stem.leaf(en14$研究開発費, na.rm=TRUE)
1 | 2: represents 1200
 leaf unit: 100
            n: 6
    1     0* | 3
    2     0. | 5
   (1)    1* | 0
    3     1. | 88
          2* |
    1     2. | 8
```

演習 **1-18**　省略

演習 1-16

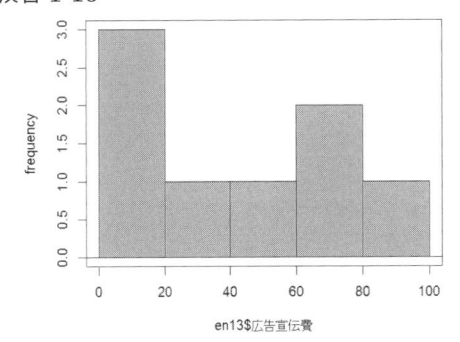

図演解 1.11　ヒストグラム

演習 1-17

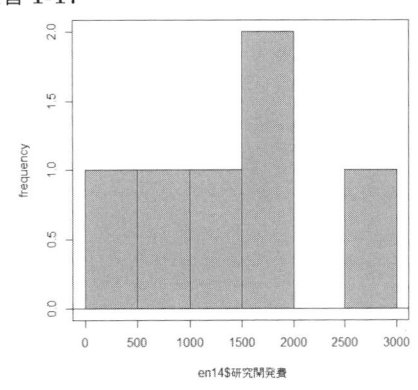

図演解 1.12　ヒストグラム

演習 1-19

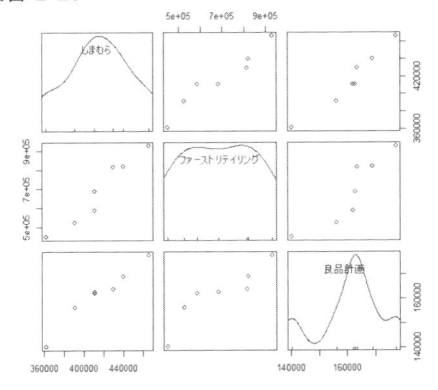

図演解 1.13　散布図行列

演習 1-20

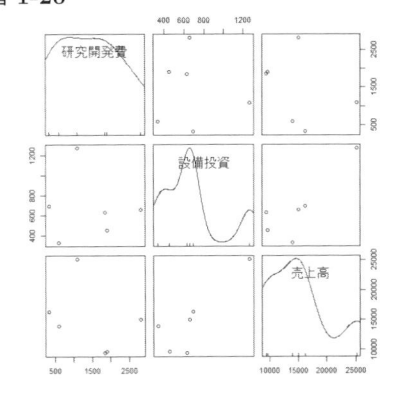

図演解 1.14　散布図行列

第 2 章

演習 2-1 $P(x_1 = x_2 | x_1 + x_2 = 6) = \dfrac{P(x_1 = x_2 \text{かつ } x_1 + x_2 = 6)}{P(x_1 + x_2 = 6)} = \dfrac{1/36}{5/36} = \dfrac{1}{5}$

演習 2-2 A を 1 回目に印がない棒を引く事象, B を 2 回目に印がある棒を引く事象とすると, 求める確率は, $P(A \cap B) = P(A)P(B|A) = \dfrac{4}{6} \times \dfrac{2}{5} = \dfrac{4}{15}$

演習 2-3

$$P(E|T) = \frac{P(E \cap T)}{P(T)} = \frac{P(T|E)P(E)}{P(T)} = \frac{P(T|E)P(E)}{P(T|E)P(E) + P(T|E^c)P(E^c)}$$
$$= \frac{0.8 \times 0.6}{0.8 \times 0.6 + 0.04 \times 0.4} = 0.967742$$

演習 2-4 不良品である事象を F で表すと,

$$P(B|F) = \frac{P(B \cap F)}{P(F)} = \frac{P(F|B)P(B)}{P(F|A)P(A) + P(F|B)P(B) + P(F|C)P(C)}$$
$$= \frac{0.02 \times 0.5}{0.04 \times 0.2 + 0.02 \times 0.5 + 0.03 \times 0.3} = 0.370370$$

演習 2-5 ①　表の出る個数を X とする.

x	$x<0$	0	$0<x<1$	1	$1<x<2$	2
$P(X=x)=p(x)$	0	1/4	0	1/2	0	1/4
$P(X\leqq x)=F(x)$	0	1/4	1/4	3/4	3/4	1

② 出る目の和を X とすると 2 以上 12 以下の整数値をとる $(2 \leqq x_1 + x_2 \leqq 12)$

x		2		3		4		5		6	
$p(x)$	0	$\frac{1}{36}$	0	$\frac{1}{18}$	0	$\frac{1}{12}$	0	$\frac{1}{9}$	0	$\frac{5}{36}$	0
$F(x)$	0	$\frac{1}{36}$	$\frac{1}{36}$	$\frac{1}{12}$	$\frac{1}{12}$	$\frac{1}{6}$	$\frac{1}{6}$	$\frac{5}{18}$	$\frac{5}{18}$	$\frac{5}{12}$	$\frac{5}{12}$

x	7		8		9		10		11		12
$p(x)$	$\frac{1}{6}$	0	$\frac{5}{36}$	0	$\frac{1}{9}$	0	$\frac{1}{12}$	0	$\frac{1}{18}$	0	$\frac{1}{36}$
$F(x)$	$\frac{7}{12}$	$\frac{7}{12}$	$\frac{13}{18}$	$\frac{13}{18}$	$\frac{5}{6}$	$\frac{5}{6}$	$\frac{11}{12}$	$\frac{11}{12}$	$\frac{35}{36}$	$\frac{35}{36}$	1

演習 2-6 $E(X) = 100 \times P(X=偶数) + (-50) \times P(X=奇数) = 25$

演習 2-7 $E(X) = 0 \times P(X=0) + 1 \times P(X=1) = 1/2$

演習 2-8 $V(X) = E(X-E(X))^2 = \sum_{i=1}^{6} \frac{(i-3.5)^2}{6} = \frac{2}{6}(2.5^2 + 1.5^2 + 0.5^2) = \frac{17.5}{6}$ または $V(X) = E(X^2) - \{E(X)\}^2 = \frac{91}{6} - \left(\frac{7}{2}\right)^2 = \frac{35}{12}$

演習 2-9 $V(aX+b) = E(aX+b-aE(X)-b)^2 = a^2 E(X-E(X))^2 = a^2 V(X)$

演習 2-10

■ $F(x) = \begin{cases} 0 & (x<-1) \\ \dfrac{(x+1)^2}{2} & (-1 \leqq x < 0) \\ \dfrac{-(x-1)^2}{2} + 1 & (0 \leqq x < 1) \\ 1 & (1 \leqq x) \end{cases}$

② $E(X) = 0$, $V(X) = \dfrac{1}{6}$

演習 2-11 ① 左より $0.4, 0.1, 0.6$ ② $p_{x\cdot} = \{p_{0\cdot} = 0.4, p_{1\cdot} = 0.6\}$, $p_{\cdot y} = \{p_{\cdot 1} = 0.4, p_{\cdot 2} = 0.6\}$, $p(0,1) = 0.3 \neq 0.4 \times 0.4 = p_{0\cdot} \times p_{\cdot 1}$ より独立でない。③ $E(X) = 0 \times p_{0\cdot} + 1 \times p_{1\cdot} = 0.6, V(X) = E(X-E(X))^2 = (0-0.6)^2 \times 0.4 + (1-0.6)^2 \times 0.6 = 0.24$ ④ $E(Y) = 1 \times p_{\cdot 1} + 2 \times p_{\cdot 2} = 1.6, V(Y) = 0.24$, $Cov(X,Y) = E(XY) - E(X)E(Y) = 1.1 - 0.6 \times 1.6 = 0.14, \rho(X,Y) = Cov(X,Y)/\sqrt{V(X)}/\sqrt{V(Y)} = 0.14/\sqrt{0.24}/\sqrt{0.24} = 0.5833$ ⑤ $p(x|1) = p(x,1)/p_{\cdot 1} = \{0.3/0.4 = 0.75, 0.1/0.4 = 0.25\}, E(X|Y=1) = 0 \times p(0|1) + 1 \times p(1|1) = 0.25, V(X|Y=1) = E(X-E(X|1))^2|Y=1) = (0-0.25)^2 \times p(0|1) + (1-0.25)^2 \times p(1|1) = 0.1875$ ⑥ $P(Z=1) = P(X=0, Y=1) = 0.3, P(Z=2) = P(X=0, Y=2) + P(X=1, Y=1) = 0.1 + 0.1 = 0.2, P(Z=3) = P(X=1, Y=2) = 0.5, E(Z) = 1 \times 0.3 + 2 \times 0.2 + 3 \times 0.5 = 2.2, V(Z) = E(Z-E(Z))^2 = (1-2.2)^2 \times 0.3 + (2-2.2)^2 \times 0.2 + (3-2.2)^2 \times 0.5 = 0.76$

演習 2-12 離散型分布の場合，同時分布を $p(x_1, \ldots, x_n)$ とすると
$E(a_1 X_1 + \cdots + a_n X_n) = \sum (a_1 x_1 + \cdots + a_n x_n) p(x_1, \ldots, x_n) = a_1 \sum x_1 p(x_1, \ldots, x_n) + \cdots + a_n \sum x_n p(x_1, \ldots, x_n) = a_1 E(X_1) + \cdots + a_n E(X_n), V(a_1 X_1 + \cdots + a_n X_n) = E(a_1 X_1 + \cdots + a_n X_n - a_1 E(X_1) - \cdots - a_n E(X_n))^2 = a_1^2 E(X_1 - E(X_n))^2 + \cdots + a_n^2 E(X_n - E(X_n))^2 + \sum_{i \neq j} a_i a_j E(X_i - E(X_i)) E(X_j - E(X_j)) = $ 右辺

演習 2-13 ① $P(X=x|Y=偶数) = \dfrac{P(X=x, Y=偶数)}{P(Y=偶数)} = P(X=x) = \dfrac{1}{6} (x=1, \ldots, 6)$ ② $P(X=奇数|Y=偶数) = \dfrac{P(X=奇数, Y=偶数)}{P(Y=偶数)} = P(X=奇数) = \dfrac{1}{2}$ ③ $P(X=偶数かつY=偶数|X+Y=8) = \dfrac{P(X=偶数かつY=偶数かつX+Y=8)}{P(X+Y=8)} = \dfrac{3/36}{5/36} = \dfrac{3}{5}$

演習 2-14(1) 1) 図演解 **2.1** 2) 図演解 **2.2** 3) 図演解 **2.3**

(2) 1) ① $P(X \leqq 4) = P\left(\dfrac{X-5}{3} \leqq \dfrac{4-5}{3}\right) = P(U \leqq -1/3) = 1 - P(U \geqq -1/3) = 0.3694413$

```
> pnorm(c(4), mean=5, sd=3, lower.tail
=TRUE)
[1] 0.3694413
> pnorm(c(-1/3), mean=0, sd=1, lower.tail
=TRUE)
[1] 0.3694413
```

演習 2-14 (1) 1)

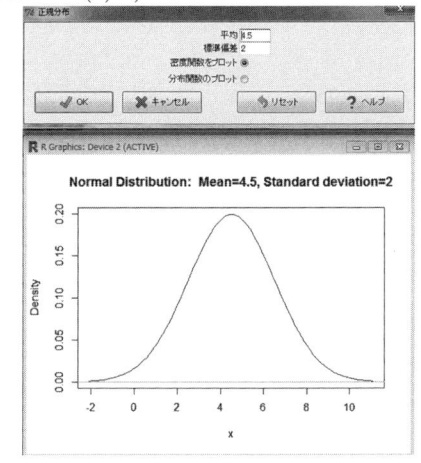

図演解 2.1 正規分布の密度関数

2)

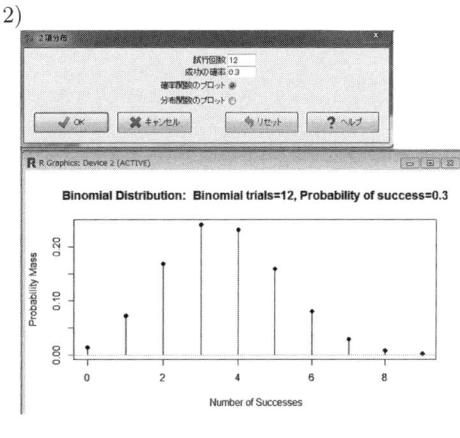

図演解 2.2 二項分布の確率関数

3)

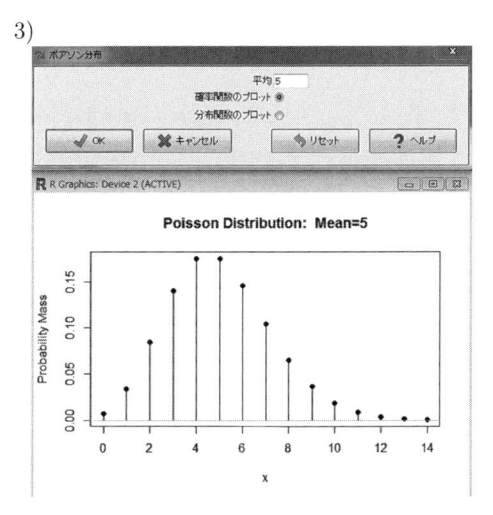

図演解 2.3 ポアソン分布の確率関数

演習 2-15 (1)

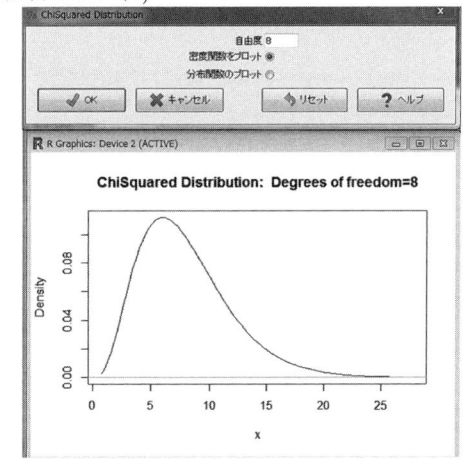

図演解 2.4 $\chi^2(8)$ 分布の密度関数

```
>pnorm((4-5)/3)
[1] 0.3694413
```

② $P(X > 3) = P\left(\dfrac{X-5}{3} > \dfrac{3-5}{3}\right) = P(U \leqq -2/3) \fallingdotseq 1 - P(U \geqq -2/3) = 0.7475075$

```
> pnorm(c(3), mean=5, sd=3, lower.tail
=FALSE)
[1] 0.7475075
```

③ $P(4 < X < 7) = P\left(\dfrac{4-5}{3} \dfrac{X-5}{3} \geqq \dfrac{7-5}{3}\right)$
$= P(U < 2/3) - P(U < -1/3) = 0.3780661$

```
> pnorm((7-5)/3)-pnorm((4-5)/3)
> pnorm(2/3)-pnorm(-1/3)
```

[1] 0.3780661

2) ① $P(X < 4)$
$= \sum_{x=0}^{3} P(X = x) = 0.4826097$

```
> pbinom(c(3), size=9, prob=0.4,
lower.tail=TRUE)
[1] 0.4826097
```

② $P(X > 6) = \sum_{x=7}^{9} P(X = x) = 0.02503475$

```
> pbinom(c(6), size=9, prob=0.4,
lower.tail=FALSE)
[1] 0.02503475
```

③ $P(4 < X < 7) = P(X \leqq 6) - P(X \leqq 4) = 0.2415329$

```
> pbinom(c(6), size=9, prob=0.4,
lower.tail=TRUE)
[1] 0.9749652
> pbinom(c(4), size=9, prob=0.4,
lower.tail=TRUE)
[1] 0.7334323
>0.9749652-0.7334323
[1] 0.2415329
```

3) ① $P(X < 3) = P(X \leqq 2)$
$= \sum_{x=0}^{2} P(X = x) = 0.6766764$

```
> ppois(c(2), lambda=2, lower.tail=TRUE)
[1] 0.6766764
```

② $P(X > 5) = \sum_{x=6}^{\infty} P(X = x) = 0.01656361$

```
> ppois(c(5), lambda=2, lower.tail=FALSE)
[1] 0.01656361
```

③ $P(4 < X < 7) = \sum_{x=5}^{6} P(X = x) = P(X \leqq 6) - P(X \leqq 4) \fallingdotseq 0.04812$

```
> ppois(c(6), lambda=2, lower.tail=TRUE)
[1] 0.9954662
> ppois(c(4), lambda=2, lower.tail=TRUE)
[1] 0.947347
> 0.9954662-0.947347
[1] 0.0481192
```

(3) 1) ①
```
> qnorm(c(0.01), mean=0, sd=1, lower.tail
=TRUE)
[1] -2.326348
```
②
```
> qnorm(c(0.05), mean=0, sd=1, lower.tail
=TRUE)
[1] -1.644854
```
③
```
>qnorm(c(0.10),mean=0,sd=1,lower.tail
=FALSE)
[1] 1.281552
```
④
```
>qnorm(c(0.025),mean=0,sd=1,lower.tail
=FALSE)
[1] 1.959964
```
⑤
```
>qnorm(c(0.025),mean=0,sd=1,lower.tail
=TRUE)
[1] -1.959964
>qnorm(c(0.025),mean=0,sd=1,lower.tail
=FALSE)
[1] 1.959964
```
⑥
```
>qnorm(c(0.05),mean=0,sd=1,
lower.tail=TRUE) [1] -1.644854
>qnorm(c(0.05),mean=0,sd=1,
lower.tail=FALSE) [1] 1.644854
```

(3) 2) ①
```
> qbinom(c(0.01), size=30, prob=0.6,
ower.tail=TRUE)
[1] 12
```
②
```
> qbinom(c(0.05), size=30, prob=0.6,
ower.tail=TRUE)
[1] 14
```
③
```
> qbinom(c(0.10), size=30, prob=0.6,
lower.tail=FALSE)
[1] 21
```
④
```
> qbinom(c(0.025), size=30, prob=0.6,
lower.tail=FALSE)
[1] 23
```

3) ①
```
>qpois(c(0.01),lambda=10,lower.tail
=TRUE)
[1] 3
```
②
```
>qpois(c(0.05), lambda=10,lower.tail
=TRUE)
[1] 5
```
③
```
>qpois(c(0.10),lambda=10,lower.tail
=FALSE)
[1] 14
```
④
```
>qpois(c(0.025),lambda=10,lower.tail
=FALSE)
[1] 17
```

演習 2-15　(1) 図演解 2.4
(2)① $P(X \leq 1.25) = 0.003877088$
② $P(3 \leq X \leq 5.2) = 0.1983559$

```
> pchisq(c(1.25),df=8,lower.tail=TRUE)
[1] 0.003877088
> pchisq(c(5.2),df=8,lower.tail=TRUE)
[1] 0.2639984
> pchisq(c(3),df=8,lower.tail=TRUE)
[1] 0.06564245
> pchisq(c(5.2),df=8,lower.tail=TRUE)
-pchisq(c(3), df=8, lower.tail=TRUE)
[1] 0.1983559
```

(3) $\chi^2(8, 0.10) = 13.36157$,
$\chi^2(8, 0.05) = 15.50731$

```
> qchisq(c(0.90),df=8,lower.tail=TRUE)
[1] 13.36157
> qchisq(c(0.05),df=8,lower.tail=FALSE)
[1] 15.50731
```

演習 2-16(1) 図演解 2.5
(2)① $P(X \leq 1.25) = 0.8766871$
② $P(-1 \leq X \leq 5.2) = 0.826292$

```
>pt(c(1.25),df=8,lower.tail=TRUE)
[1] 0.8766871
>pt(c(5.2),df=8,lower.tail=TRUE)
[1] 0.9995888
>pt(c(-1),df=8,lower.tail=TRUE)
[1] 0.1732968
>pt(c(5.2),df=8,lower.tail=TRUE)
-pt(c(-1),df=8,lower.tail=TRUE)
[1] 0.826292
```

(3) $t(8, 0.20) = 1.396815, t(8, 0.10)$
$= 1.859548, t(8, 0.05) = 2.306004$

```
>qt(c(0.10),df=8,lower.tail=FALSE)
[1] 1.396815
>qt(c(0.05),df=8,lower.tail=FALSE)
[1] 1.859548
>qt(c(0.025),df=8,lower.tail=FALSE)
[1] 2.306004
```

演習 2-17(1) 図演解 2.6
(2)① $P(X \leq 1.25) = 0.6337499$
② $P(3 \leq X \leq 5.2) = 0.05351275$

```
>pf(c(1.25),df1=6,df2=9,lower.tail=TRUE)
[1] 0.6337499
> pf(c(5.2),df1=6,df2=9,lower.tail=TRUE)
[1] 0.9857988
>pf(c(3),df1=6,df2=9,lower.tail=TRUE)
[1] 0.9322861
>pf(c(5.2),df1=6,df2=9,lower.tail=TRUE)
-pf(c(3),df1=6,df2=9,lower.tail=TRUE)
[1] 0.05351275
```

(3) $F(2, 7; 0.10) = 3.257442, F(2, 7; 0.05) = 4.737414, 1/F(7, 2; 0.90) = 3.257442$

```
>qf(c(0.90),df1=2,df2=7,lower.tail=TRUE)
[1] 3.257442
>qf(c(0.05),df1=2,df2=7,lower.tail=FALSE)
[1] 4.737414
>qf(c(0.90),df1=7,df2=2,lower.tail=FALSE)
[1] 0.3069893
>1/qf(c(0.90),df1=7,df2=2,lower.tail=FALSE)
[1] 3.257442
```

演習 2-16(1)

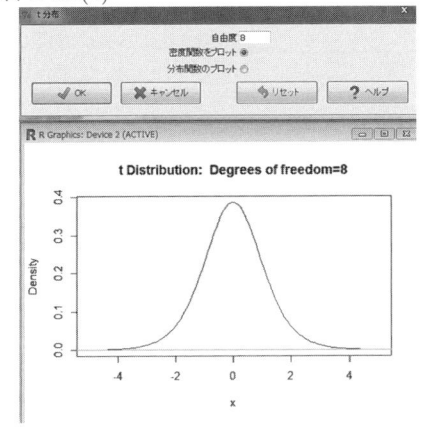

図演解 2.5　$t(8)$ 分布の密度関数

演習 2-17(1)

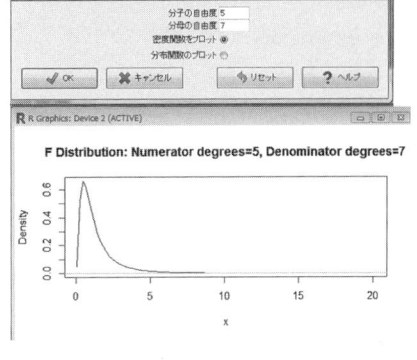

図演解 2.6　$F(5, 7)$ 分布の密度関数

第 3 章

演習 **3-1**　本文にあるため省略.
演習 **3-2**　省略.
演習 **3-3**

─────── R による実行結果 ───────

```
> .Table <- matrix(c(10,2,1,4), 2, 2, byrow=TRUE)
> rownames(.Table) <- c('1', '2')
> colnames(.Table) <- c('1', '2')
> .Table  # Counts
   1 2
1 10 2
2  1 4
> fisher.test(.Table)
Fisher's Exact Test for Count Data
data:  .Table
p-value = 0.02763
alternative hypothesis: true odds ratio is not equal to 1
95 percent confidence interval:
    0.9571449 1068.8016204
sample estimates:
odds ratio
  15.51469
> remove(.Table)
> tab<- matrix(c(10,2,1,4), 2, 2, byrow=TRUE)   #コマンドによる実行
> fisher.test(tab,alt="g")
        Fisher's Exact Test for Count Data
data:  tab
p-value = 0.02763
alternative hypothesis: true odds ratio is greater than 1
95 percent confidence interval:
 1.316491      Inf
sample estimates:
odds ratio
  15.51469
 > fisher.test(tab,alt="l")    #参考
        Fisher's Exact Test for Count Data
data:  tab
p-value = 0.999
alternative hypothesis: true odds ratio is less than 1
95 percent confidence interval:
   0.0000 529.1445
sample estimates:
odds ratio
  15.51469
```

演習 **3-4**

――――――― R による実行結果 ―――――――

```
♯ 統計量 ▶ 分割表 ▶ 2 元表入力と分析... よりデータ入力をする
♯ ①
> .Table <- matrix(c(28,22,16,8), 2, 2, byrow=TRUE)
> rownames(.Table) <- c('1', '2')
> colnames(.Table) <- c('1', '2')
> .Table   # Counts
   1  2
1 28 22
2 16  8
> .Test <- chisq.test(.Table, correct=FALSE)
> .Test
   Pearson's Chi-squared test
data:  .Table
X-squared = 0.7654, df = 1, p-value = 0.3816
♯ ②
> prop.test(c(28,16),c(50,24),conf.level=0.95)
2-sample test for equality of proportions with continuity correction
data:  c(28, 16) out of c(50, 24)
X-squared = 0.3869, df = 1, p-value = 0.534
alternative hypothesis: two.sided
95 percent confidence interval:
 -0.3709519  0.1576185
sample estimates:
   prop 1    prop 2
0.5600000 0.6666667
```

演習 **3-5**

――――――― R による実行結果 ―――――――

```
♯ 統計量 ▶ 分割表 ▶ 2 元表入力と分析... よりデータ入力をする
♯ ①
> .Table <- matrix(c(12,188,9,141), 2, 2, byrow=TRUE)
> rownames(.Table) <- c('1', '2')
> colnames(.Table) <- c('1', '2')
> .Table   # Counts
   1   2
1 12 188
2  9 141
> .Test <- chisq.test(.Table, correct=FALSE)
> .Test
Pearson's Chi-squared test
data:  .Table
X-squared = 0, df = 1, p-value = 1
♯ ②
> prop.test(c(12,9),c(200,150),conf.level=0.95)
```

```
2-sample test for equality of proportions without continuity
correction
data:  c(12, 9) out of c(200, 150)
X-squared = 0, df = 1, p-value = 1
alternative hypothesis: two.sided
95 percent confidence interval:
 -0.05027604  0.05027604
sample estimates:
prop 1 prop 2
   0.06   0.06
```

演習 3-6

─────── R による実行結果 ───────

```
♯ 統計量 ▶ 分割表 ▶ 2 元表入力と分析... よりデータ入力をする
♯ ①
> .Table <- matrix(c(40,10,18,12), 2, 2, byrow=TRUE)
> rownames(.Table) <- c('1', '2')
> colnames(.Table) <- c('1', '2')
> .Table  # Counts
   1  2
1 40 10
2 18 12
> .Test <- chisq.test(.Table, correct=FALSE)
> .Test
Pearson's Chi-squared test
data:  .Table
X-squared = 3.7618, df = 1, p-value = 0.05244
♯ ②
> prop.test(c(40,18),c(50,30),conf.level=0.95)
2-sample test for equality of proportions with continuity correction
data:  c(40, 18) out of c(50, 30)
X-squared = 2.8255, df = 1, p-value = 0.09278
alternative hypothesis: two.sided
95 percent confidence interval:
 -0.03408976  0.43408976
sample estimates:
prop 1 prop 2
   0.8   0.6
```

演習 3-7

─────── R による実行結果 ───────

```
♯ 統計量 ▶ 分割表 ▶ 2 元表入力と分析... よりデータ入力をする
♯ ①
> .Table <- matrix(c(65,15,52,28), 2, 2, byrow=TRUE)
> rownames(.Table) <- c('1', '2')
```

演習解答

```
> colnames(.Table) <- c('1', '2')
> .Table  # Counts
    1  2
1  65 15
2  52 28
> .Test <- chisq.test(.Table, correct=FALSE)
> .Test
   Pearson's Chi-squared test
data:  .Table
X-squared = 5.3747, df = 1, p-value = 0.02043
♯ ②
> prop.test(c(65,52),c(80,80),conf.level=0.95)
2-sample test for equality of proportions with continuity correction
data:  c(65, 52) out of c(80, 80)
X-squared = 4.5796, df = 1, p-value = 0.03235
alternative hypothesis: two.sided
95 percent confidence interval:
 0.01494658 0.31005342
sample estimates:
prop 1 prop 2
0.8125 0.6500
```

演習 3-8

――――――― R による実行結果 ―――――――

```
> dat38=c(rep("getu",24),rep("ka",18),rep("sui",21),rep("moku",35),
rep("kin",44)) #コマンド入力
> table(dat38)
dat38
getu   ka  kin moku  sui
  24   18   44   35   21
> dosu<-data.frame(dat38)
♯ 統計量 ▶ 要約 ▶ 頻度分布... より変数として dat38 を選択後, カイ 2 乗適合度検定に
♯ チェックを入れ OK をクリックする. 適合度検定で OK をクリックする.
> .Table <- table(dosu$dat38)
> .Table  # counts for dat38
getu   ka  kin moku  sui
  24   18   44   35   21
> round(100*.Table/sum(.Table), 2)  # percentages for dat38
 getu    ka   kin  moku   sui
16.90 12.68 30.99 24.65 14.79
> .Probs <- c(0.2,0.2,0.2,0.2,0.2)    #曜日について一様である帰無仮説
> chisq.test(.Table, p=.Probs)
Chi-squared test for given probabilities
data:  .Table
X-squared = 16.5211, df = 4, p-value = 0.002394
```

```
♯p 値が 0.05 より 5 ％で有意
♯参考 1 元分類の分割表での検定
d1t.te=function(x,p){
 kei=sum(x);k=length(x)
 e=kei*p
 chi0=sum((x-e)^2/e)
 pti=1-pchisq(chi0,k-1)
 c("カイ 2 乗値"=chi0,"自由度"=k-1,"p 値"=pti)
}
> x<-c(24,18,21,35,44)
> p<-c(1,1,1,1,1)/5
> d1t.te(x,p)
    カイ 2 乗値       自由度          p 値
 16.521126761   4.000000000   0.002393979
```

演習 3-9

―― R による実行結果 ――

```
> dat39=c(rep("getu",8),rep("ka",12),rep("sui",15),rep("moku",11),
rep("kin",23))
> table(dat39)
dat39
 getu   ka  kin moku  sui
    8   12   23   11   15
> kensu<-data.frame(dat39)
♯統計量 ▶ 要約 ▶ 頻度分布... より変数として dat39 を選択後，カイ 2 乗適合度検定に
♯チェックを入れ OK をクリックする．適合度検定で OK をクリックする．
> .Table <- table(kensu$dat39)
> .Table  # counts for dat39
 getu   ka  kin moku  sui
    8   12   23   11   15
> round(100*.Table/sum(.Table), 2)  # percentages for dat39
 getu    ka   kin  moku   sui
11.59 17.39 33.33 15.94 21.74
> .Probs <- c(0.2,0.2,0.2,0.2,0.2)
> chisq.test(.Table, p=.Probs)
 Chi-squared test for given probabilities
data:  .Table
X-squared = 9.4783, df = 4, p-value = 0.0502
♯参考
> x<-c(8,12,15,11,23)
> p<-c(1,1,1,1,1)/5
> d1t.te(x,p)
   カイ 2 乗値       自由度        p 値
 9.47826087  4.00000000  0.05019586
```

演習 **3-10**

――― R による実行結果 ―――
```
> dat310=c(rep("A",12),rep("B",35),rep("C",21),rep("D",32))
> table(dat310)
dat310
 A  B  C  D
12 35 21 32
> su<-data.frame(dat310)
♯ 統計量 ▶ 要約 ▶ 頻度分布... より変数として dat310 を選択後, カイ 2 乗適合度検定に
♯ チェックを入れ OK をクリックする. 適合度検定で OK をクリックする.
> .Table <- table(su$dat310)
> .Table   # counts for dat310
 A  B  C  D
12 35 21 32
> round(100*.Table/sum(.Table), 2)   # percentages for dat310
 A  B  C  D
12 35 21 32
> .Probs <- c(0.25,0.25,0.25,0.25)
> chisq.test(.Table, p=.Probs)
Chi-squared test for given probabilities
data:  .Table
X-squared = 13.36, df = 3, p-value = 0.003919
♯ 参考
> x<-c(12,35,21,32)
> p<-c(1,1,1,1)/4
> d1t.te(x,p)
    カイ 2 乗値      自由度          p 値
13.360000000  3.000000000  0.003919367
```

演習 **3-11**

――― R による実行結果 ―――
```
> u<-runif(300,0,1)
> me<-floor(6*u+1)
> table(me)
me
 1  2  3  4  5  6
53 41 53 49 59 45
> x<-table(me)
> x
me
 1  2  3  4  5  6
53 41 53 49 59 45
> p<-c(1,1,1,1,1,1)/6
> d1t.t(x,p)
    カイ 2 乗値      自由度          p 値
```

```
4.1200000 5.0000000 0.5322716
```

演習 3-12

─── R による実行結果 ───

```
> dat312=c(rep("A",6),rep("B",11),rep("C",18),rep("D",5))
> table(dat312)
dat312
 A  B  C  D
 6 11 18  5
> hyoka<-data.frame(dat312)
♯ 統計量 ▶ 要約 ▶ 頻度分布... より変数として dat312 を選択後, カイ 2 乗適合度検定に
♯ チェックを入れ A,B,C,D の各セルに 1/7,2/7,3/7,1/7 を入力後 OK をクリックする.
♯ 適合度検定で OK をクリックする.
> .Table <- table(hyoka$dat312)
> .Table  # counts for dat312
 A  B  C  D
 6 11 18  5
> round(100*.Table/sum(.Table), 2)  # percentages for dat312
   A    B    C    D
15.0 27.5 45.0 12.5
> .Probs <-c(0.142857142857143,0.285714285714286,0.428571428571429,
+   0.142857142857143)
> chisq.test(.Table, p=.Probs)
Chi-squared test for given probabilities
data:  .Table
X-squared = 0.1625, df = 3, p-value = 0.9834
♯ 参考
> x<-c(6,11,18,5)
> p<-c(1,2,3,1)/7
> d1t.te(x,p)
  カイ 2 乗値        自由度          p 値
  0.1625000     3.0000000     0.9834032
```

演習 3-13

─── R による実行結果 ───

```
> dat313=c(rep("cy",182),rep("sy",63),rep("cg",59),rep("sg",19))
> table(dat313)
dat313
 cg  cy  sg  sy
 59 182  19  63
> tane<-data.frame(dat313)
♯ 統計量 ▶ 要約 ▶ 頻度分布... より変数として dat313 を選択後, カイ 2 乗適合度検定に
♯ チェックを入れ c g ,cy,sg,sy の各セルに 3/16,9/16,1/16,3/16 を入力後 OK をクリックする.
♯ 適合度検定で OK をクリック
> .Table <- table(tane$dat313)
```

演習解答

```
> .Table   # counts for dat313
 cg  cy  sg  sy
 59 182  19  63
> round(100*.Table/sum(.Table), 2)  # percentages for dat313
   cg    cy    sg    sy
18.27 56.35  5.88 19.50
> .Probs <- c(0.1875,0.5625,0.0625,0.1875)
> chisq.test(.Table, p=.Probs)
Chi-squared test for given probabilities
data:  .Table
X-squared = 0.2088, df = 3, p-value = 0.9762
♯参考
> x<-c(182,63,59,19)
> p<-c(9,3,3,1)/16
> d1t.te(x,p)
カイ2乗値     自由度        p値
0.2088063 3.0000000 0.9761553
```

演習 3-14

──── R による実行結果 ────

```
♯統計量 ▶ 分割表 ▶2元表入力と分析... よりデータ入力をする.
> .Table <- matrix(c(46,43,21,32,25,22,38,18,26), 3, 3, byrow=TRUE)
> rownames(.Table) <- c('1', '2', '3')
> colnames(.Table) <- c('1', '2', '3')
> .Table   # Counts
   1  2  3
1 46 43 21
2 32 25 22
3 38 18 26
> .Test <- chisq.test(.Table, correct=FALSE)
> .Test
Pearson's Chi-squared test
data:  .Table
X-squared = 7.8978, df = 4, p-value = 0.0954
♯参考 2元分類の分割表での検定
d2t.t=function(x){
 l=nrow(x);m=ncol(x)
 e=matrix(0,l,m)
 gyowa=apply(x,1,sum);retuwa=apply(x,2,sum)
 kei=sum(x)
 for (j in 1:m){
  for (i in 1:l){
       e[i,j]=gyowa[i]*retuwa[j]/kei
  }
 }
```

```
 chi0=sum((x-e)^2/e)
 df=(l-1)*(m-1)
 pti=1-pchisq(chi0,df)
 c("カイ2乗値"=chi0,"自由度"=df,"p値"=pti)
}
> x<-matrix(c(46,32,38,43,25,18,21,22,26),nrow=3,ncol=3)
> d2t.t(x)
  カイ2乗値       自由度          p値
7.89778426 4.00000000 0.09539507
```

演習 3-15

── Rによる実行結果 ──
```
♯参考2元分類の分割表での検定
> x<-matrix(c(23,15,17,6,8,7,12,11,9,5,6,7),nrow=3,ncol=4)
> d2t.t(x)
  カイ2乗値      自由度         p値
2.3190983 6.0000000 0.8881387
```

第 4 章

演習 4-1

── Rによる実行結果 ──
```
> setwd("C:/data/4syo")
> en41 <- read.table("C:/data/4syo/en4-1.csv", header=TRUE, sep=",",
  na.strings="NA", dec=".", strip.white=TRUE)
Call:
lm(formula = hanbai ~ uriba, data = en41)
Residuals:
    Min      1Q  Median      3Q     Max
  -2048    -783     219     725    2231
Coefficients:
            Estimate Std. Error t value Pr(>|t|)
(Intercept)  -851.93     631.74   -1.35     0.21
uriba         101.60       2.81   36.18  6.2e-12 ***
---
Signif. codes:  0 '***' 0.001 '**' 0.01 '*' 0.05 '.' 0.1 ' ' 1

Residual standard error: 1290 on 10 degrees of freedom
Multiple R-squared: 0.992,Adjusted R-squared: 0.992
F-statistic: 1.31e+03 on 1 and 10 DF,  p-value: 6.19e-12
```

── Rによる実行結果 ──
```
> Anova(RegModel.1, type="II")
Anova Table (Type II tests)
Response: hanbai
```

```
              Sum Sq Df F value  Pr(>F)
uriba       2.17e+09  1    1309 6.2e-12 ***
Residuals   1.66e+07 10
---
Signif. codes:  0 '***' 0.001 '**' 0.01 '*' 0.05 '.' 0.1 ' ' 1
```

lm(hanbai ~ uriba)

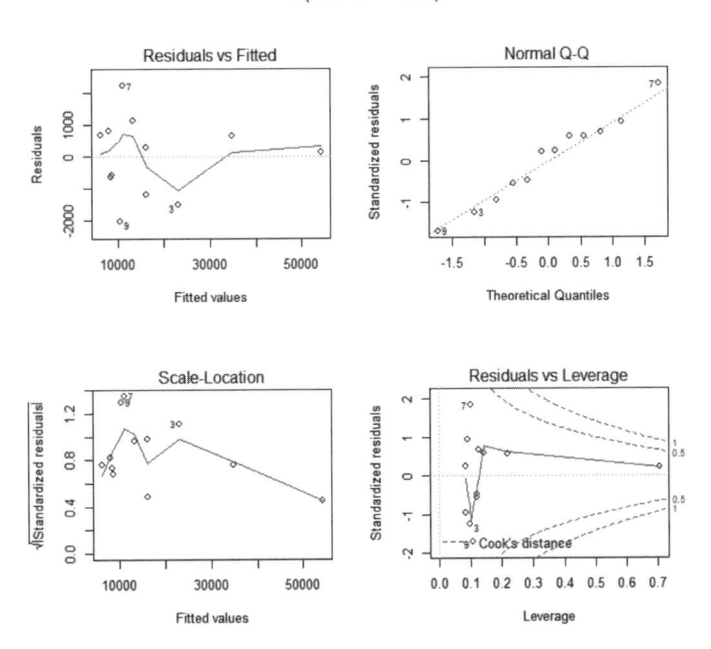

図演解 4.1 回帰診断

演習 4-2

――― R による実行結果 ―――
```
> en42 <- read.table("C:/data/4syo/en4-2.csv", header=TRUE, sep=",",
+   na.strings="NA", dec=".", strip.white=TRUE)
Call:
lm(formula = sisyutu ~ syunyu, data = en42)
Residuals:
   Min     1Q  Median     3Q     Max
-4.743 -1.452   0.624  1.491   2.257
Coefficients:
            Estimate Std. Error t value Pr(>|t|)
(Intercept)    4.080      1.826    2.23    0.038 *
syunyu         0.578      0.114    5.08 7.8e-05 ***
---
Signif. codes:  0 '***' 0.001 '**' 0.01 '*' 0.05 '.' 0.1 ' ' 1
Residual standard error: 2.06 on 18 degrees of freedom
Multiple R-squared: 0.589, Adjusted R-squared: 0.566
```

```
F-statistic: 25.8 on 1 and 18 DF,  p-value: 7.84e-05
```

―― Rによる実行結果 ――

```
> Anova(RegModel.2, type="II")
Anova Table (Type II tests)
Response: sisyutu
          Sum Sq Df F value    Pr(>F)
syunyu    109.2   1    25.8  7.8e-05 ***
Residuals  76.2  18
---
Signif. codes:  0 '***' 0.001 '**' 0.01 '*' 0.05 '.' 0.1 ' ' 1
```

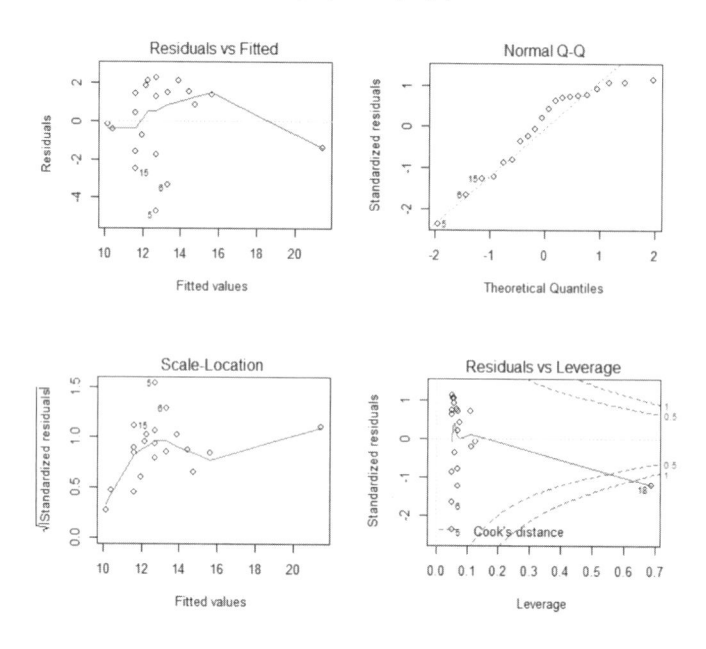

図演解 4.2　回帰診断

第 5 章

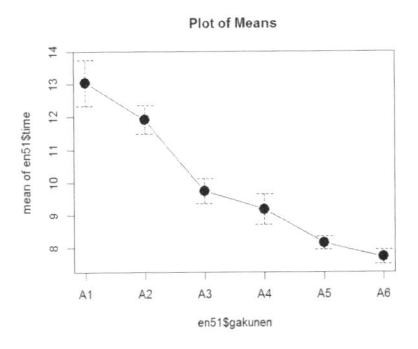

演習 5-1

図演解 5.1 平均のプロット

```
─────────────── Rによる実行結果 ───────────────
>par(mfrow=c(1,1))
> setwd("C:/data/5syo")
> en51 <- read.table("C:/data/5syo/en5-1.csv", header=TRUE, sep=",",
+   na.strings="NA", dec=".", strip.white=TRUE)
> LinearModel.3 <- lm(time ~ gakunen, data=en51)
> summary(LinearModel.3)
Call:
lm(formula = time ~ gakunen, data = en51)
Residuals:
   Min     1Q Median     3Q    Max
-1.740 -0.615 -0.030  0.535  2.460
Coefficients:
              Estimate Std. Error t value Pr(>|t|)
(Intercept)    13.0400     0.4401  29.631  < 2e-16 ***
gakunen[T.A2]  -1.1200     0.6224  -1.800   0.0845 .
gakunen[T.A3]  -3.3000     0.6224  -5.302 1.94e-05 ***
gakunen[T.A4]  -3.8600     0.6224  -6.202 2.08e-06 ***
gakunen[T.A5]  -4.9000     0.6224  -7.873 4.18e-08 ***
gakunen[T.A6]  -5.3200     0.6224  -8.548 9.58e-09 ***
---
Signif. codes:  0 '***' 0.001 '**' 0.01 '*' 0.05 '.' 0.1 ' ' 1
Residual standard error: 0.984 on 24 degrees of freedom
Multiple R-squared: 0.8276,Adjusted R-squared: 0.7917
F-statistic: 23.04 on 5 and 24 DF,  p-value: 1.926e-08
> Anova(LinearModel.3, type="II")
Anova Table (Type II tests)
Response: time
          Sum Sq Df F value    Pr(>F)
gakunen   111.57  5  23.044 1.926e-08 ***
Residuals  23.24 24
---
Signif. codes:  0 '***' 0.001 '**' 0.01 '*' 0.05 '.' 0.1 ' ' 1
```

```
> AnovaModel.4 <- aov(time ~ gakunen, data=en51)
> summary(AnovaModel.4)
            Df Sum Sq Mean Sq F value   Pr(>F)
gakunen      5 111.57  22.315   23.04 1.93e-08 ***
Residuals   24  23.24   0.968
---
Signif. codes:  0 '***' 0.001 '**' 0.01 '*' 0.05 '.' 0.1 ' ' 1
> numSummary(en51$time, groups=en51$gakunen, statistics=c("mean", "sd"))
     mean        sd data:n
A1  13.04 1.5978110      5
A2  11.92 0.9833616      5
A3   9.74 0.8590693      5
A4   9.18 1.0592450      5
A5   8.14 0.4393177      5
A6   7.72 0.4868265      5
```

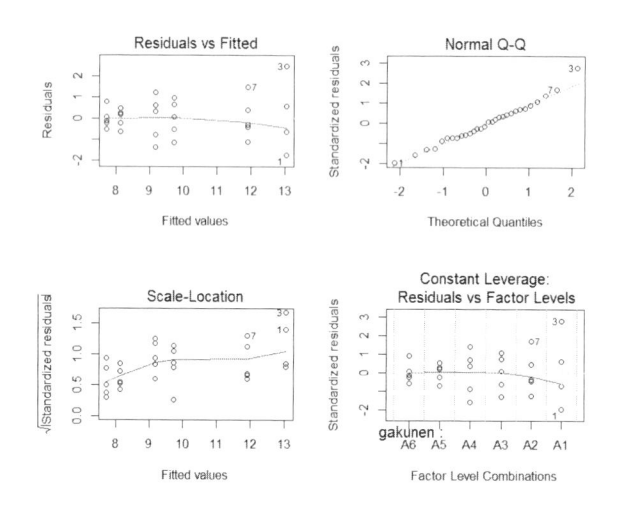

図演解 5.2　回帰診断

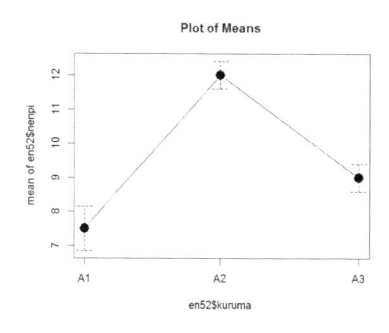

演習 5-2

図演解 5.3　平均のプロット

―――― Rによる実行結果 ――――

```
> en52 <- read.table("C:/data/5syo/en5-2.csv", header=TRUE, sep=",",
+   na.strings="NA", dec=".", strip.white=TRUE)
> AnovaModel.5 <- aov(nenpi ~ kuruma, data=en52)
> summary(AnovaModel.5)
            Df Sum Sq Mean Sq F value   Pr(>F)
kuruma       2     42      21      21 0.000407 ***
Residuals    9      9       1
---
Signif. codes:  0 '***' 0.001 '**' 0.01 '*' 0.05 '.' 0.1 ' ' 1
> numSummary(en52$nenpi, groups=en52$kuruma,statistics=c("mean", "sd"))
   mean        sd data:n
A1  7.5 1.2909944      4
A2 12.0 0.8164966      4
A3  9.0 0.8164966      4
> LinearModel.6 <- lm(nenpi ~ kuruma, data=en52)
> summary(LinearModel.6)
Call:
lm(formula = nenpi ~ kuruma, data = en52)
Residuals:
   Min     1Q Median     3Q    Max
-1.500 -0.625  0.000  0.625  1.500
Coefficients:
            Estimate Std. Error t value Pr(>|t|)
(Intercept)   7.5000     0.5000  15.000 1.13e-07 ***
kuruma[T.A2]  4.5000     0.7071   6.364 0.000131 ***
kuruma[T.A3]  1.5000     0.7071   2.121 0.062903 .
---
Signif. codes:  0 '***' 0.001 '**' 0.01 '*' 0.05 '.' 0.1 ' ' 1
Residual standard error: 1 on 9 degrees of freedom
Multiple R-squared: 0.8235,Adjusted R-squared: 0.7843
F-statistic:    21 on 2 and 9 DF,  p-value: 0.0004074
> Anova(LinearModel.6, type="II")
Anova Table (Type II tests)
Response: nenpi
          Sum Sq Df F value    Pr(>F)
kuruma        42  2      21 0.0004074 ***
Residuals      9  9
---
Signif. codes:  0 '***' 0.001 '**' 0.01 '*' 0.05 '.' 0.1 ' ' 1
```

lm(nenpi ~ kuruma)

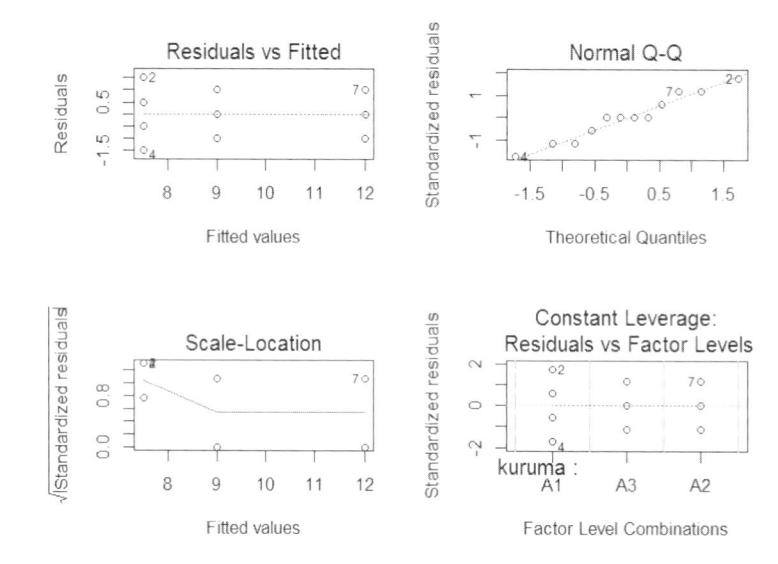

図演解 5.4 回帰診断

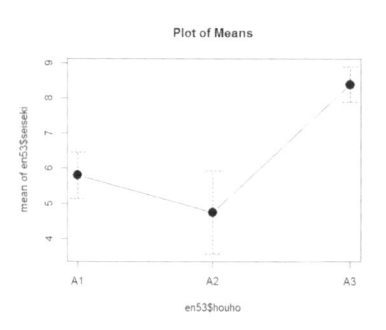

演習 5-3

図演解 5.5 平均のプロット

```
─────────────── R による実行結果 ───────────────
> en53 <- read.table("C:/data/5syo/en5-3.csv", header=TRUE, sep=",",
+   na.strings="NA", dec=".", strip.white=TRUE)
> AnovaModel.8 <- aov(seiseki ~ houho, data=en53)
> summary(AnovaModel.8)
            Df Sum Sq Mean Sq F value Pr(>F)
houho        2  32.68  16.339   5.845 0.0186 *
Residuals   11  30.75   2.795
---
Signif. codes:  0 '***' 0.001 '**' 0.01 '*' 0.05 '.' 0.1 ' ' 1
> numSummary(en53$seiseki, groups=en53$houho,statistics=c("mean", "sd"))
   mean       sd data:n
A1 5.80 1.483240      5
A2 4.75 2.362908      4
```

```
A3 8.40 1.140175         5
> LinearModel.9 <- lm(seiseki ~ houho, data=en53)
> summary(LinearModel.9)
Call:
lm(formula = seiseki ~ houho, data = en53)
Residuals:
    Min     1Q  Median     3Q    Max
-1.8000 -1.2500 -0.1000 0.5125 3.2500
Coefficients:
            Estimate Std. Error t value Pr(>|t|)
(Intercept)   5.8000     0.7477   7.757 8.75e-06 ***
houho[T.A2]  -1.0500     1.1216  -0.936   0.3693
houho[T.A3]   2.6000     1.0574   2.459   0.0317 *
---
Signif. codes:  0 '***' 0.001 '**' 0.01 '*' 0.05 '.' 0.1 ' ' 1
Residual standard error: 1.672 on 11 degrees of freedom
Multiple R-squared: 0.5152,Adjusted R-squared: 0.4271
F-statistic: 5.845 on 2 and 11 DF,  p-value: 0.01865
> Anova(LinearModel.9, type="II")
Anova Table (Type II tests)
Response: seiseki
         Sum Sq Df F value  Pr(>F)
houho    32.679  2  5.8449 0.01865 *
Residuals 30.750 11
---
Signif. codes:  0 '***' 0.001 '**' 0.01 '*' 0.05 '.' 0.1 ' ' 1
```

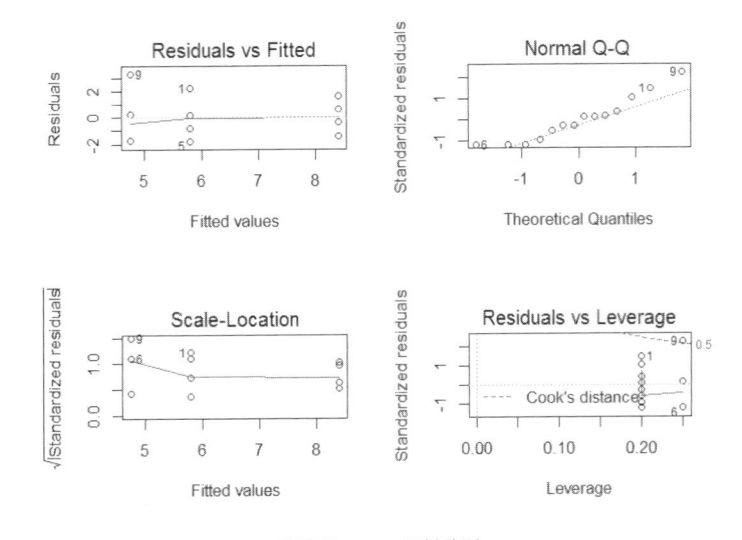

図演解 5.6　回帰診断

演習 5-4

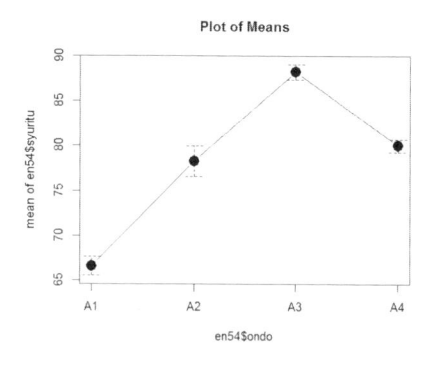

図演解 5.7　平均のプロット

```
─────────────── R による実行結果 ───────────────
> en54 <- read.table("C:/data/5syo/en5-4.csv", header=TRUE, sep=",",
+   na.strings="NA", dec=".", strip.white=TRUE)
> AnovaModel.10 <- aov(syuritu ~ ondo, data=en54)
> summary(AnovaModel.10)
            Df Sum Sq Mean Sq F value   Pr(>F)
ondo         3 1188.9   396.3   71.84 3.97e-09 ***
Residuals   15   82.7     5.5
---
Signif. codes:  0 '***' 0.001 '**' 0.01 '*' 0.05 '.' 0.1 ' ' 1
> numSummary(en54$syuritu, groups=en54$ondo,statistics=c("mean", "sd"))
     mean       sd data:n
A1 66.60 2.408319      5
A2 78.25 3.403430      4
A3 88.20 1.923538      5
A4 80.00 1.581139      5
> LinearModel.11 <- lm(syuritu ~ ondo, data=en54)
> summary(LinearModel.11)
Call:
lm(formula = syuritu ~ ondo, data = en54)
Residuals:
   Min     1Q Median     3Q    Max
-3.250 -1.425 -0.250  1.200  4.750
Coefficients:
            Estimate Std. Error t value Pr(>|t|)
(Intercept)   66.600      1.050  63.405  < 2e-16 ***
ondo[T.A2]    11.650      1.576   7.394 2.24e-06 ***
ondo[T.A3]    21.600      1.485  14.541 3.01e-10 ***
ondo[T.A4]    13.400      1.485   9.021 1.90e-07 ***
---
Signif. codes:  0 '***' 0.001 '**' 0.01 '*' 0.05 '.' 0.1 ' ' 1
```

```
Residual standard error: 2.349 on 15 degrees of freedom
Multiple R-squared: 0.9349,Adjusted R-squared: 0.9219
F-statistic: 71.84 on 3 and 15 DF,  p-value: 3.966e-09
> Anova(LinearModel.11, type="II")
Anova Table (Type II tests)
Response: syuritu
           Sum Sq Df F value    Pr(>F)
ondo      1188.93  3  71.839 3.966e-09 ***
Residuals   82.75 15
---
Signif. codes:  0 '***' 0.001 '**' 0.01 '*' 0.05 '.' 0.1 ' ' 1
```

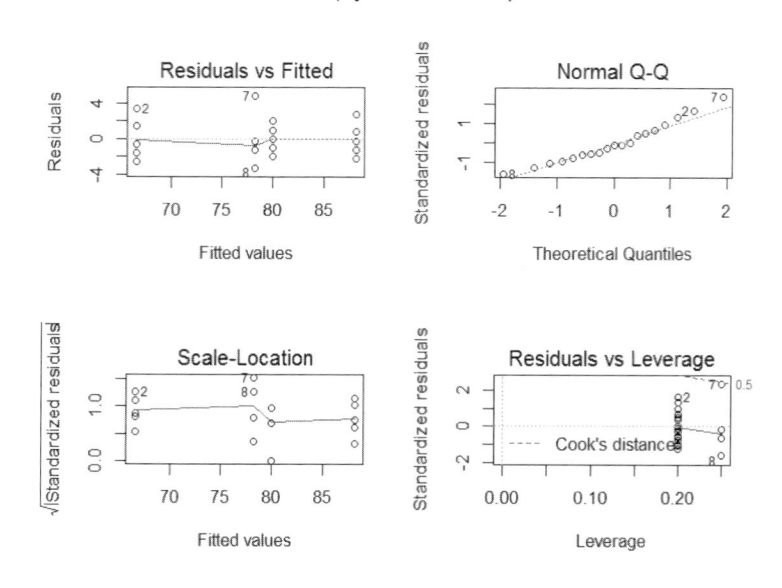

図演解 5.8　回帰診断

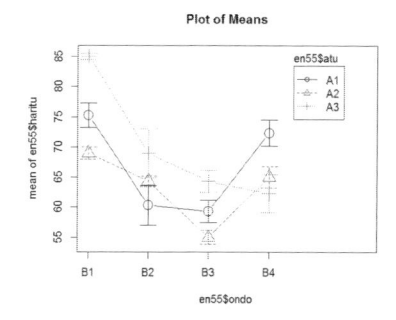

演習 5-5

図演解 5.9　平均のプロット

―――――― Rによる実行結果 ――――――

```
> en55 <- read.table("C:/data/5syo/en5-5.csv", header=TRUE, sep=",",
+    na.strings="NA", dec=".", strip.white=TRUE)
> AnovaModel.12 <- (lm(haritu ~ atu*ondo, data=en55))
#  統計量→平均→多元配置分散分析...の選択から
> Anova(AnovaModel.12)
Anova Table (Type II tests)
Response: haritu
          Sum Sq Df F value    Pr(>F)
atu       239.02  2  7.6130  0.002752 **
ondo     1397.99  3 29.6854 3.026e-08 ***
atu:ondo  497.79  6  5.2851  0.001353 **
Residuals 376.75 24
---
Signif. codes:  0 '***' 0.001 '**' 0.01 '*' 0.05 '.' 0.1 ' ' 1
> tapply(en55$haritu,list(atu=en55$atu,ondo=en55$ondo),mean,na.rm=TRUE)
+   # means
    ondo
atu       B1       B2       B3       B4
  A1   75.25 60.33333 59.33333 72.33333
  A2   69.00 64.33333 55.00000 65.00000
  A3   85.00 69.00000 64.33333 62.33333
> tapply(en55$haritu,list(atu=en55$atu,ondo=en55$ondo),sd,na.rm=TRUE)
+   # std. deviations
    ondo
atu         B1       B2      B3       B4
  A1  4.112988 5.686241 3.21455 3.785939
  A2  1.414214 1.527525 2.00000 3.000000
  A3  1.000000 7.000000 3.05505 5.507571
> tapply(en55$haritu, list(atu=en55$atu, ondo=en55$ondo), function(x)
+    sum(!is.na(x))) # counts
    ondo
atu B1 B2 B3 B4
  A1  4  3  3  3
  A2  2  3  3  3
  A3  3  3  3  3
> LinearModel.13 <- lm(haritu ~ atu * ondo, data=en55)
> summary(LinearModel.13)
Call:
lm(formula = haritu ~ atu * ondo, data = en55)
Residuals:
    Min     1Q  Median     3Q    Max
-8.0000 -1.5000  0.3333 2.6667 5.0000
Coefficients:
                Estimate Std. Error t value Pr(>|t|)
```

```
(Intercept)              75.250      1.981   37.985  < 2e-16 ***
atu[T.A2]                -6.250      3.431   -1.821  0.081020 .
atu[T.A3]                 9.750      3.026    3.222  0.003641 **
ondo[T.B2]              -14.917      3.026   -4.929  4.97e-05 ***
ondo[T.B3]              -15.917      3.026   -5.260  2.16e-05 ***
ondo[T.B4]               -2.917      3.026   -0.964  0.344735
atu[T.A2]:ondo[T.B2]     10.250      4.716    2.174  0.039832 *
atu[T.A3]:ondo[T.B2]     -1.083      4.430   -0.245  0.808876
atu[T.A2]:ondo[T.B3]      1.917      4.716    0.406  0.688024
atu[T.A3]:ondo[T.B3]     -4.750      4.430   -1.072  0.294248
atu[T.A2]:ondo[T.B4]     -1.083      4.716   -0.230  0.820253
atu[T.A3]:ondo[T.B4]    -19.750      4.430   -4.459  0.000165 ***
---
Signif. codes:  0 '***' 0.001 '**' 0.01 '*' 0.05 '.' 0.1 ' ' 1
Residual standard error: 3.962 on 24 degrees of freedom
Multiple R-squared: 0.8544,Adjusted R-squared: 0.7877
F-statistic: 12.81 on 11 and 24 DF,  p-value: 1.619e-07
> Anova(LinearModel.13, type="II")
Anova Table (Type II tests)
Response: haritu
          Sum Sq Df F value    Pr(>F)
atu       239.02  2  7.6130  0.002752 **
ondo     1397.99  3 29.6854  3.026e-08 ***
atu:ondo  497.79  6  5.2851  0.001353 **
Residuals 376.75 24
---
Signif. codes:  0 '***' 0.001 '**' 0.01 '*' 0.05 '.' 0.1 ' ' 1
```

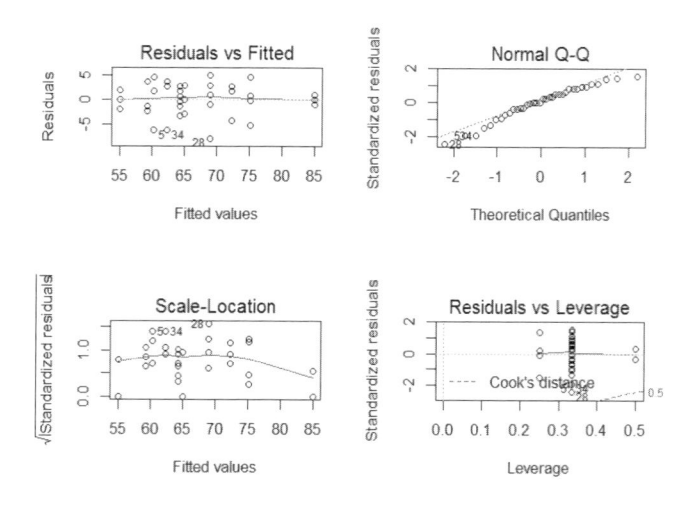

図演解 5.10　回帰診断

演習 5-6

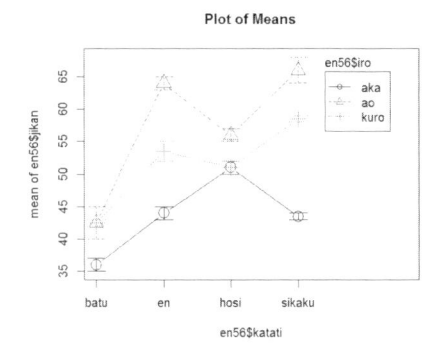

図演解 5.11 平均のプロット

---- R による実行結果 ----

```
> en56 <- read.table("C:/data/5syo/en5-6.csv", header=TRUE, sep=",",
+   na.strings="NA", dec=".", strip.white=TRUE)
> AnovaModel.14 <- (lm(jikan ~ iro*katati, data=en56))
> Anova(AnovaModel.14)
Anova Table (Type II tests)
Response: jikan
           Sum Sq Df F value    Pr(>F)
iro        734.33  2 114.442 1.528e-08 ***
katati     895.46  3  93.035 1.413e-08 ***
iro:katati 280.67  6  14.580 6.937e-05 ***
Residuals   38.50 12
---
Signif. codes:  0 '***' 0.001 '**' 0.01 '*' 0.05 '.' 0.1 ' ' 1
> tapply(en56$jikan, list(iro=en56$iro, katati=en56$katati), mean,
+   na.rm=TRUE) # means
      katati
iro    batu   en hosi sikaku
  aka  36.0 44.0   51   43.5
  ao   42.5 64.0   56   66.0
  kuro 42.5 53.5   51   58.5
> tapply(en56$jikan,list(iro=en56$iro,katati=en56$katati),sd,na.rm=TRUE)
+   # std. deviations
      katati
iro         batu       en     hosi    sikaku
  aka  1.4142136 1.414214 1.414214 0.7071068
  ao   3.5355339 1.414214 1.414214 2.8284271
  kuro 0.7071068 2.121320 1.414214 0.7071068
> tapply(en56$jikan, list(iro=en56$iro, katati=en56$katati), function(x)
+   sum(!is.na(x))) # counts
      katati
iro    batu en hosi sikaku
```

```
     aka    2  2  2    2
     ao     2  2  2    2
     kuro   2  2  2    2
> LinearModel.15 <- lm(jikan ~ iro * katati, data=en56)
> summary(LinearModel.15)
Call:
lm(formula = jikan ~ iro * katati, data = en56)
Residuals:
   Min     1Q  Median    3Q    Max
  -2.5   -1.0     0.0   1.0    2.5
Coefficients:
                          Estimate Std. Error t value Pr(>|t|)
(Intercept)                 36.000      1.267  28.424 2.23e-12 ***
iro[T.ao]                    6.500      1.791   3.629 0.003458 **
iro[T.kuro]                  6.500      1.791   3.629 0.003458 **
katati[T.en]                 8.000      1.791   4.466 0.000771 ***
katati[T.hosi]              15.000      1.791   8.374 2.35e-06 ***
katati[T.sikaku]             7.500      1.791   4.187 0.001260 **
iro[T.ao]:katati[T.en]      13.500      2.533   5.329 0.000180 ***
iro[T.kuro]:katati[T.en]     3.000      2.533   1.184 0.259217
iro[T.ao]:katati[T.hosi]    -1.500      2.533  -0.592 0.564737
iro[T.kuro]:katati[T.hosi]  -6.500      2.533  -2.566 0.024726 *
iro[T.ao]:katati[T.sikaku]  16.000      2.533   6.316 3.85e-05 ***
iro[T.kuro]:katati[T.sikaku] 8.500      2.533   3.356 0.005721 **
---
Signif. codes:  0 '***' 0.001 '**' 0.01 '*' 0.05 '.' 0.1 ' ' 1
Residual standard error: 1.791 on 12 degrees of freedom
Multiple R-squared: 0.9802, Adjusted R-squared: 0.9621
F-statistic: 54.13 on 11 and 12 DF,  p-value: 1.738e-08
> Anova(LinearModel.15, type="II")
Anova Table (Type II tests)
Response: jikan
            Sum Sq Df F value    Pr(>F)
iro         734.33  2 114.442 1.528e-08 ***
katati      895.46  3  93.035 1.413e-08 ***
iro:katati  280.67  6  14.580 6.937e-05 ***
Residuals    38.50 12
---
Signif. codes:  0 '***' 0.001 '**' 0.01 '*' 0.05 '.' 0.1 ' ' 1
```

lm(jikan ~ iro * katati)

Residuals vs Fitted

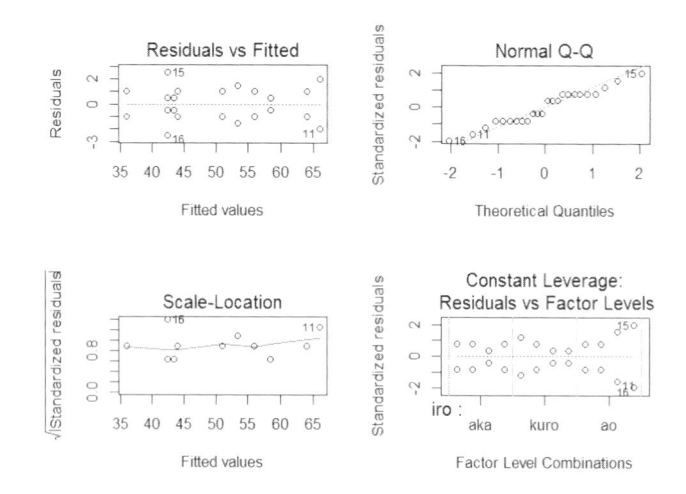

Normal Q-Q

Scale-Location

Constant Leverage: Residuals vs Factor Levels

図演解 **5.12**　回帰診断

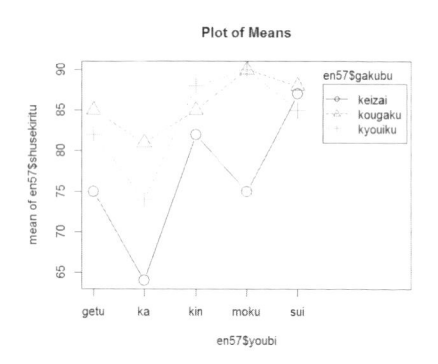

演習 5-7

Plot of Means

図演解 **5.13**　平均のプロット

───── R による実行結果 ─────

```
> en57 <- read.table("C:/data/5syo/en5-7.csv", header=TRUE, sep=",",
+     na.strings="NA", dec=".", strip.white=TRUE)
> AnovaModel.16 <- (lm(shusekiritu ~ gakubu*youbi, data=en57))
> Anova(AnovaModel.16)
> tapply(en57$shusekiritu,list(gakubu=en57$gakubu,youbi=en57$youbi),mean,
+     na.rm=TRUE) # means
         youbi
gakubu    getu ka kin moku sui
  keizai    75 64  82   75  87
  kougaku   85 81  85   90  88
  kyouiku   82 74  88   90  85
> tapply(en57$shusekiritu,list(gakubu=en57$gakubu,youbi=en57$youbi),sd,
+     na.rm=TRUE) # std. deviations
```

```
              youbi
gakubu    getu ka kin moku sui
  keizai    NA NA NA  NA  NA
  kougaku   NA NA NA  NA  NA
  kyouiku   NA NA NA  NA  NA
> tapply(en57$shusekiritu,list(gakubu=en57$gakubu,youbi=en57$youbi),
+   function(x) sum(!is.na(x))) # counts
          youbi
gakubu    getu ka kin moku sui
  keizai    1  1  1   1   1
  kougaku   1  1  1   1   1
  kyouiku   1  1  1   1   1
> LinearModel.17 <- lm(shusekiritu ~ gakubu +youbi, data=en57)
> summary(LinearModel.17)
Call:
lm(formula = shusekiritu ~ gakubu + youbi, data = en57)
Residuals:
   Min     1Q Median    3Q    Max
-4.533 -2.900 -0.200 1.867  5.800
Coefficients:
                   Estimate Std. Error t value Pr(>|t|)
(Intercept)          75.200      2.829  26.582 4.31e-09 ***
gakubu[T.kougaku]     9.200      2.619   3.513  0.00793 **
gakubu[T.kyouiku]     7.200      2.619   2.749  0.02510 *
youbi[T.ka]          -7.667      3.381  -2.267  0.05311 .
youbi[T.kin]          4.333      3.381   1.282  0.23589
youbi[T.moku]         4.333      3.381   1.282  0.23589
youbi[T.sui]          6.000      3.381   1.774  0.11391
---
Signif. codes:  0 '***' 0.001 '**' 0.01 '*' 0.05 '.' 0.1 ' ' 1
Residual standard error: 4.141 on 8 degrees of freedom
Multiple R-squared: 0.8143,Adjusted R-squared: 0.6751
F-statistic: 5.848 on 6 and 8 DF,  p-value: 0.01294
> Anova(LinearModel.17, type="II")
Anova Table (Type II tests)
Response: shusekiritu
          Sum Sq Df F value  Pr(>F)
gakubu    234.13  2  6.8260 0.01864 *
youbi     367.60  4  5.3586 0.02135 *
Residuals 137.20  8
---
Signif. codes:  0 '***' 0.001 '**' 0.01 '*' 0.05 '.' 0.1 ' ' 1
```

lm(shusekiritu ~ gakubu + youbi)

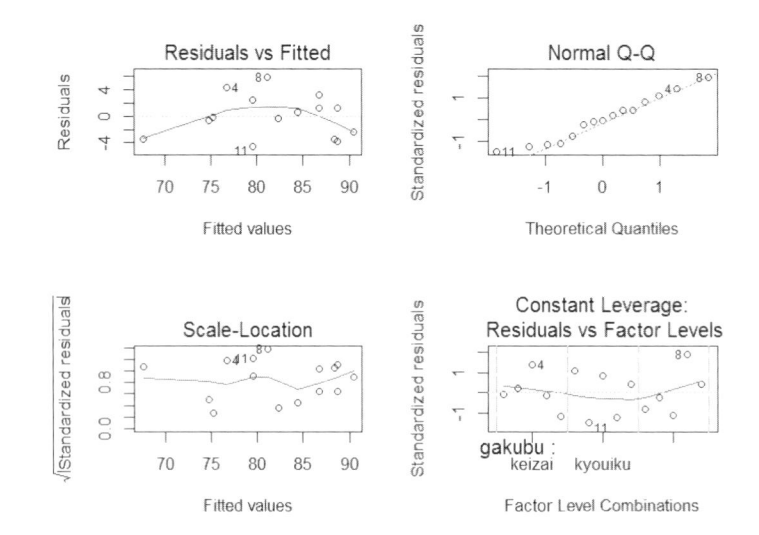

図演解 5.14　回帰診断

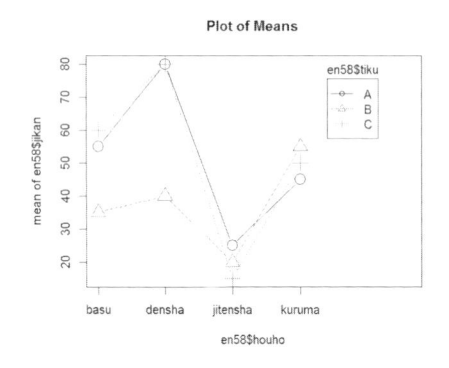

演習 5-8

図演解 5.15　平均のプロット

─── R による実行結果 ───

```
> en58 <- read.table("C:/data/5syo/en5-8.csv", header=TRUE, sep=",",
+   na.strings="NA", dec=".", strip.white=TRUE)
> AnovaModel.18 <- (lm(jikan ~ houho*tiku, data=en58))
> Anova(AnovaModel.18)
>tapply(en58$jikan, list(houho=en58$houho, tiku=en58$tiku), mean,
+   na.rm=TRUE) # means
          tiku
houho      A  B  C
  basu    55 35 60
  densha  80 40 80
  jitensha 25 20 15
  kuruma  45 55 50
```

```
> tapply(en58$jikan,list(houho=en58$houho,tiku=en58$tiku),sd,na.rm=TRUE)
+   # std. deviations
         tiku
houho      A  B  C
  basu    NA NA NA
  densha  NA NA NA
  jitensha NA NA NA
  kuruma  NA NA NA
> tapply(en58$jikan, list(houho=en58$houho, tiku=en58$tiku), function(x)
+   sum(!is.na(x))) # counts
         tiku
houho    A B C
  basu   1 1 1
  densha 1 1 1
  jitensha 1 1 1
  kuruma 1 1 1
> LinearModel.19 <- lm(jikan ~ houho +tiku, data=en58)
> summary(LinearModel.19)
Call:
lm(formula = jikan ~ houho + tiku, data = en58)
Residuals:
     Min      1Q  Median      3Q     Max
-17.5000 -6.7708  0.4167  8.7500 14.1667
Coefficients:
                    Estimate Std. Error t value Pr(>|t|)
(Intercept)        5.458e+01  9.186e+00   5.942  0.00101 **
houho[T.densha]    1.667e+01  1.061e+01   1.571  0.16716
houho[T.jitensha] -3.000e+01  1.061e+01  -2.828  0.03002 *
houho[T.kuruma]    4.178e-16  1.061e+01   0.000  1.00000
tiku[T.B]         -1.375e+01  9.186e+00  -1.497  0.18506
tiku[T.C]         -2.104e-16  9.186e+00   0.000  1.00000
---
Signif. codes:  0 '***' 0.001 '**' 0.01 '*' 0.05 '.' 0.1 ' ' 1
Residual standard error: 12.99 on 6 degrees of freedom
Multiple R-squared: 0.7941, Adjusted R-squared: 0.6225
F-statistic: 4.627 on 5 and 6 DF,  p-value: 0.0446
> Anova(LinearModel.19, type="II")
Anova Table (Type II tests)
Response: jikan
          Sum Sq Df F value  Pr(>F)
houho     3400.0  3  6.7160 0.02404 *
tiku       504.2  2  1.4938 0.29752
Residuals 1012.5  6
---
Signif. codes:  0 '***' 0.001 '**' 0.01 '*' 0.05 '.' 0.1 ' ' 1
```

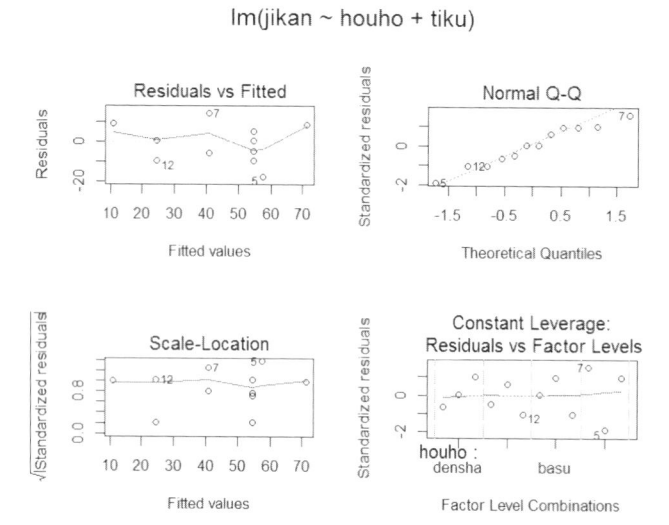

図演解 5.16　回帰診断

索　引

ア行

R エディタ 9
R コンソール 9
異常原因 44
1元配置法 179
一様性の仮説 139
伊奈の式 .. 186, 208, 228, 230
因子 178
インデックスプロット 42
上側信頼限界 89
上側（ウエガワ）$\alpha/2$ 分位点 61
ウェルチの検定 106
上側確率 62
$\widetilde{X}$（エックスウェーブ）の分布 75
$\overline{X}$（エックスバー）の分布 . 74
F（エフ）分布 84
円グラフ 29
帯グラフ 23
オブジェクト 9
折れ線グラフ 26

カ行

回帰直線 165
回帰による変動 174
回帰分析 160
回帰平方和 175
回帰母数 161
解析用管理図 45
χ^2（カイ2乗）分布 77
ガウス分布 59
拡張パッケージ 6
確率 47
確率関数 50, 59
確率の公理 47
確率分布 50
確率変数 50
確率密度関数 59
下部管理限界線 45
間隔尺度 12
観測度数 138
ガンマ関数 77

管理図 44
管理用管理図 45
幾何平均 14
棄却 89
危険率 90
規準化 60
偽相関 152
期待値 51
期待度数 138
基本的診断 193, 221
基本統計量 94, 157
基本パッケージ 6
帰無仮説 89
級間変動 182
共分散 56
行列 9
寄与率 174
均一性の検定 148
偶然原因 44
区間推定 89
くもの巣グラフ 44
繰返しあり 201
繰返し数 180
決定係数 174
検出力 90
検出力曲線 90
検定 89
　—のサイズ 90
　—の手順 91
検定統計量 89
検定力 90
効果プロット 193, 222
交互作用 200, 202
交絡 224
コクランの方法 112
誤差分散 .. 185, 207, 211, 230
誤差変動 182

サ行

再起動 6
最小値 14
最小2乗法 163
最小有意差 186
最大値 14
採択 89

最頻値 14
再モデル化 219
魚の骨グラフ 43
サタースウェイトの方法 .. 106
残差 173
　—平方和 175
　—変動 174
散布図 39, 151
サンプル 12
試行 46
事後確率 49
事象 46
　空— 46
　根元— 46
　差— 46
　全— 46
　余— 46
事前確率 49
下側確率 64, 79, 83, 87
下側信頼限界 89
下側（シタガワ）$1-\alpha/2$ 分位点 61
実験 46
実現値 50
質的データ 12
四分位点（シブンイテン）. 14
四分位範囲 16
四分位偏差 16
重回帰モデル 160
修正項 15, 183, 203
重相関係数 175
自由度 15
　—の計算 183, 204
自由度調整済寄与率 176
自由度調整済決定係数 ... 176
周辺分布 54
周辺密度関数 56
主効果 181, 202
シュハート 44
順位尺度 12
順序統計量 14
条件付確率 48
条件付分布 57
上部管理限界線 44
情報 12

乗法定理 48
信頼下限 89
信頼区間 89
信頼係数 89
信頼上限 89
信頼度 89
信頼率 89
水準 178
推定 89
スクリプト 9
裾（スソ）の確率 ... 69, 72
正規近似 122, 132
正規性 181
正規分布 59
正の相関 151
積事象 46
積率母関数 54
絶対偏差 16
説明変数 159
ゼロ仮説 89
全確率の定理 49
線形回帰モデル 160
尖度 17
全変動 174
千三つの法則 62
相関分析 151
総平方和 174

タ行

第2種の誤り 90
第1種の誤り 90
対応のあるデータ 107
対立仮説 89
田口の式 .. 186, 208, 228, 230
多元配置法 180
多重比較 188
多変量連関図 39
単回帰分析 160
単回帰モデル 160
中央値偏差 17
中心線 44
調和平均 15
直接計算 116
積み上げ棒グラフ 22
t（ティー）分布 80
適合度検定 139
データ 12
　　計数値の— 59
　　計量値の— 59

　—の構造式 181
　—の予測 187
データに対応がある ... 107
データフレーム 9
点推定 89
同時確率関数 54
等分散 104
　—性 181
特性要因図 43
独立 48, 55, 56
　—性 181
独立性の検定 145

ナ行

2元配置法 180, 200
二項分布 66
2標本 98

ハ行

パイ図 29
排反 46
配列 9
箱ひげ図 30, 95
パーセント点 14
ハートレイの方法 112
バートレットの検定 ... 112
パレート図 43
範囲 16, 17
ヒストグラム 34
非線形回帰モデル 160
p（ピー）値 89
標準化 60
標準正規分布 59
標準偏差 16
標本相関係数 151
比例尺度 12
フィッシャーの直接確率法 126
不等独正 161
負の相関 151
不偏性 181
プラグイン 6
プーリング 207
分位点 .. 61, 66, 70, 73, 80, 84, 87
分割表 138
分散 15, 53
分散分析表 183
分散分析法 178
分布関数 50

平均 13–15
平均平方 15, 182
平均偏差 16
ベイズの定理 49
平方和 15
平方和の分解 181
ベクトル 9
変動係数 17
ポアソン分布 71
棒グラフ 22
母回帰係数 161
星図 44
母集団 12
母切片 161
母相関係数 153
ボックスの方法 112
母比率 116, 121, 124
母比率の差 126, 134
母分散 99
　—の一様性 112
母平均 90
　—の均一性 112
本解析 13

マ行

幹葉（ミキハ）グラフ ... 33
見せかけの相関 152
密度関数 50
無相関 151
　—の検定 153
名義尺度 12
メディアン 13
メニューバー 10
目的変数 159
モード 14

ヤ行

有意確率 89
有意水準 90
有効反復数 185, 208, 228, 230
要因効果の検定 184, 206, 227
予測値 175
予備解析 13

ラ行

離散型確率変数 50
リスト 9
両側α分位点 61

量的データ............... 12
レーダーチャート 44

連続型確率変数 50

ワ行

歪度.................... 17

著者紹介

長畑秀和 （ながはた ひでかず）
1979年 九州大学大学院理学研究科博士前期課程修了
現　在 環太平洋大学経営学部 教授，博士（理学）
専　門 統計数学
著　書 『統計学へのステップ』（共立出版，2000），『多変量解析へのステップ』（共立出版，2001），『ORへのステップ』（共立出版，2002），『RとRコマンダーではじめる多変量解析』（共著，日科技連出版社，2007），『Rで学ぶ経営工学の手法』（共著，共立出版，2008），『Rで学ぶ統計学』（共立出版，2009）

中川豊隆 （なかがわ とよたか）
2005年 名古屋大学大学院経済学研究科博士後期課程修了
現　在 岡山大学大学院社会文化科学研究科 准教授，博士（経済学）
専　門 財務会計

國米充之 （こくまい みつゆき）
1995年 電気通信大学大学院情報システム学研究科博士前期課程修了
現　在 岡山大学大学院社会文化科学研究科 助教
専　門 情報ネットワーク

Rコマンダーで学ぶ統計学

Introduction to Statistics with R Commander

2013年10月15日　初　版１刷発行
2022年 2月25日　初　版３刷発行

著　者　長畑秀和
　　　　中川豊隆　ⓒ 2013
　　　　國米充之

発行者　南條光章

発行所　共立出版株式会社
　　　　郵便番号 112-8700
　　　　東京都文京区小日向 4-6-19
　　　　電話 03-3947-2511（代表）
　　　　振替口座 00110-2-57035
　　　　URL www.kyoritsu-pub.co.jp

印　刷
製　本　藤原印刷

NSPA　一般社団法人
　　　自然科学書協会
　　　会員

検印廃止
NDC 417
ISBN 978-4-320-11046-5

Printed in Japan

JCOPY ＜出版者著作権管理機構委託出版物＞
本書の無断複製は著作権法上での例外を除き禁じられています．複製される場合は，そのつど事前に，出版者著作権管理機構（TEL：03-5244-5088，FAX：03-5244-5089，e-mail：info@jcopy.or.jp）の許諾を得てください．

Rで学ぶデータサイエンス

金 明哲 編　[全20巻]

本シリーズは、Rを用いたさまざまなデータ解析の理論と実践的手法を、読者の視点に立って「データを解析するときはどうするのか？」「その結果はどうなるか？」「結果からどのような情報が導き出されるのか？」をわかりやすく解説。

❶ カテゴリカルデータ解析
藤井良宜著　カテゴリカルデータ／カテゴリカルデータの集計とグラフ表示／割合に関する統計的な推測／二元表の解析／他･･･192頁・定価3630円

❷ 多次元データ解析法
中村永友著　統計学の基礎的事項／Rの基礎的コマンド／線形回帰モデル／判別分析法／ロジスティック回帰モデル／他･･････264頁・定価3850円

❸ ベイズ統計データ解析
姜 興起著　Rによるファイルの操作とデータの視覚化／ベイズ統計解析の基礎／線形回帰モデルに関するベイズ推測他･･････248頁・定価3850円

❹ ブートストラップ入門
汪 金芳・桜井裕仁著　Rによるデータ解析の基礎／ブートストラップ法の概説／推定量の精度のブートストラップ推定他････248頁・定価3850円

❺ パターン認識
金森敬文・竹之内高志・村田 昇著　判別能力の評価／k-平均法／階層的クラスタリング／混合正規分布モデル／判別分析他･･･288頁・定価4070円

❻ マシンラーニング 第2版
辻谷將明・竹澤邦夫著　重回帰／関数データ解析／Fisherの判別分析／一般化加法モデル（GAM）による判別／樹形モデルとMARS他　288頁・定価4070円

❼ 地理空間データ分析
谷村 晋著　地理空間データ／地理空間データの可視化／地理空間分布パターン／ネットワーク分析／地理空間相関分析他････254頁・定価4070円

❽ ネットワーク分析 第2版
鈴木 努著　ネットワークデータの入力／最短距離／ネットワーク構造の諸指標／中心性／ネットワーク構造の分析他･･･････360頁・定価4070円

❾ 樹木構造接近法
下川敏雄・杉本知之・後藤昌司著　分類回帰樹木（CART）法とその周辺／多変量適応型回帰スプライン法とその周辺／他･･･232頁・定価3850円

❿ 一般化線形モデル
粕谷英一著　一般化線形モデルとその構成要素／最尤法と一般化線形モデル／離散的データと過分散／擬似尤度／交互作用他･･･222頁・定価3850円

⓫ デジタル画像処理
勝木健雄・蓬来祐一郎著　デジタル画像の基礎／幾何学的変換／色、明るさ、コントラスト／空間フィルタ／周波数フィルタ他　258頁・定価4070円

⓬ 統計データの視覚化
山本義郎・飯塚誠也・藤野友和著　統計データの視覚化／Rコマンダーを使ったグラフ表示／Rにおけるグラフ作成の基本／他　236頁・定価3850円

⓭ マーケティング・モデル 第2版
里村卓也著　マーケティング・モデルとは／R入門／確率・統計とマーケティング・モデル／市場反応の分析と普及の予測他･･･200頁・定価3850円

⓮ 計量政治分析
飯田 健著　政治学における計量分析の役割／統計的推測の考え方／回帰分析1／回帰分析2／パネルデータ分析／他･･･････160頁・定価3850円

⓯ 経済データ分析
野田英雄・姜 興起・金 明哲著　統計学の基礎／国民経済計算／Rに基本操作／時系列データ分析／産業連関分析／回帰分析他･･･････続　刊

⓰ 金融時系列解析
川﨑能典著　時系列オブジェクトの基本操作／一変量時系列モデル／非定常性時系列モデル／時系列回帰分析／他･･････････････続　刊

⓱ 社会調査データ解析
鄭 躍軍・金 明哲著　R言語の基礎／社会調査データの特徴／標本抽出の基本方法／社会調査データの構造／調査データの加工他　288頁・定価4070円

⓲ 生物資源解析
北門利英著　確率的現象の記述法／統計的推測の基礎／生物学的パラメータの統計的推定／生物学的パラメータの統計的検定他･･････････続　刊

⓳ 経営と信用リスクのデータ科学
董 彦文著　経営分析の概要／経営実態の把握方法／経営成果の予測と関連要因／経営要因分析と潜在要因発見／他･･････････248頁・定価4070円

⓴ シミュレーションで理解する回帰分析
竹澤邦夫著　線形代数／分布と検定／単回帰／重回帰／赤池の情報量規準（AIC）と第三の分散／線形混合モデル／他･･････････238頁・定価3850円

【各巻】B5判・並製本・税込価格
（価格は変更される場合がございます）

共立出版

www.kyoritsu-pub.co.jp
https://www.facebook.com/kyoritsu.pub